U0397725

一种文化？

一种文化？

关于科学的对话

[美]杰伊·A·拉宾格尔　[英]哈里·柯林斯　主编

张增一　王国强　孙小淳　等　译

世纪出版集团　　上海科技教育出版社

出 版 说 明

自中西文明发生碰撞以来，百余年的中国现代文化建设即无可避免地担负起双重使命。梳理和探究西方文明的根源及脉络，已成为我们理解并提升自身要义的借镜，整理和传承中国文明的传统，更是我们实现并弘扬自身价值的根本。此二者的交汇，乃是塑造现代中国之精神品格的必由进路。世纪出版集团倾力编辑世纪人文系列丛书之宗旨亦在于此。

世纪人文系列丛书包涵"世纪文库"、"世纪前沿"、"袖珍经典"、"大学经典"及"开放人文"五个界面，各成系列，相得益彰。

"厘清西方思想脉络，更新中国学术传统"，为"世纪文库"之编辑指针。文库分为中西两大书系。中学书系由清末民初开始，全面整理中国近现代以来的学术著作，以期为今人反思现代中国的社会和精神处境铺建思考的进阶；西学书系旨在从西方文明的整体进程出发，系统译介自古希腊罗马以降的经典文献，借此展现西方思想传统的生发流变过程，从而为我们返回现代中国之核心问题奠定坚实的文本基础。与之呼应，"世纪前沿"着重关注二战以来全球范围内学术思想的重要论题与最新进展，展示各学科领域的新近成果和当代文化思潮演化的各种向度。"袖珍经典"则以相对简约的形式，收录名家大师们在体裁和风格上独具特色的经典作品，阐幽发微，意趣兼得。

遵循现代人文教育和公民教育的理念，秉承"通达民情，化育人心"的中国传统教育精神，"大学经典"依据中西文明传统的知识谱系及其价值内涵，将人类历史上具有人文内涵的经典作品编辑成为大学教育的基础读本，应时代所需，顺时势所趋，为塑造现代中国人的人文素养、公民意识和国家精神倾力尽心。"开放人文"旨在提供全景式的人文阅读平台，从文学、历史、艺术、科学等多个面向调动读者的阅读愉悦，寓学于乐，寓乐于心，为广大读者陶冶心性，培植情操。

"大学之道，在明明德，在新民，在止于至善"（《大学》）。温古知今，止于至善，是人类得以理解生命价值的人文情怀，亦是文明得以传承和发展的精神契机。欲实现中华民族的伟大复兴，必先培育中华民族的文化精神；由此，我们深知现代中国出版人的职责所在，以我之不懈努力，做一代又一代中国人的文化脊梁。

上海世纪出版集团

世纪人文系列丛书编辑委员会

2005 年 1 月

一种文化？

目录

内 容 提 要

　　近年来，来自Ｃ·Ｐ·斯诺所称的"两种文化"（科学与人文）两大阵营的斗士们展开了激烈的论战，但是，他们当中很少有人试图进行建设性的对话。在本书中，杰伊·Ａ·拉宾格尔和哈里·柯林斯为一些世界著名的科学家和科学（知识）社会学家创造了机会，让他们在一起交换意见、交流思想，而不是相互指责和谩骂。本书各章的作者惊喜地发现，在关于科学，关于科学作为认识世界的一种手段的合法性和权威性，以及关于科学论是否贬损了科学家、科学实践和科学发现等方面，他们展开了真正意义上的对话，并达成了广泛的共识。

　　谁有权评论科学？科学知识的恰当角色是什么？在社会决策中，科学家与社会中的其他成员之间的关系是什么？鉴于科学在当今社会占据着主导地位，这些问题都是至关重要的。尽管对此不会有简单的答案，但是，《一种文化？》向读者准确地阐述了在所谓的"科学大战"中存在的真正危险是什么，并且为我们探寻这些紧迫问题的解决之道提供了颇有价值的框架。

主 编 简 介

　　杰伊·A·拉宾格尔(Jay A. Labinger)，化学家，主要研究催化化学和有机金属化学。自1993年开始从事关于科学一般问题的研究，发表了许多关于科学与人文、科学社会学和科学史方面的文章和讲演。他目前是美国加州理工学院贝克曼研究所的负责人。

　　哈里·柯林斯(Harry Collins)，社会学家，英国加的夫大学知识、技能和科学研究中心主任、教授。他主要研究科学知识的社会本质和用智能机模仿社会知识的困难，发表了上百篇论文，出版了多部学术专著。著有《改变秩序——科学实践中的复制与归纳》(*Changing Order：Replication and Induction in Scientific Practice*)、《人工智能专家——社会知识与智能机》(*Artificial Experts：Social Knowledge and Intelligent Machines*)、《引力之影——对引力波的搜寻》(*Gravity's Shadow：The Search for Gravitational Waves*)，以及与特雷弗·平奇(Trevor Pinch)合著的《勾勒姆》系列(*The Golem*，1993；*The Golem at Large*，1998；*Dr．Golem*，2005)。

译　者　序
——超越“科学大战”：从对立到对话*

　　20 世纪的最后十年被认为是西方学术界“科学大战”的十年。1992 年，美国物理学家温伯格（Steven Weinberg）和英国生物学家沃尔珀特（Lewis Wolpert）对社会建构论等论点提出了批评**。1994 年，英国媒体对沃尔珀特与柯林斯（Harry Collins）的辩论进行了报道，美国传媒则报道了全美学者协会的会议***，使这场关于科学本质的学术争论在大西洋两岸几乎同时进入了公众的视野。同年，格罗斯（Paul Gross）和莱维特（Norman Levitt）出版了《高级迷信——学术左派及其

---

　　*　此文最初发表于《自然辩证法研究》2006 年第 4 期，有少量技术性改动。
　　**　温伯格在《终极理论之梦》第七章“反对哲学”中批评了皮克林（Andrew Pickering）的《构建夸克》和哈丁（Sandra Harding）的女性主义科学观；沃尔珀特在《科学的非自然本质》中也对社会建构论进行了简要的批评。由于这两本书是面向普通公众的科普读物，英国学者福勒（Steve Fuller）认为是科学家首先将关于科学本质的学术争论引入到公众论坛的，见[15]。
　　***　这次会议于 1994 年 11 月在马萨诸塞州的坎布里奇举行。温伯格在会上批评说：“在我看来，社会建构论者和后现代主义者对科学所做的许多评论，都源自他们渴望强化他们作为时事评论家的地位的动机。也就是说，他们不希望被看作科学的依附者或者附属物，而希望被看成独立的审查者，而且也许还是个高级审查者，因为这样有更多的独立性。我认为这对那些追随科学社会学的‘强纲领’的人特别正确。”见[16]。

与科学的争论》，向科学论*研究者正式发出了宣战书。作为回应，《社会文本》于1996年精心准备了一期"科学大战"专辑，从而引发了著名的"索卡尔事件"。这一事件不仅引起了大众传媒的极大兴趣，而且也使这场争论越来越偏离严肃的学术讨论的方向。在以后几年中，争论双方进行了充满火药味的论战，学术研究似乎变得无关紧要，双方也都缺乏了解和理解对方的愿望。双方草率地将其论战文章发表在报纸和通俗刊物上，从而演变成了一场科学与人文**之间的公开论战，一场公开表演的"聋子对话"。鉴于这场论战在一定程度上也波及国内学术界，本文将首先对这场争论产生的原因、争论的实质进行梳理，然后对英美学术界，尤其是拉宾格尔（Jay A. Labinger）和柯林斯等人近几年来在超越科学大战方面所作的努力进行评介，希望对我国学术界在这方面的研究和争论有所启发。

1 "科学大战"产生的原因

毫无疑问，科学大战是针对科学或科学知识的本质而进行的论战。人们不禁要问，科学论作为以科学为研究对象的若干学术领域已有相当长的历史，为什么在20世纪90年代中期突然爆发了这场主要表现为自然科学家与人文学者之间的公开冲突呢？是科学论领域的哪些变化激起了自然科学家如此强烈的反应呢？

在20世纪60年代之前，科学论研究领域的学者几乎没有产生过

---

　　*　关于"science studies"一词，国内译法不一。有的译为"科学元勘"，有的译为"科学研究"，还有的译为"科学论"。本文采用了最后这种译法。科学论主要包括20世纪70年代以来的科学社会学、科学史和科学哲学等以科学为对象的研究领域或学科。

　　**　实际上，科学大战不能简单称为科学家与人文学者之间的冲突。在克瑞杰（Noretta Koertge）主编的《沙滩上的房子》这部捍卫正统科学观的重要论战文集的全部16位作者中，包括主编本人在内有10位是科学哲学、科学史和科学社会学等领域的学者；在罗斯（Andrew Ross）主编的《科学大战》这部倡导后现代科学观的重要论战文集中，收集了哈佛大学生物学家勒温廷（Richard C. Lewontin）、哈伯德（Ruth Hubbard）和进化生态学家莱文斯（Richard Levins）的文章。

与职业科学家群体的冲突。相当一部分重要的科学史研究是由退了休的或兴趣广泛的科学家自己完成的，而且更重要的是这个时期的科学史著作在很大程度上具有赞美科学的性质。科学哲学虽然有更悠久的传统，但许多科学哲学研究的目的只是想要解释科学为什么会成功，而不是要对科学的世界观提出挑战。只是有些关于科学的分析令科学家感到不快而遭到冷遇，物理学家费恩曼（Richard Feynman）曾说："科学哲学对于科学家就像鸟类学对于鸟一样，毫无用处。"[1]温伯格在《终极理论之梦》一书中用"反对哲学"作为一章的标题，似乎就表达了这种不快。

20世纪70年代以前的科学建制社会学，主要探讨科学家行为的规范、动机，科学如何避免偏见等诸如此类的问题。尽管这种默顿传统的科学社会学并非自始至终都在赞颂科学家的高大形象，但总的来说其核心在于解释科学建制如何使科学家把工作做得更好，科学家看不出其中有什么威胁，因此，默顿学派的成员受到科学界的接纳和欢迎，有些成员被列入《科学》杂志的编委就是例证。

然而，库恩（Thomas Kuhn）1962年发表的《科学革命的结构》在后来显示了巨大的影响力。尽管学术界关于库恩的这部著作究竟对科学知识社会学产生了何种程度的影响一直争论不休*，但有一点可以肯定，他拓宽了后来学者们的视野，使他们变得更大胆，敢于把自然科学本身当作一种文化建设实践来研究。于是，从20世纪70年代早期开始，一些科学社会学家把注意力转移到科学的内容上，从而导致了科学知识社会学的产生，如爱丁堡的强纲领学派（Strong Program School）

---

*　科学知识社会学家往往把他们的研究归结为对库恩思想的激进解读，平奇（Trevor Pinch）认为，人们过高地估计了库恩对新科学论的影响。请参考本书第21章。

和巴斯学派(Bath School)。这些研究强调科学知识的文化基础,认为人们以不同的方式来解释同样的实验和理论,可以得出不同的结论。与此同时,科学史变得更为专业化,对科学不再是只有溢美之辞。此外,看起来不相关的领域,文学批评、文化理论、女性主义研究等等,开始把科学的术语和概念整合到它们的研究之中,甚至把科学的问题和科学的实践变为它们的主要研究对象。在许多人看来,科学论中出现的这些新的发展趋势是对传统科学观的挑战,需要认真面对并且予以严厉批判。实际上,在科学大战爆发之前,科学论研究领域内部的批判早就开始了,其间科学哲学家的表现尤为突出。只不过由于这些批判主要局限于专业领域内部,它们并未引起科学界的注意。

尽管要准确地回答为什么在20世纪90年代中期突然爆发了科学家与科学论研究者之间的科学大战这一问题并不容易,但是,把柯林斯和平奇在1993年出版的《勾勒姆》*作为一个重要的导火索却不是没有根据。从这本书的副书名"关于科学你应该知道什么"不难看出,这是一部旨在向普通读者介绍科学知识社会学基本思想的著作。其核心论点是科学研究不是一个客观地、绝对无误地产生真理的过程,相反,它是一个非常人性化的社会过程。柯林斯和平奇在书中讨论了"证明"相对论的两个实验、冷聚变、巴斯德与生命的起源、引力波的发现等案例,目的不是展现机械的实验在判决相互竞争的科学假说中的重要作用,而是力图向读者描绘更加复杂的科学进步过程。给读者留下的印象似乎是一些科学理论主要来自一两个判决性的实验,而科学家对这些实验结果的解释又往往具有某种主观成分,似乎暗示有些科学理论(比如相对论)并没有得到实验事实的支持。虽然物理学家默明(David

---

* 原名为 The Golem: What You Should Know about Science。

Mermin)于科学大战高峰期的 1996 年才在《今日物理》上发表两篇针对这本书的批评性评论,并在后来与柯林斯和平奇在该杂志上进行了两个回合的论战,但是,由于这是一本向公众"兜售"方法论相对主义科学观的书,所以更容易引起科学家对科学论的敌意和不安。

2　争论的焦点和实质是什么?

简单地概括已有 20 多年历史的"新"科学论对传统科学观带来的挑战并非一件易事。拉宾格尔和柯林斯用这样一组对立的概念对其进行概括,即实在论与相对主义、理性主义与建构主义、客观主义与主观主义。一般来说,"新"科学论研究者强调后者。他们注重科学中的人为因素,探讨科学知识是怎样由于这些人为因素的作用而带来不确定性,认为科学是社会建构的结果。他们研究的问题包括科学制度的社会特征、科学研究所依赖的文化环境以及表达科学发现的语言等。与此形成鲜明对照的是,大多数科学家往往坚持传统科学论的观点,更着重于科学知识的客观真理性以及科学发现过程的客观性。[2]

备受人们关注而又意见不一的问题是,这种"新"的科学论是否反科学、反理性或对科学的客观真理性提出了挑战? 关于这个问题,可以根据动机和效果分为两个问题:(1)新科学论者是否有意识地反对科学? 关于这个问题,有人声称,他们或者出于某种政治需要或者出于对科学家取得的成就和地位的嫉妒,试图削弱科学的权威或诋毁科学的基础;另一些人,尤其是新科学论研究者则认为,他们的目的不是为了挑战或动摇科学的权威,而是为了发展有关科学为什么以及怎样在当代世界具有突出地位的一种中立的"批评术",其不良后果是被误解或不中肯,但不会对科学造成危害,好的结果是促使人们以新的方式来思考某些疑难问题。(2)新科学论者在效果上是否动摇了科学的权威或对科学造成伤害？科学家在批评新科学论时往往将科学面临的处境或公众对科学的态度发生的变化与新科学论宣扬的科学观联系起来，比如，科学研究经费越来越少，公众对科学家越来越不放心，宗教迷信和占星术愈演愈烈，等等。他们声称近年来学术界流行的建构主义、后现代主义思潮对此负有不可推卸的责任。新科学论者则予以反击，认为他们的研究并没有威胁科学的权威地位，也看不出上述现象与他们的研究成果之间有什么因果联系，至于公众在对待科学的态度上的变化，他们的研究是要给公众一个更为真实的科学形象，这对于社会公众理解科学并且从长远来看支持科学事业的发展是有益的。

不幸的是，科学大战自 20 世纪 90 年代中期爆发以来，双方各执己见。格罗斯和莱维特先是出版《高级迷信——学术左派及其与科学的争论》(1994)，又于 1995 年在纽约科学院组织了主题为"搭上科学与理性的航班"的研讨会[该会议的同名论文集《搭上科学与理性的航班》于 1997 年由格罗斯、莱维特和刘易斯(Martin Lewis)编辑出版]，对科学论者进行了公开而激烈的批评；罗斯则于 1996 年主编了《社会文本》的"科学大战"专辑作为回应；紧接又有克瑞杰编的《沙滩上的房子——后现代主义者的科学神话曝光》(1998)的再反击等。与此同时，充斥着攻击性的词语和论战色彩的文章不仅频频被发表在科学或科学论领域的学术期刊上，而且还通过报纸和通俗刊物直接面向社会公众。严肃的学术讨论似乎成了为赢得欢呼和掌声的游戏，"对迅速在公众场合取得胜利的追求胜过了学术研究，争论的质量严重地下降了。"[3]

3　寻求对话的尝试

即使在这场论战正酣之际，仍有一些科学家和人文学者没有加入论战的行列，还有一些学者虽然参与了论战但仍希望超越争论双方的对立局面,以一种更富有成效的方式进行交流和对话。1997 年 2 月,在西雅图召开的美国科学促进会的年会上,克兰曼(Daniel Lee Kleinman)组织了一个题为"科学与民主:超越'科学大战'"的专题讨论会。1997 年 5 月,加州大学圣克鲁兹分校物理学家瑙恩伯格(Michael Nauenberg)举办了一个小型会议,使科学社会学家柯林斯、物理学家默明和索卡尔(Alan Sokal)等人有了直接交流的机会。有趣的是,就在那次会议上,默明和柯林斯发现他们常常由于都不赞成索卡尔的意见而走到一起。1997 年 7 月,柯林斯在南安普敦大学举办了一次所谓的"南安普敦和平讨论会"。索卡尔没有参加,但是,包括拉宾格尔、默明和平奇以及其他代表着物理学、科学史和文学理论等不同学科的学者参加了会议。与科学大战的其他论坛不同,这次会议首先通过安排与会者游览当地的风景名胜增进相互了解,然后进行封闭式的深入讨论,在达成相互信任和理解之后才公开举行。目的是在充分理解对方观点的基础上,寻求不同观点之间的碰撞和交锋,而不是像有些论战那样,似乎将主要目的放在公开地嘲笑对方上。正是在南安普敦讨论会之后,拉宾格尔在美国科学院主办的刊物《代达罗斯》上发表长文"科学大战与美国学术职业的未来",呼吁科学家不带敌意地关注科学论者的工作[4],并且决定与柯林斯一起进一步推动争论双方加深理解和加强对话。

进入 21 世纪,要求超越科学大战、展开严肃对话的论著越来越多。2000 年,西格斯特雷尔(Ullica Segerstråle)主编了《超越科学大战——关于科学与社会所缺少的对话》(*Beyond the Science Wars:The Missing Discourse About Science and Society*),著名科学社会学家巴伯(Bernard Barber)、物理学家和著名科学论学者齐曼(John Ziman)、化学家和著名科学论学者亨利·鲍尔(Henry H. Bauer)以及近年来活跃在科学论研究领域的学者福勒等人为该书撰稿,对科学论领域近年来的研究和发展趋势进行了反思。2001 年,拉宾格尔和柯林斯主编了《一种文化?——关于科学的对话》一书,邀请的科学家撰稿人有索卡尔、温伯格(诺贝尔物理学奖得主)、默明、肯尼思·威尔逊(Kenneth G. Wilson,诺贝尔物理学奖得主)、索尔森(Peter R. Saulson)、布里克蒙(Jean Bricmont)等,来自科学论领域的有科学知识社会学家夏平(Steven Shapin)(也是科学史家)、平奇、林奇(Michael Lynch),有科学史家迪尔(Peter Dear),有传播学家史蒂夫·米勒(Steve Miller)、格雷戈里(Jane Gregory)等。该书具有如下特点:第一,该书的两位编者分别是科学家和社会学家;第二,在其他撰稿人中,从事具体科学研究工作而又关注和参与了这场争论的科学家和科学论学者的比例也基本相同*;第三,在编排上也突出了对话的特点,首先由各位作者陈述自己对科学的立场和观点(第一部分),然后对自己不同意的其他人的论点进行反驳(第二部分),最后由各位作者对自己的批评者进行回应(第三部分)。在这里我们对这次对话的成果进行扼要的介绍。

拉宾格尔和柯林斯在该书的结语部分总结了这次讨论达成的共识和仍然存在的分歧。共识有三个方面[5]:第一,"科学论对科学的旨趣没有敌意",它既不是处心积虑地要反对科学,也不是它无意中的副产品在反对科学;第二,"在这场科学大战的整个过程中,误解和误读扮演了一个重要的角色";第三,"科学论是令人感兴趣的,并且可能是有益的研究领域"。仍然存在的分歧有[6]:第一,"在意见分歧方面,最深层的问题是哲学上的和方法论上的问题。"参与这次讨论的所有科学家都

---

　*　有评论者指出,编者所选择的科学论学者撰稿人主要是科学知识社会学家或社会建构论者,没有包括诸如女性主义、文化批评等领域的学者,暗示这次对话的局限性。 见参考文献[17]。

在某种程度上表达了他们对于社会学家认同方法论相对主义的关注，他们担心已有科学论成果的某些方面不能在方法论相对主义这一种框架内得到说明。布里克蒙和索卡尔怀疑，是否有可能存在一种纯粹的方法论形式的相对主义，或者相反，在那里是否暗示着对哲学相对主义的认同。第二，关于科学社会学家的案例分析，例如，布里克蒙和索卡尔认为，除非能够独立地评价科学证据，否则，社会学家应该避免研究案例。他们认为，有时，解释一个信念仅仅通过审查社会因素可能是一个非常好的解释，但是，在其他时候，当科学方面的因素是主要方面时，社会学家必须确保他们以科学因素来表达这些"因子"，以防赋予社会因素过高的地位。并且，当对科学因素的正当评价不确定时，社会学的结论也将变得相应地具有不确定性。社会学家可能会反驳说，难题仍然存在。根据布里克蒙和索卡尔建议的这种模式来研究当代的争论，必须作出两项判断：在信念形成的过程中，科学与社会中哪个方面相对更重要一些；如果科学因素受到了更高的重视，它如何才能得到正当的评价呢？假如科学家之间存在意见分歧，人们很难想像怎样才能对一项科学研究进行评价。

拉宾格尔和柯林斯还总结说，如果这场争论以实质性对话的方式继续下去，人们必须从对这场争论状态的关注转变到对有关研究的重要性的关注上来，在耐心地倾听和理解对方论点的基础上展开充分的交流，求同而存异。为了这一目的，他们给出了一个"悬而未决的问题"清单，希望通过进一步讨论和研究达成共识。这些问题是[7]：

1. 当科学史家分析科学的历史片断时，他们应该总是、有时或从不考虑那个时代的科学知识吗？

2. 社会学家能否以及是否应该研究悬而未决的科学争论？如果回答是肯定的，那么，与研究那些在科学问题上已经达成共识的科学争论相比,研究悬而未决的科学争论是否有缺陷?对于悬而未决的科学争论进行研究重要吗?

3. 什么是"哲学相对主义"?什么是"方法论相对主义"?方法论相对主义能否独立存在,或者它是否不可避免地与哲学相对主义相联系?将方法论相对主义当作一种方法是否被证明是合理的?

4. 哲学和观察哪个在先?换句话说,如果一个纯经验性的学科建立在一个有缺陷的哲学的基础上,那么,这个学科及其所有的发现能否被宣布为无效?在进行经验研究之前是否一定要解决哲学问题?

5. 科学论以什么方式(如果有任何方式的话)超越作为一个纯学术领域的角色而具有潜在的实用价值?它是为整个社会服务的吗?它是为从事具体研究的科学家服务的吗?科学知识社会学对政策的影响是什么?

6. 科学家与科学论研究者之间继续存在的分歧,是由于经过更大的努力可以消除的误解产生的,还是由语言和世界观上的明显不同造成的?

最后,拉宾格尔和柯林斯表达了他们自己的立场和观点。"我们认为科学是一种获得了巨大成功的理解世界的方式,而不是一个完善的'世界观'。我们坚信科学是迄今为止解决许许多多问题的最好方式——但是,这些问题并非所有的问题,并且也不一定是最重要的问题。"[8]面对诸如全球变暖、转基因食品等重大问题,"一般公众需要认识到,当科学处于形成阶段或当科学需要解决难度过大的问题时,科学总是会犯错误的。这些错误不一定是由科学家的无能或不负责任带来的,而是由科学本身所固有的不确定性造成的结果。"[9]这场论战对科学家和科学论者来说都是一个沉痛的教训。对科学家来说,科学的"教科书模型"把那些困难的问题分解成硬核的、精确的、科学的部分和杂乱的、不精确的、社会政治的部分,这种诱惑是强烈的,但是不可能的;科学论能为科学家提供的最重要的信息是,鼓励科学家打破常规,摆脱墨守陈规的标准思维方式。对科学论学者来说,这个世界需要对科学进行负责任的批评,对科学的不完善及其适用范围进行说明、解释和探索,促进公众通过对科学的理解来摆脱教科书式的科学模型。

科学大战不仅使科学而且也使科学论受到了伤害。一方面,有些参与论战的科学家往往把女性主义者、文学评论家、科学知识社会学家、科学史家和科学哲学家等同起来,笼统地称其为"学术左派"[10]或"后现代主义者"[11],把严肃而专业性很强的研究与哗众取宠的标新立异等同起来,甚至力图通过批评某些研究者的"学科背景"来否认整个科学论研究群体对科学进行评价的资格,给公众留下了"傲慢"或"专横跋扈"的印象;另一方面,有些新科学论者则过分强调"观察渗透着理论"、"证据对理论的不充分确定性"、"信念的多元性"以及"'行动者范畴'与历史写作"[12]等信条,甚至忽视科学家的研究、实验和推理而专注于科学家个人和社会生活,从而使新科学论背上了"反科学"的坏名声,致使一些严肃的学者不得不为这一研究领域的合法性进行辩护[13]。因此,为了促进科学的发展和维护全社会的利益,超越科学大战,在科学家之间、人文学者之间以及科学家与人文学者之间围绕科学的本质开展富有建设性的对话,不仅是真正能够解决问题的唯一方式,而且也是不同领域许多学者的共同愿望和努力方向。

英美学术界近年来对科学大战的反思以及寻求对话的尝试对于我国学术界来说至少具有以下几个方面的启示:第一,我们应该认识到,近年来国内引进的科学知识社会学、女性主义、后实证科学哲学和后现代文化批评等方面的论著,对社会建构论、相对主义和多元主义等论点的强调有许多属于这些领域的早期成果,国外许多学者在后来的研究中已经开始对这些论点的适用范围和程度进行反思、检验和澄清;第二,发生在西方的"科学大战",将严肃的学术争论转变成公众论坛,凸显了科学与人文的对立,对科学与科学论研究领域都造成了伤害,无助于问题的真正解决,国外许多学者对此已有清醒的认识并试图改变这种状况,我们也应当从中汲取教训,避免重复国外学者的错误;第三,正像福勒告诫日本学者的那样,"科学大战"在西方有其特殊的含义[14],我国的文化传统和科学观念与西方有很大的差别,发生在西方的"科学大战"在多大程度上适合于我国或我国是否存在着"科学大战"等,这些问题都值得我们深思。

事实上,上述文字正是作者翻译和研读本书过程中的体会。我们很高兴应上海科技教育出版社潘涛博士的邀请,将此书的中文版奉献给读者。在翻译过程中具体分工如下:第1—3章由孙小淳译;第5—6、14—24章由王国强译;张增一译序及第7—10、12、27、30、32、35章;袁海军译第11、13、28、29、34章;刘晓译第25章;何涓译第31、33章,第4章由孙小淳、王国强合译,第26章由张增一、刘晓合译。张增一校第11、13、25、28、29、31、34章;袁江洋校第33章。张增一还翻译了作者简介,对全书进行了统稿。在本书的定稿阶段,潘涛博士和乐洪咏编辑付出了辛勤的劳动,使译文的质量得到了进一步提高。尽管如此,译文中肯定还存在不少值得商榷乃至错误之处,恳请读者批评指正。

参考文献

[1] [12] [13] Philip Kitcher. A Plea for Science Studies. In:Noretta Koertge. A House Built on Sand. Oxford:Oxford University Press, 1998. 32, 38—43, 32—56.

[2][3][5][6][7][8][9] Jay A. Labinger and Harry Collins ed. The One

Culture?：A Conversation about Science. Chicago：The University of Chicago Press，2001. 5，ix，296—297，297—298，299，300，300.另可参见本书正文第 6 页，序，第 342—343 页，第 343—345 页，第 346—347 页，第 347 页，第 348—349 页.

[4] Jay A. Labinger. Science wars and the future of American academic profession. Daedalus，1997(126)：201—220.

[10] Paul Gross and Norman Levitt. Higher Superstition：The Academic Left and Its Quarrels with Science. Baltimore：Johns Hopkins University Press，1994.

[11] Noretta Koertge ed. A House Built on Sand：Exposing Postmodernist Myths About Science. Oxford：Oxford University Press，1998.

[14][15] Steve Fuller. The science wars：who exactly is the enemy? Social Epistemology，1999(13)：247—249，243—249.

[16] 温伯格.仰望苍穹——科学反击文化敌手.上海:上海科技教育出版社. 2004,75.

[17] S. L. Altmann. Essay review：science wars. Contemporary Physics，2002(43)：307—310.

张增一

2006 年 5 月

序

　　尽管在这个世界上做一位学者可能不是收入最高或声望最好的职业，但是，确实可以得到许多补偿。其中，比较重要的补偿是有机会作出一些发现或为我们这个时代深层次的争论作出贡献，并有机会在充满着诚实、正直和睿智的环境中开展工作。然而，对于我们这些在自然科学与人文社会科学边缘从事研究工作的人来说，自从20世纪90年代初爆发了那场火药味特别浓烈的所谓"科学大战"以来，这种环境似乎正在恶化。在这些争论中，那些赞成传统的、"棱角分明"的自然科学模型的人与某些试图以一种新的方式看待科学的社会科学家和人文学者，对迅速在公众面前取得胜利的追求胜过了学术研究，争论的质量严重下降了。

　　幸运的是，在这场论战期间，仍有一小部分科学家和社会科学家继续以某种似乎过时的方式与这种潮流保持着距离。本书主编之一——社会学家柯林斯——发现自己与另一位主编——化学家拉宾格尔——以及其他科学家兼批评家，包括物理学家索尔森和默明，以一种更能让人认可的方式进行了讨论。拉宾格尔在《科学的社会研究》(*Social Studies of Science*)这一科学论领域的著名杂志上发表了对科学论的批评;索尔森,作为柯林斯案例研究的一个对象,给柯林斯写了一封信,表达了他在阅读了柯林斯的一本著作后的忧虑;默明(与柯林斯的合著者平奇在同一所大学)在《科学》杂志上发表了一篇措词激烈的评论,批评柯林斯和平奇的著作《勾勒姆》。重要的是,他们在展开批评之前,都对被批评的著作中他们所认为积极的方面以及要进行批评的论点进行了概括;这些批评一方面是利剑,另一方面是橄榄枝。尽管批评是激烈的,但是,这种批评仍然是传统的学术争论,而不是毫无价值的指手画脚。这些对话为更好、更富有成效的时刻的来临带来了希望。

1997年5月,加州大学圣克鲁兹分校的物理学家瑙恩伯格举办了一个小型会议,将这些批评者和被批评者中的一部分人聚集在一起。在那里,柯林斯有机会见到了索卡尔,并且与默明继续进行讨论。有趣的是,在那次会议上,默明和柯林斯发现他们常常由于都不赞成索卡尔的意见而走到了一起。大约在同一时间,1997年7月,还在南安普敦大学的柯林斯举办了一次所谓的南安普敦和平讨论会。索卡尔没能来参加,但是,包括拉宾格尔、默明和平奇以及其他代表着物理学、科学史和文学理论等不同学科的学者参加了会议。会议的前两天,一天用于乘坐一艘小机动船游览南安普敦水上风光,一天用于8位与会者进行封闭式的深入讨论。只是到第三天,在达成相互信任和理解之后,这次讨论会才公开举行。这与其他的科学大战论坛形成了鲜明的对照,因为在那些论坛上通常看不到不同观点的交锋,其主要的目的似乎在于公开地嘲笑对方。我们正是在南安普敦讨论会之后才产生了组织编写眼前这本书的想法。

编辑这本书的过程(几乎)是一种纯粹的享受。有些参与者最初认为他们不可能为本书写太多东西，但是随着后面几次讨论的展开，他们被吸引了进来。几乎所有的作者都按时提交了几乎不需要我们再作什么修改的文稿[1]。虽然很多观点都在预料之中，但也有一些美妙而新颖的论点出乎意料。或许最令人惊奇的是，本书主编自始至终看到了非常"一致的意见"[2]。

在定稿之前，我们把导言和结语发给了各位作者。大多数人在回复中提出了有益的建议，对此我们表示感谢。我们要特别感谢默明，他提出了许多有关风格和实质内容方面的调整建议，我们几乎把所有这些建议都体现在本书中。索卡尔和布里克蒙也超出他们的职责范围，在方法论相对主义方面提供了一篇生动的讨论，作为进一步讨论的引子，从而使本书更加完善。

最后，我们的编辑、芝加哥大学出版社的艾布拉姆斯（Susan Abrams）为我们提供了宝贵的建议，不断给予我们鼓励，并且自始至终在技术上以及在克服由于作者多而带来的缺陷方面给予我们指导。我们感谢所有相关人员，并对仍存在的不足承担全部责任。

杰伊·A·拉宾格尔

哈里·柯林斯

1 导 言

1.1 "科学大战"和"两种文化"

1996 年春，一场激烈但鲜为人知的学术争论进入了公众的视野，其直接起因是纽约大学的一位物理学家索卡尔在《社会文本》(*Social Text*)杂志的一期题为"科学大战"的专号上发表了一篇文章(Sokal 1996b)。索卡尔的文章，看起来是从所谓后现代主义的角度，对物理学和数学的某些方面所作的分析。它似乎要证明，科学知识的性质，不是由客观实在，而是由语言、政治以及利益来决定。文章的写法也活像后现代主义者对科学的讨论——有学究式的参考文献，有对一群精英思想家的大肆吹捧，更有精心雕琢的语言，或曰"专业行话"。此文一发表，索卡尔立即又在《通用语言》(*Lingua Franca*)上发表了一篇声明(Sokal 1996a)，说他的第一篇文章不过是一个滑稽的模仿，意在做一个试验，看从事文化研究的学术群体，特别是那个杂志的编辑们，究竟是否有能力区别严肃的学术与蓄意的胡说。

这一恶作剧策划周密，手法高超，令一些文化评论的新潮人物大为窘迫，媒体也为此着迷。索卡尔的文章还吸引了一批新人加入这场争论，其中有些人（不在本书论者之列）以为获得授权，要么批评对科学发表高论的非科学家，说他们愚昧无知，不诚实，见解一无是处；要么批评敢于涉足学术专长之外的科学家，说他们天真可笑，倨傲自大。对学术的研究，对争论问题的深入了解，以及对各种论证的严密分析，对于这群人来说，不是加入这场争论的先决条件。果然不出所料，在此后的数月之中，大多数争论发生在大众媒体上，刊登在各种日报和周刊上。

当时是科学大战的高潮（或者可以说是"低潮"），其实论战早在几年前就悄悄地拉开了序幕。1992 年，美国物理学家温伯格和英国生物学家沃尔珀特写了两本书，其中含有对新派科学评论的攻击，但这些攻击只占书中很少的章节，没有引起多大的注意。1994 年，《泰晤士报高等教育增刊》（*Times Higher Education Supplement*）和《波士顿环球报》（*Boston Globe*）分别在显著的位置报道了沃尔珀特同柯林斯的辩论以及全美学者协会的会议情况，这两个报道首先在学术界之外掀起了一阵波澜，引起了外界注意，并且也助长了在以后的争论中不那么温和的风气。

在这些小规模冲突之后，1994 年美国生物学家格罗斯和美国数学家莱维特合著了一本书《高级迷信——学术左派及其与科学的争论》（*Higher Superstition : The Academic Left and Its Quarrels with Science*），这可以算是科学大战的正式宣战书。格罗斯和莱维特审视了文学、社会学和女性主义对科学的研究，探讨了诸如激进环境主义、艾滋病患者运动、动物权利运动、非洲中心论历史等问题。他们认为，这些看上去毫不相干的事情实际上有一些共同的特征：首先是思想松散，同时也有对科学的敌视态度，还有归结在"美国左派"这一雅号下的政治背景。作为策划好了的应对措施，《社会文本》收集了一组文章，出了一期科学大战专号，其中包括索卡尔的"特洛伊木马"，这就是前面提到的科学大战爆发的导火索。

争论的问题是什么？对于大多数科学家和人文学者来说，这对他们从事的工作为什么会有利害关系（如果确实有的话）？争论的源头至少可以追溯到柏拉图（Plato），不过还是从大家所熟悉的 C·P·斯诺（C. P. Snow）1959 年在剑桥"里德讲座"上作演讲并在后来发表的"两种文化"开始为好。斯诺公开谴责，科学文化（scientific culture）与文学/人文文化（literary/humanistic culture）完全处于割裂的状态。他最为不满的恐怕就是他所看到的一种不对称的状况：若是科学家不谙文学经典，就会被权威认为缺乏文化修养，而反过来的情况则被认为是天经地义的。但他的中心论点是，这两个群体虽然负有帮助人类理解自我和世界的绝大部分责任，相互之间却不懂得如何进行对话。

这一看法并不新鲜。赫胥黎（Thomas Henry Huxley 1900）和亚当斯（Henry Adams 1918）就提出过类似的批评，说在文科教学中见不到科学的影子。当然，这种看法不完全正确——总是有许多职业科学家对人文科学怀有浓厚的兴趣，反过来也是如此。这两种文化的对立可能在盎格鲁—撒克逊文化中比在其他文化中表现得更为强烈。不管怎样，斯诺触及了一个深层次的问题，科学大战不过是其表现之一，只是一种局面特别难堪的表现。

我们认为，在一片喧嚣纷扰之中，隐含着一系列深层的、经久不衰的、有意义的问题。本书把一些学者集中到一起对这些问题进行辩论，期望能达到以下目的。第一，我们想通过争论的方式表明，这里面有一些东西值得认真讨论；而且要进一步表明，科学的实践者和科学的评论者是有可能找到共同语言的，这样才能回答本书书名中提出的问题——"一种文化？"第二，我们期望按照下面将要讨论的办法，把这场争论向前推进一步。关于第一个目标，我们相当有把握地认为已经达到了；至于我们是否达到了第二个目标，这由读者来判断。

对于初涉这场争论的读者，一些背景知识或许有所帮助。我们关心的主要问题，不是争论本身的历史，而是关于这场争论是如何在当代转变成自然科学家与那些非科学家之间的冲突的，后者的职业兴趣不太重视科学知识的发现，而是重视科学的工作方式与性质。这样的研究，按传统的分法分成三个领域——科学史（history of science）、科学哲学（philosophy of science）、科学社会学（sociology of science），不过近来有多种努力，试图把它们统一在更具有概括性的名称"科学论"（science studies）之下。

在 1960 年代之前，这些研究领域中很少有东西会引起与职业科学家群体的冲突。相当一部分科学史是由退休的或怀有多种爱好的科学家们自己写成的，而且更多的带有赞美性质。科学哲学固然具有悠久的传统，而且确实不易与一般哲学分开，但许多科学哲学的研究只是想要解释科学为什么会成功，而不是要对科学世界观提出挑战，因而科学家们不觉其中有什么冒犯之处。当然，有的时候，科学哲学分析使得科学界对科学的地位或权威不再高枕无忧，但不管其偏向是什么，科学哲学一概遭到了科学家的冷遇。正如温伯格所引的妙语所言："科学哲学对于科学家，就像鸟类学对于鸟一样，毫无用处。"[1]

1970 年代以前的科学社会学探讨科学的建制，包括科学行为的规范、科学家的动机、科学如何避免偏见，以及诸如此类的问题。尽管所谓默顿传统社会学［名称来自该领域的主要开创者之一默顿（Robert Merton）］里的东西绝对不全是赞同科学家的自我形象，但总的来说重点在于解释这些建制如何使科学家把工作做得如此漂亮。同样，科学家们看不出其中有什么威胁，默顿学派成员受到科学建制的欢迎并加入其中[2]。

然而在 1960 年代，科学论开始朝着新的方向发展。库恩发表了《科学革命的结构》（*The Structure of Scientific Revolution*）一书（Kuhn 1996），这是一个重大事件。此书初版于 1962 年，但其强大的影响力等到数年之后才显现出来，而且库恩具体怎样影响了后来的研究，也是一直争论不休的问题。有一点可以肯定，他使许多学者变得大胆，敢于拓宽他们的研究视野，揭示了自然科学本身可以被当作一种文化建设的实践来研究[3]。

于是，从 1970 年代早期开始，社会学家把注意力转移到科学内容上，而不仅仅局限于科学建制。"科学知识社会学"这一新学科诞生了，系统的研究组织建立起来了，如爱丁堡的强纲领学派和巴斯学派。这些研究小组的工作强调科学知识的文化基础，同时认为，类似的实验和理论可以用不同的方式来解释，从而得出不同的科学结论。与此类似，科学史变得更为专业化，不再是溢美之辞。看起来不相关的领域，文学批评、文化理论、女性主义研究等等，开始把科学的语汇和概念整合到对它们的研究之中，甚至把科学文本和科学实践变为它们的主要研究对象。科学研究中出现的这些新方向在许多人看来是对传统科学观的挑战，因而招致了批评——有的非常激烈。批评主要来自科学论领域的其他成员，哲学家尤为突出。

1.2 问题的实质是什么？

简单勾画新科学论提出的挑战并非易事。为简单起见，我们可以用一组对立的概念对其进行概括，例如，实在论/理性主义/客观主义—相对主义/建构主义/主观主义。"新"科学论（诞生至今已有四分之一世纪）一般来说强调后面一组概念。它们注重科学中人的因素，探讨科学知识是怎样由于人的因素作用而有其**不确定性**，是建构出来的，这些因素包括科学建制的社会特征、从事科学研究的文化背景、表达科学发现的语言等。与此形成鲜明对照的是，大多数科学家本身以及传统科学论研究者坚持的观点，更强调科学知识是如何由自然界**决定的**，并通过对自然的客观考察予以**阐明**。

然而，在哲学立场和信念上，争论的双方都有着相当广泛的共识，经常只在很细微的地方观点不同。记住这点很有必要，因为许多激烈的争论都起因于对这些细微差别（subtleties）视而不见。我们有幸能够加入这些讨论，结果发现看起来势不两立的冲突只不过是由对一词一句的误读，或对与境的误解引起的。例如，这种情况于1997年在南安普敦召开的"科学和平"研讨会上就发生过，当时一群科学论研究者和科学家聚到一起，进行了三天的讨论，最后以公开辩论结束。大多数与会者认为会议开得成功，尽管他们没有在所有的重大问题上达成共识。

有一个问题时常引起大家意见不一，那就是这些新动向是否反科学、反理性。这个问题有两个方面：动机与后果。新的批评家们是否有意识地敌视科学？有人声称，他们试图削弱科学的权威和影响，是出于某种政治利益，甚至仅仅是出于对科学家取得的成就和地位的嫉妒。相反的观点是，新的批评家们不是在"批评"，而是在发展一种"批评术"（critique）——一种关于科学为什么以及怎样在当今世界占有突出地位的中性分析。最糟的情况是，这种"批评术"是误入歧途，或者说既无利也无害；最好的情况是，它启发了探讨难题的新途径。

如果是后一种情况的话，新的研究对科学的批评，其做法不会比戏剧评论家"批评"戏剧，或比音乐评论家"批评"音乐更为过分。其目的是评述和分析，而不是要对全部艺术形式进行攻击。当然，我们不要因为这个类比而忘记艺术家和艺术评论家之间并非总是你好我好；那些不会"从事"分析但还要涉足分析的人，当要如履薄冰。在科学领域，心怀不满特别情有可原，因为在艺术和音乐批评中没有同样的情况；人们认为科学太难、深奥无比，使局外人对"科学共和国"的公民无从发表什么明智的见解。如今局外人竟然做成类似评论的东西，着实使人大吃一惊；容忍局外人并把他们当回事，似乎科学共同体的权威性不言而喻地受到了损害。

这使我们想到后果这一问题。这类科学论研究的许多反对者，耸人听闻地提及当前的一些趋势：科研经费越来越少，对科学家越来越不放心，学术标准越来越低，神创论和占星术越传越广，等等。他们声称，这些趋势在相当程度上受到当代学术界的建构主义/后现代主义思潮的推动。新批评家们对此也予以还击，他们反问科学是否真正受到威胁。他们指出，任何一个书店里肯定科学的书籍都占有绝对的优势；科学论研究的著作销量少得可怜，而抨击这类研究的著作却大行其道；在大学，在公共生活中，双方的力量又是何等悬殊。他们也没看到什么证据能说明新研究和上述趋势有因果联系——他们也谴责这些趋势，而且认为它们如同危害科学一样危害科学论研究。他们至少有相当多的理由认为，对科学的祛魅，是由于右派宗教势力的攻击，同时也是由于二战以来科学的成就与科学的许诺相比每每令人失望。事实上有些新批评家认为，**捍卫**科学是他们分内之事，方法是给出一个关于科学的较为现实的形象，看它在复杂困难的技术决策环境中究竟能兑现些什么。

1.3 为何在此时出这样一本书？

不幸的是，科学大战依然战鼓隆隆。更多的书出来了（Gross，Levitt，and Lewis 1996；Ross 1996a；Koertge 1998），但它们都是偏执一词，大多数是认定一些观点，很少顾及或根本不顾对立的观点。我们认为，应该组织某种东西，使之更接近于交流观点。当把事情谈透之后——正如在前面提到的南安普顿讨论会那样——我们就会时不时看到，学术争论的双方开始互相理解对方的论点。

我们希望，我们已在若干方面把争论向前推进了一步。虽然我们并不曾指望这一努力的结果是意见完全一致，但我们确实是想促成一些意见相互接近——我们想这一点是做到了。但是意见即便不能趋同，争论也可以搞得更有意义。我们希望在这里所做的努力将来能够有助于改进不同意见的表达方式。我们应该区分学术"交战"和学术"争论"这两种形式，前者的唯一目标是要战胜对手，而后者的目标是说服对手。战胜了，或者说表面上胜利了，但没有说服对手，这样的目标可以用多种手段达到：你可以自言自语；你可以说给你认为没有偏见而且轻信的人听；你也可以利用大众传媒。要取得这样的成功，即便使用连最开明的对手都说服不了的证据，也会绰绰有余。

其次，在不把问题搞得晦涩乏味的前提下，我们试图重新介绍复杂的关键问题，这在刀光剑影、硝烟弥漫之中很难看清。我们期望能在这方面带来永久性的变化；我们期望那些不费力气、侃侃而谈者在大放厥词之前能够三思；我们还要求那些"硕儒"思量一下，居高临下、对别人的见解不屑一顾，其结果是揭己之短恐怕比揭彼之短还要有过之而无不及。

我们想要达到的第三个目的，就是要澄清、缩小和确定一些未能解决的分歧的源头。与战争不同，学术上意见相左不总是坏事，它是促进自然科学发生变化的动力，如同促进社会科学与人文学科发生变化一样。对于后者来说，它还是本科课程里的内容。有些不同意见可能很难或者不可能说清楚，原因可能是看问题的角度各不相同，其观点在各自的学术传统中根深蒂固，深藏不露。但另有一些论点，它们可以被界定清楚，各方可以知道分歧究竟在哪里，知道什么东西需要思考，从而可以选定立场，或者采取下一步行动。

需要指出，我们选择聚焦在一个相当狭窄的话题上，主要集中讨论从所谓"科学知识社会学"（简称SSK）派生出来的问题以及对这些问题的批判性回应。我们邀请到了一些活跃在SSK和相近领域里的学者，还有一些评论过或参与他们的研究的科学家，请他们为本书贡献想法。决定把此书的范围局限在SSK以及很相近的领域，是出于现实的考虑。我们觉得，若要囊括科学论研究的方方面面，以及对其方方面面的批评，所达到的结果最多不过是浮光掠影，不会是我们所要追求的对问题的认真讨论。在对此类问题的讨论上，哪怕是取得一点点相同意见，也非易事。观点越明确越好，而在我们看来，如果本书的社会科学作者们能在总体上意见一致，那么我们就有可能朝着正确的方向迈进。

这种对本书涉及范围的限制，**不**应被视作是对科学论研究当中其他动向，如文学理论、行动者网络理论或文化研究的含蓄批评。（不过本书编者之一确实对其他某些研究方法的赞同程度不及SSK，而且也发表过文章，对它们进行批评。）我们希望本书达到的目标之一——即向大家表明，断章取义，并以此作为攻击别人的根据，会构成危险的先例——应该被看作普遍适用的研究进路。 人生苦短，因此忽略一些看似不合理的东西当是合乎情理。 可是，如果没有设法跟对手沟通并弄懂引起争论的观点就发起攻击，这在学术界是不可原谅的。 （林奇在第 29 章对此种顾虑有更详细的论述。）

在科学方面，本书所代表的面同样很窄：除一人之外，本书所有作者都是物理学家。 这可能会引起一些顾虑。 物理学是哲学和其他科学论研究讨论最多的对象，这就产生了问题，相对于这一特殊科学领域，我们对整体"科学"，又该如何对待呢？（本书有两位作者提出，在对这些问题的思维方式上，**理论**物理学家和**实验**物理学家甚至有系统的差异！）但我们不是有意这样安排；而是因为到目前为止，对科学论研究给予认真关注的大多数科学家是物理学家。（我们实际上向一两位非物理学家发出了邀请，但他们未能参加。）我们希望将来情形会有所改善，在我们称之为"科学和平进程"的未来阶段会有更多学科的科学家参与；但就参与我们讨论的物理学专家而言，他们在许多问题上已经持有非常不同的观点。

1.4　全书的结构、内容和主题

本书选定的特殊结构，是要反映南安普敦讨论会中取得成功的互相交流的讨论方式。 起初有 12 位作者（有的是合作者），一半是科学论研究者，一半是科学家，他们各选一个与整个主题相关的话题，写出一篇表明其立场的论文。 然后将论文分发到大家手中，要求每个人都对文章中引起其兴趣或想要批评的任何问题进行评述。 在最后的第三轮，最初的 12 位作者有机会应答这些评论，对自己的观点进行辩护、澄清，甚至进行修正。

本书不是平铺直叙。 正如几位作者所指出的那样，没有办法根据观点简单地分门列派（有人甚至说这是"萍水相逢，无门无派"）。评论和反驳（这也在情理之中）都是东敲西击，并无定踪。有人集中注意力，仅仅讨论所争论问题中的一两个重点；也有人只讨论一些小问题；还有人不是对先前讨论的问题作出回应，而是受其启发，提出新材料。

那么，我们应如何组织这些材料，读者又如何阅读这些材料呢？本书涉及的话题和论点范围很广，要提供详细的读法是非常困难的，我们也不想这么做。但我们还是要采取一些办法为读者提供一点指导。首先，我们把论文分成三个部分，与三个回合的讨论相对应；如果按顺序读，大多数论述将比较容易读懂。尽管是不是按次序读每一部分的论文并不十分重要，但我们还是把第一部分，也就是起头阐述论点的文章，分成四个组，这样我们看起来各个主题就比较连贯。但也要指出，所有这些第一回合的论文，多少涉及**所有的**论题。

第一组是"哲学"，倾向于对问题的基本原理进行讨论。对于许多读者来说，平奇关于SSK及科学大战的思想前奏的讨论，可能是很有益的开始。布里克蒙和索卡尔接着对SSK的哲学和方法论基础提出了挑战，而林奇的论文则给予辩护。

第二组是"视角"，代表一些偏离争论主线的观点。与大多数争论者不同，格雷戈里和史蒂夫·米勒站在局外人的立场，从在科学和科学论研究上均非行家的大众的角度看问题。相反，索尔森则明确地站在**当事人**的立场说话：他作为科学家曾是SSK一个案例研究的对象。

第三组又回到最开始争论的问题上，但重点不再是哲学问题，而是修辞问题。默明通过自己的经历表明，误读和误解发展成激烈的争执是何等容易，而夏平则针对"反科学"的指控为SSK进行了辩护。

最后一组文章的相关性表现在它们都关注今后对这些问题的讨论将朝什么方向发展。温伯格探讨了科学的历史理解对于科学实践的用处，以及反过来的情况。迪尔引进了一个新术语——"知识绘图学"，作为一种描述符，用以理解科学论研究及其贡献。肯尼思·威尔逊和巴斯基(Constance Barsky)提出了一个至今还不太引起注意的问题，就是科学的进步与精度提高之间的联系，这一点或许对 SSK 大有益处。柯林斯认为，果断地从外部角度对自己最根本的、常识性的信仰进行审视，具有其固有的价值。而拉宾格尔也有类似的看法，认为躬行科学家(practicing scientists)如果对科学论采取不仅仅是容忍，而且是参与的态度，那么他们很可能从中受益。

第二和第三回合中的大多数文章，虽然是讨论前面已经提出来的问题，但各自能够独立成文，可以按任何顺序阅读。（我们采用了传统的、或许不那么富有想像力的字母排序法编排。）为了方便读者对辩论中某一论题从头至尾、从尾至头或从侧面进行跟踪，我们采用交叉引证的方法，用括号中的注释指出相应的章节。例如，在某一论点之后跟有"[15]"，则表示对此论点的回应，或者此前对此论点的阐述，可以在第 15 章找到。

在全部论文之后，我们有一个结语，试图总结一下我们持有一致意见或不同意见的主要问题，并从更广阔的视野就这些问题的意义谈一谈我们的看法。

第一部分

立　　论

2 科学论损害科学吗？科学论与科学大战的先驱维特根斯坦、图灵和波拉尼[*]

特雷弗·平奇

2.1 剑桥的两种文化，1939 年

1939 年，20 世纪乃至有史以来最伟大的哲学家之一维特根斯坦（Ludwig Wittgenstein），在他 49 岁时终于获得了剑桥大学的教授职位，于是他开设了一系列讲座，叫作"数学基础"。引人注意的是，剑桥此时有一位 20 世纪乃至有史以来最伟大的数学家图灵（Alan Turing），他正好也开设了一系列讲座，名称也叫"数学基础"。更为引人注意的是，图灵此时 27 岁，资历比维特根斯坦浅许多，他决定前去听维特根斯坦的课。

非常有幸的是，有两本极好的思想传记把维特根斯坦和图灵的相遇记录了下来，它们是霍奇斯（Alan Hodges）写的《阿兰·图灵——智

---

*　这篇文章是根据 1997 年 3 月我在杜克大学"重构两种文化"系列研讨会上的讲稿改写而成的。这份讲稿的另一个版本曾在 1997 年 7 月南安普敦大学举办的"科学和平研讨会"，以及 1998 年 10 月汉密尔顿学院的"交流科学"会议上讲过。我要感谢芒克、普洛特尼茨基（Arkady Plodnitsky）、柯林斯和拉宾格尔。

能之谜》（*Alan Turing : The Enigma of Intelligence*，1983）和芒克（Ray Monk）写的《路德维希·维特根斯坦——天才的职责》（*Ludwig Wittgenstein : The Duty of Genius*，1990）。我要引用这两本书来讲述他们相遇的故事。

霍奇斯这样描述当时的情景：

> 他们都是神态狂放、衣着简单（阿兰穿他一直喜欢穿的运动衫，而哲学家穿的是皮茄克），都是个性鲜明、一脸严肃。从外表根本猜不出他们的职位……因为他们都是独一无二的人物，创造着他们各自的精神世界。他们都只对最基本的问题感兴趣，虽然他们研究的方向不同。但维特根斯坦是一个更富有戏剧性的角色。他生于奥地利的富豪之家，却放弃了家产，到一个乡村教了几年书，一个人在挪威的一间小木屋里住了一年。即便阿兰也是帝室之胄，图灵王室与维特根斯坦官殿根本不会有什么相同之处。（153 页）

毫无疑问，从霍奇斯的描写可知，图灵是个乖戾之人，但维特根斯坦更为乖戾[1]。为了得到听课允许，图灵不得不先到维特根斯坦气氛肃然的三一学院办公室同他单独会面。图灵称维特根斯坦是"'一个非常奇特的人'，因为他们谈了一些有关逻辑方面的问题之后，维特根斯坦说他要到附近的一个房间里仔细想想刚刚说过的内容"（Hodges 1983，153）。不管怎样，图灵表现不错，因而被同意进入维特根斯坦的课堂。

霍奇斯接着写道："阿兰进入了维特根斯坦讲数学基础的课堂。尽管这同阿兰开的课名称一样，但内容完全不一样。图灵的课程是关于数理逻辑中的博弈游戏，通过选取一组严密而简洁的公理，以此为出发点，按一定的规则使其发展成为数学结构，再寻找这一过程在技术上有什么局限性。"（152页）

那么，维特根斯坦的课程讲的是什么？ 芒克对此描述得很清楚：

> 维特根斯坦的数学讲座是他对科学的偶像崇拜发起的总攻击的一部分，而且他视这一特定的战役为那场斗争中最重要的一部分。
>
> ……维特根斯坦的做法，不是重新解读数学证明，而是对数学的整体进行重新描述，其结果是，数理逻辑看起来更像他所认为的哲学上的偏差，在某种程度上可以说完全消除了数学作为一门科学的图景，这种数学的功能是发现有关数学实在（数、集合等等）的事实。"我要一次又一次地试着说明，"他说，"所谓的数学发现称为数学发明更为确切。"在他看来，没有什么可以供数学家去发现。一个数学证明不能确立一个结论的真理性：它只是确定一些符号的**意义**。因此，数学上"铁板钉钉"的东西不是关于数学真理的**某些知识**，而是这样一个事实：数学命题都是一种**语法**。（416页，418页）

维特根斯坦反对寻找数学的基础。 他说过这样一段著名的话："我们所说的基础，并不比画中之石作为画中之塔的基础更为可靠"（Monk 1990，417—418）。 他的讲座还针对那些在数学中寻找"隐含矛盾"的人。 在维特根斯坦看来，这种矛盾不会对数学家的工作造成麻烦，因而寻找它们没有意义。 他的观点来自他更为宽广的思想模式，即认为像数学一样的所有活动都是"语言游戏"。 如此理解，就意味着为这种活动寻找额外的哲学论据没有必要，而且会误入歧途。

芒克接着写道：

> 维特根斯坦曾这样假想，他要是能说服图灵这样来看待数学，那么他可以说服任何人。可是图灵不是他能说服的人。正如罗素（Bertrand Russell）和大多数职业数学家一样，图灵认为数学之美，数学真正的"魅力"，就在于它有能力在捉摸不定的世界中揭示坚不可摧的真理。……有人问到他是否懂得维特根斯坦所讲的东西，图灵答道："我懂，但我不认为这仅仅是给词语赋予新意义的问题。"对此，维特根斯坦有点怪异地说道："图灵对我所讲的东西都不反对，他赞成每一个字。他反对的是他认为隐含在其中的思想。他认为我们是在损害数学，把布尔什维克主义引进数学。其实根本不是那么回事。"（418—419 页）

在做了几次在图灵看来毫无价值的讨论之后，图灵退出了维特根斯坦的课[2]。

有必要指出，这场遭遇是发生在剑桥学院僻静的教室和办公室中，它没有发生在《纽约时报》（*New York Times*）的评论员文章中，没有发生在《纽约书评》（*New York Review of Books*）上，也没有发生在一个叫作《社会文本》的杂志上；没有索卡尔煽风点火的骗局，没有令人羡慕的从事交叉学科研究的科学论与文学研究系，没有物理学研究资金发生困难的危机，没有多元文化论或政治正确性的论调；只有两个绝顶聪明的人，一个穿运动衫，一个穿皮茄克，而他们两人都不能理解对方。

我从这个故事中得到的教训是，躬行科学家和抱有某种怀疑论哲学的人，如维特根斯坦，他们之间发生的误解是非常深刻、非常严重的，其意义非同小可。如今在所谓"科学大战"的喧嚣中，这些问题常常被小瞧，结果对双方都不利[3]。

2.2 从"两种文化"到科学大战

"科学大战"是指在学术界内外发生的一场争论，争论的内容是有关科学与技术论和科学与技术的文化研究这样的学术领域的地位问题。争论在很大程度上是由自然科学家首先发起的，他们发表著作，公开他们的意见，批评科学论以及他们所认定的科学论的主要思想[4]。

有一本书叫《勾勒姆——关于科学你应该知道什么》（Collins and Pinch 1993，1998a；还可参见 Collins and Pinch 1998b），我是作者之一，这本书的目的是要传播科学社会学的发现，因而也成为整个争论的一部分。一位知名的物理学家默明，在美国物理学家的看家杂志《今日物理》（*Physics Today*）上占用了两个专栏（Mermin 1996a，1996b），评论《勾勒姆》一书中的观点，从而引起大量的通信辩论。默明的论述虽然批判性很强，但他是按照公认的学术规范写的。其他物理学家就不那么温和。有一位称该书"愚蠢、可笑"，认为作者之所以写这样的书，不过是为了"求名图利"，或者是为了"取得终身教职"（Evans 1996）。总之，误解和不信任的情况蔓延开来。两种文化之间好像不是缝隙，而是鸿沟。

两种文化的概念因斯诺在 1950 年代提出来而出名，它被用来指分别自成体系的人文文化和自然科学文化。这两种文化可以说彼此了解甚少，但奇怪的是，这两种文化居然能和平共处如此之久。除了一两场小规模的摩擦之外，如维特根斯坦和图灵之间的摩擦，科学大战不是司空见惯，而是偶尔有之。

有一点必须牢记，两种文化在理性和实践上的根本差异，不一定非要引起冲突不可。只要每一种文化都能发扬光大，都能吸取广泛的素材，都能获得象征性的合法地位，就没有理由互不服气。就科学与人文的情况来看，两个文化领域中的精英总体来说都倾向于互相赞美，相互嘉许的言辞有来有往。当所见略同时，我们看到双方都对富有创造力的天才表示钦佩；当所见不同时，这不应引起双方争论，而是应该同意各走各的路，不管是科学家利用他们的才智认识自然，或为解决现实世界中的问题发挥作用，还是人文学家开发利用文学和艺术的创造性源泉，或提供精神食粮。像费恩曼这样的科学家，不但能做他的科学，而且在邦戈鼓和绘画上都拿得出手，因而也在支持艺术。艺术也是有价值的人类活动，但正如费恩曼所说，它是一种不同质的活动，不能把它跟从事科学的活动相混淆（Feynman 1986）。

我认为科学大战出现的原因之一，是科学论这一领域打破了这种惬意的关系。科学论没把科学看成"奇异的另类"，也不只是看成与众不同的动物，它抹平了竞技场上的差异——所有动物都一样，它们不都是那么奇特。在科学论中，科学被看作另一个技术熟练的实践体系，同人类活动的其他领域并无二致。科学论不是提倡视两种文化为平行关系的看法，而是强调，就科学和人文都具有专业文化的特征来说，只有**一种文化**。

2.3 科学知识社会学

直到 1973 年，维特根斯坦关于数学本性的论述的含意才得到充分发挥，用于对科学的研究（Bloor 1973，注释 4）。布鲁尔（David Bloor）的强纲领科学社会学显示，维特根斯坦关于数学的论述可以发展成一门系统深入的科学知识社会学。 把知识社会学的研究对象拓展到自然科学，是 1970 年代和 1980 年代科学论的重要成就。

知识社会学的一个根本问题是，不同的社会如何决定什么东西算是他们不言自明的信仰、"知识体"和世界观，什么东西算是谬误和异端。 这是更大的问题的一个方面，这个更大的问题是：在一个特定的社会中，知识和不言自明的信仰，是如何植根于社会之中并被建制化？ 当处理宗教之类的信仰或处理炼金术这样明显失败了的知识体系时，对这一问题的研究倒是直截了当。 但布鲁尔指出，一个完全对称的科学知识社会学，对于现代物理学这样成功的知识体系，也要对其建制化给出相似的解释。 然而，对这种解释的追求，意味着社会学家要问一些在躬行科学家看来是愚蠢不堪、无关紧要的问题，甚至更糟，是贬低科学事业的问题。

我们不问科学为什么比其他对世界的描述更真，也不问为什么科学方法是唯一合理有效的产生真理的方法，而是要问：科学家们如何达成一致，把有些东西**算作**真理，或算作合理的科学方法，而这些观念在历史上是如何形成的？ 问这样的问题，不可避免地要把"真理"这样充满认识论问题的术语搁在一边，不可避免地要采用某种怀疑论的形式。

大多数搞科学知识社会学的人必须遵循这一**方法论**的规则（亦即布鲁尔所谓的"对称"原则）[5]。 如果在对任何特定的科学知识进行分析之前，我们就假定分析者有独立的途径接近（比如说）真理，那么这等于自找问题：利害关系究竟是什么？ 或者情况更糟，这可能会导致一种社会上的流行病，认为社会解释仅仅适用于偏离真理的东西。我们要避免用事物的真理性来解释真理的出现，因为这是一种循环论证。 我们当中不少人研究科学一幕又一幕如何展开，那时事物的"真理"连科学家也无从确立，做这样的研究时，这个方法论规则就几乎无法回避。采用这一规则，我们认为我们发现了科学社会学和科学史上更有趣的东西。

2.4 被贬低的是什么？

但是，把科学知识社会学建立为一门学科，对科学这一重要建制提出合理的问题，仅此还不够。例如，你或许可以说，犯罪学家研究犯罪类型、罪犯的"黑社会"以及罪犯如何被打上罪犯标签等问题是合理的，但这不等于说，如果你刚遭抢劫，同时遇到一个犯罪学家坚持要向你解释是什么社会过程给罪犯贴上罪犯的标签，这时你就对此事感到舒服。毫无疑问，维特根斯坦认为图灵所反对的是他在某种程度上**贬低了**数学，这对许多人来说，是问题的症结。对许多像图灵那样的躬行科学家来说，科学知识为什么特别，为什么对待它不能像对待其他知识体系或其他活动一样，正是因为科学具有认识论上高人一等的特殊性。在真理当中区别优劣，甚至如菲什（Stanley Fish）最近所为，把科学比作棒球游戏，或如我们在《勾勒姆》一书中标榜异端，把科学比作管道工行业，我们确实给人以贬低科学的印象。

正是这个对科学有贬低的说法，有必要把它搞清楚，因为它是许多误解的核心，导致了科学大战。那么，搞科学论研究的人是在贬低科学吗？我不能为整个科学论界说话，但可以很有把握地说，根据强纲领和《勾勒姆》所涉及的研究传统，肯定**没有人存心**去贬低科学。相反，在《勾勒姆》中，我们的明确目标是要给出一个对科学的评述，从长远计，我们认为这可以帮助公众理解科学，因而是对科学的支持。但是，各种主张尽管初衷良好，也势必会有一些贬低作用。因此，前面提到的犯罪学家在解释标签论时，可能是想把你的损失放在更宽的背景下考虑，但结果可能还是损害了你作为犯罪行为受害者的利益。

另有一个例子很能说明某一行当可能遭受损害的情况，这就是保险精算师。用数字来估计风险是他们的职责。从精算师的角度来看，你的生命的价值被归结为基于不同大小风险的计算。绝大多数时候我们对此种做法没有什么异议。我们不会反对他们的专长，说他们贬低生命的价值，或者说精算师是江湖骗子，是反生命的，如此等等。但在有些情况下，精算师的主张会被认为是有损害性的。设想一下，你的一个心爱的人刚死，你就面对一个精算师，而他只关心死者的保险计划可以给你带来多少理赔金。在**这个**情境当中，他们估价生命的方式可以说是损害了你估价生命的方式。

在评估某些主张是否对某种事业构成损害时，我们同时要问：是**谁**提出这些主张，针对的是**何人**，是**在什么样的情况下**提出来的？假如一名**物理学家**在电梯里碰到他的一个同行，对他说，"这些实验数据很凌乱，几乎没有什么用处，我不知道相信哪个数据，"这时他的同事不大可能认为他是在贬低科学。但是，如果是一名**科学社会学家**发表文章说，"这些数据实验很凌乱，几乎没有什么用处，科学家有时不知道相信哪个数据，"**这**就常常被看作在贬低科学。当这些主张由我们公开发表而不是私下对他们说时，就更容易被科学家认为是异端邪说。

对科学社会学家的主张进行评价时，有关受众可能根本不是科学家。当科学社会学所做的工作是讨论公众如何理解科学并且是面对公众时，情况更是这样。《勾勒姆》系列就是这种情况，我们的目标是对公众说话，而不是对学者。荒谬的是，正是因为《勾勒姆》面对广大的公众，才使一些物理学家感到不舒服。于是，一位物理学家不无肯定地告诉我,如果《勾勒姆》是一部纯粹的学术著作而不是普及读物,他根本就不会对此有什么不安。因此,贬低的作用不是来自**谁**在提出这些主张,而是**对何人**和**如何**发表这些主张[6]。

2.5 对科学的忽上忽下的看法

如今我们面临公众理解科学的危机。这在当前有关科学与技术的政治危机中得到了反映。科学与大众的关系似乎极不稳定。造成这种不稳定的部分原因是,公众越来越意识到,他们在关于科学与技术的重要决策中应该有发言权,比如说,核能是否安全,或者比方说在英国疯牛病流行,是否该吃汉堡包[7]?目前英国关于转基因食品是否安全的政治危机,是一长串危机中最近的一个,此时关于采取什么措施最佳,公众从专家那里得到相互矛盾的建议。

相互矛盾的建议本身并不是不稳定关系的源头,生活中遇到矛盾的建议本来是很正常的事情。真正的不稳定性缘自公众对科学的生疏,他们不知道科学如同生活中的其他事情一样,科学专家也可以有不同见解。问题出在科学家在他们的事业上套上一圈彰显确定性的光环。虽然科学家们可以在**私下里**或彼此之间承认,科学并非神圣,它涉及技艺,含有不确定性,而那种认为一个简单的判决性实验可以击垮劣等理论的说法,从最好的方面来讲不过是神话,从最差的方面来讲是为宣传目的而采用的妄言,但是在**公开场合**,他们大都抱有这样的观点,科学只讲确定性。

然而,科学非神圣的一面和不确定的面目不断暴露出来,引起公众的注意。暴露的途径要么是科学中的做假事件和吹嘘得过分的发现(如冷聚变),要么是专家意见不一、一片混乱。公众越来越清楚地看到,科学家们有时很难达成一致。习惯于对科学能带来确定性的过分自信，公众现在不知道如何对待不确定性和矛盾。于是他们经常采取过激行动，完全否定科学，或视科学为政治阴谋[17]。在**这种**特殊的与境下，我认为，科学论的观点，即认为科学作为一个专门技术的体系并非神圣的看法，将不会对科学有什么损害，反而有利于引导公众按科学原来的面目来尊重科学。

套在科学身上的确定性的光环与公众有时见到的不确定性形成强烈的对比。这就会导致我们在《勾勒姆》中所称的"对科学忽上忽下的看法"。对许多人来说，科学就是确定性，而科学家是神，他们把神圣的真理从自然的山峰上带到了人世间。这种看法的危险在于它会破灭，结果转向另一种看法，认为科学是政治阴谋，科学的结论是捏造出来的，以满足那些玩世不恭的政坛人物的需要[8]。需要一些方法让人们理解科学的不确定性，从而避免陷于两个极端。科学论把科学看作专门技艺的研究模式，为科学形象走出忽上忽下两个极端提供了一种方法。

2.6 技艺模式

科学作为一种技艺有什么特征呢？科学知识社会学注意到了科学的一个重要特征，就是科学活动涉及手艺知识，或者说默会知识（tacit knowledge）。英国化学家和哲学家波拉尼（Michael Polanyi）首创了"默会知识"这一术语，用以描述科学实验中许多技能的性质（Polanyi 1967）。默会知识是这样一种知识，它可以不经说教就可以学会、传播和传授。默会知识可以通过"边做边学"的方法传承下来。

波拉尼最喜欢的例子是学骑自行车。学骑自行车时，外显的知识（explicit knowledge）如物理上的平衡并不怎么管用。实际上，当我们教人骑车时，我们不会让他坐下来啃物理书上的知识。这是一个具体而实际的任务，只能在骑车的过程中学会。

在许多手工行业（如制陶业和木工）中，技能是在工作中学会的。书本知识只能带你走这么远，你当然要在实验台旁长时间训练；波拉尼认为科学就是如此。烹饪是另一个充满默会知识的行当。同样，学习烹饪的最好方法不是从书本上学，而是从学做烹饪的过程中学。当你在高级宾馆申请一份厨师工作时，他们并不想知道你读了多少烹饪书，而是想知道你曾在哪家厨房学过烹饪。例如，做奶油酥就是一件出奇的难事，除非你已经学会了种种技巧，如"包馅"。

社会学家做了一些研究，看科学中的技能是如何传播的。例如，柯林斯早些时候做过一项重要的研究，看若干科学家小组如何建造一种首先由加拿大科学家在 1970 年代建成的新型激光器（Collins 1974）。柯林斯发现，所有的小组当中，只有那些访问过做成激光器的实验室的小组，才做成了可用的激光器。仅仅有发表了的描述这种激光器的文章，还不足以使科学家能够做成可用的激光器。柯林斯把他的研究结果看成默会知识在科学中发挥作用的另一个例子[9]。

这个发现对于科学家来说不是什么特别根本性的东西。科学家自己也会向你说起"巧手"，即实验室中唯一能做成某一实验的那位。研究生们都知道，往往是实验室中的技术员才知道做成实验的诀窍。

技能以及谁具有技能，对于理解科学的过程十分重要。库恩这样说过，一个范式下的科学，或者说是"常规科学"，有这样的特点：当一位科学家不能解决一个疑惑时，经常是科学家而不是范式被认为出了错（Kuhn 1996）。对于已知结果的实验，情况也是这样。如果科学家不能使激光器射出激光来，一种假设就是他们还没有掌握技能，不能够胜任制造激光器的工作，而不会假设他们在激光物理学上有了一个新发现。他们要做的是再加一把劲，学会必要的技能。在制造激光器上，成功有一个固定不变的结果——那就是你的激光器要能射出激光来，把一块混凝土化为气体。此种情况适用于多数学院式的科学，它们只看你能否搞到"正确的"答案。

尽管在绝大部分科学中，能够确定什么是实验的正确结果，但在科学争论的情况下，正是"正确结果"成为争论之所在。这样的事例在科学史与科学社会学中受到了很多关注[10]。一个最近的例子就是有关冷聚变的论战。

技能和特长在此类事例中再次成为关键。只要有公认的结果，就会有公认的衡量技能的方式——要么你会骑自行车，要么不会；要么你能做激光器，要么不能。在科学争论中，实验结果相互冲突，这时就不得不作出判断，究竟谁有必备的技能。烹饪可再次用来说明这种情况。设想你要试着做在电视上看到的一道菜，你记下了菜谱，备齐了原料，开始动手做它。糟糕的是，你的奇妙的"土豆泥"变成了"烂泥"。也许是你忘了加入某种关键作料吧？你向电视台打了电话，记下所有的东西，而且你甚至换上了一些更佳的作料。结果你再次失败。此时你不得不反思一下，你是否真的技术到家。是这道新菜根本做不成、厨师技术不佳，还是你自己技术没学到家？你可能还是承认技不如人，对电视上的厨师表示佩服，并且认为菜总是做得成的，只是自己的技术还没有到那一步。但你也可能作出相反的判断。你断言："得，我做了20年的菜了，我了解我做的东西——我也了解那些电视上的厨师，他们搞了一点猫腻，也许这道菜就是做不成！"

你遇到的这种难题恰似科学家们在科学争论中遇到的难题，他们不得不判断谁可信、谁不可信。作这种判断很少是一目了然的，许多因素需要考虑进来：你可能会诉诸某一理论，比方说，"这个结论可能性太小，不可信"；你可能会诉诸权威，比方说，你会提到加州理工和麻省理工怀疑冷聚变的人说的笑话——只有拥有美式足球队的实验室才会做成冷聚变。（这对美国物理院系的长幼强弱次序也不无揭示。）要判断谁具有必要的技能而谁不具有，常常要把众多因素综合起来考虑[11]。

这一点可以用更为根本的方式说出来。当有关自然界的主张被提出来时，总有其可信性与可靠性如何的问题需要定夺。自然不会自己说话，总要有一位科学家为它说话，那我们就要判断谁是可靠、可信的。大多数情况下，这种判断过程是显示不出来的——就像你到银行存钱，你对银行的信任问题并不显现出来，只有到银行面临破产的威胁时，信任问题才会出现。同样的情况发生在科学争论中。不是自然站在一边，社会关系站在另一边；没有一个相互信任的社会关系网，在其中我们可以对有关自然的各种主张进行判断，我们就无法提出有关自然的主张[12]。

科学争论的案例对于公众理解科学恐怕是最重要的。正是在学习如何对待存在分歧的专门技术的案例时，争论会出现，公众也最需要帮助。在几乎所有的案例中，只要科学家与公众的不稳定关系和政治危机出现，都有相互矛盾的专家意见。科学论研究不能告诉公众哪位专家是对的，但可以帮助公众意识到专家意见的不确定和不统一，实情常常就是如此。

把科学当作一个技艺体系，就是要强调，科学家作为专家，他们在得出结论时并不总是干脆利落的。科学专家是具有某些技艺的从业者，同社会中其他技艺群体一样，同陶工、木工、房地产经纪人和管道工一样。我们要把这些群体当作专家来加以尊重。不能因为一个木工不能说出确定性的东西，就认为他没有能力做出漂亮而灵活的柜子。正如我们在《勾勒姆》中指出的，因为没有人认为管道工是一种干净的工作，所以我们的社会中没有反管道工运动[17]。

有必要强调，我们不是主张科学同管道工或烹饪完全一样，而是主张，把科学看作由凡人从事的专门技术的体系。**对于从科学与大众的关系以及与其他建制的关系的角度考察科学之本性来说，这是一个不错的研究模式**。对于科学，我们要像对社会中的其他任何专长一样加以重视。

把科学比作管道工和烹饪术，我是否贬低了科学呢？我希望没有。毫无疑问，烹饪有烹饪的一套，科学有科学的一套。把烹饪术看作技术行当，它受到文化的塑造，有其自己的历史，这些都不会阻碍任何人欣赏精美的食品。科学也是这样。把科学看作社会的产物不是也不应该是指我们不能欣赏（比方说）相对论，或不能欣赏密立根（Robert Millikan）在测量电子所带电荷时所取得的精巧而有用的人类成就。

根据维特根斯坦的说法，正是觉察到其中的"损害性"，才导致他和图灵不能相互理解。维特根斯坦对科学的研究和科学论的研究，好像都引起了躬行科学家同样的反应。且不说别的，科学大战提供了一个机会，让人们进行公开的对话，这个对话早在 60 年前就已在剑桥开始[13]。近年来，我们当中有些人试图把"打打"的局面变成"谈谈"的局面，并取得了一些成功[14]。希望本书能将此种努力扩大一些。

3 科学与科学社会学：
超越战争与和平

让·布里克蒙　阿兰·索卡尔

3.1　导言：不是战争也不是和平

　　当受邀为这本书写文章时，我们立即产生的反应是：我们不曾要过"科学大战"，那现在我们为什么要和平？ 我们也不要临时停战。这些名字作为知识讨论的范畴本来就不合适。 在"和平谈判"中，人们可以也必须讨价还价：我要给你这个而你要给我那个。 但是，真理是不可以这样来讨价还价的。 事实上，采用这种"外交"术语等于说已经对相对主义哲学作出了太多的让步，这种哲学以为智识讨论不过是权力斗争，涉及一大堆说教、胁迫和讨价还价，这是我们要批判的。 可是从另一方面看，我们的确相信思想交流的重要性：它有利于澄清一致的和不一致的地方，有利于把论点置于反对意见之中对其进行检验，有利于更广泛地促进对真理的集体探索。 因此，我们还是写了这篇文章。

　　对我们来说，一切都是在几年前开始的：我们当时都因为某种哲学思潮在某些学术圈中大行其道而感到困惑和愤愤不平。 上述学术圈包括人文学科、人类学和科学社会学的大部分；上述哲学思潮认为，所有事实都是"社会建构的"，科学理论不过是"神话"或"叙事"，科学争论是通过"说辞"和"拉帮结派"解决的，真理就是主体间的一致。 如果说这些有言过其实之嫌，那么看看下面的论述吧：

科学上理论命题的有效性，绝不受到事实证据的影响。（Gergen 1988，37）

在科学知识的建构当中，自然世界所起的作用微乎其微，或根本没有[1]。（Collins 1981a，3）

既然争论的平息是自然得以表述的**原因**，而不是结果，我们就决不能用结果——自然——来解释怎样和为什么争论被平息了[2]。（Latour 1987，99,258；黑体部分为原文所强调）

对于相对主义者[如我们自己]来说，认为有些标准或信仰确实是合理的，有别于仅仅在局部范围内被认可，这种想法没有什么道理。（Barnes and Bloor 1981，27；方括号中的说明是我们后加的）

科学通过把发现和权力联系起来的办法取得合法性，这种联系**决定**（不仅仅是影响）了什么才算是可靠的知识。（Aronowitz 1988，204；黑体部分为原文所强调）

索卡尔发表在《社会文本》上的滑稽模仿文章和我们的书（Sokal

1996b；Sokal and Bricmont 1998）就是在这种愤愤不平中产生的[3]。这里我们不再重复我们书中和其他文章中的论述[4]，而是准备概述一下我们对那些大致上受到强纲领鼓动的科学论（或称科学知识社会学）思潮的反对意见。 这些反对意见是认识论与方法论上的，因此我们不准备在这里讨论"案例研究"的细节。 我们并不否认在这些研究中可能已经完成了一些有趣的工作——尤其是作者在不遵守自己声称的方法论规则时所做的工作[5]——但这个事实不能消除我们对于强纲领原理的反对意见[15]。

在过去的三年里，我们同许多社会学家、人类学家、心理学家、精神分析学家和哲学家进行过辩论。 尽管反应极其多样，但我们总是不断地遇到有人认为，关于自然界的主张可能"在我们的文化中"是对的，而在其他一些文化中就是错的[6]。 我们遇到有人不断地把事实与价值观、真理与信仰、世界与我们关于世界的知识混淆起来。 更为严重的是，当面对批评时，他们会一如既往地否认这样的区分是有道理的。 有人会声称巫师同原子一样真实，或假装不知道地球是不是平的，血液是否循环，或十字军东征是否发生过。 注意，这些人是在其他方面都通情达理的研究人员或大学教授。 所有这些都表明，学术界存在一种激进的相对主义学术时代精神，这真是咄咄怪事[7]。毋庸讳言，这些都是在讨论会上或在私下讨论中口头说出来的见解，免不了比书面的陈述更为激进。 但前段所引的已发表的论断，已经是怪怪的了[23][8]。

如果谁要追问这些惊人之言的合理性，那他必然会遇到这些"惯常的嫌疑分子"：库恩、费耶阿本德（Paul Feyerabend）和罗蒂（Richard Rorty）的著作，证据对理论的不完全决定性，观察的理论负载性，维特根斯坦（后期）的一些论著，以及科学社会学的强纲领。 当然，后面这些作者通常不作我们听到过的过激之论。而典型的情况是，他们发表模棱两可、含糊不清的论点，结果被其他人作了极端相对主义的诠释。因此，本文的目的是要解开由当代科学哲学中一些时髦的思想所引起的种种迷惑。大致说来，我们的主要论点是，那些思想具有真理的内核，如果认真地表述出来，是可以被正确理解的，那就不会构成对极端相对主义的支持。

但是，在动手之前，我们想避开可能的误解，强调一些我们希望无争议的论点：

1．科学是一项人类的事业，与其他任何人类的事业一样，值得对其进行严格的社会分析。什么问题是重要的？研究经费如何分配？谁有特权？科学知识在公共决策的争论中起什么作用？科学知识是以何种形式进入技术之中，而且对谁有利？——所有这些问题，都受到政治的、经济的，并在相当程度上受到意识形态的强烈影响，也受到科学研究内在逻辑的强大影响。因此，它们是历史学家、社会学家、政治学家以及经济学家进行经验研究的丰富对象。

2．进入到更微妙的层次，即使科学辩论的内容——什么类型的理论可以被想到并被采用，用什么样的准则对竞争中的理论进行取舍——也部分地受到盛行的思维方式的限制，而思维方式又部分地来自根深蒂固的历史因素。科学史学家和科学社会学家的任务，是要针对每一种情况，弄清"外在"因素与"内在"因素在决定科学发展进程方面起了什么作用。毫不奇怪，科学家倾向于强调"内在"因素，而社会学家则倾向于强调"外在"因素，大概这是因为每一组学者都倾向于对另一组学者所用的概念不太有把握。但这些问题是可以通过理性辩论得到澄清的。

3．研究受政治影响并没有什么不对，只要不单纯出于政治考虑而对不合意的事实视而不见。因此，对科学进行社会政治批评有其悠久而光荣的传统，这些批评包括反种族主义对人类学的伪科学和优生学的批评，还包括女性主义对心理学及部分医学和生物学的批评[9]。这些批评经常按照一定的方式进行：首先要采用常规的科学论证法，指出为什么所指的研究用**好科学的一般准则**来看是有缺陷的；之后，**也只有之后**，才能试图解释研究者的社会偏见（可能是无意的）是怎样导致他们违背了这些准则。当然，这样的批判是否站得住脚，全由研究工作本身的好坏来决定；某人的政治动机良好，并不能保证某人的分析符合好的科学、好的社会学或好的历史学的要求。但这样分两步走的做法我们认为是可靠的；而这样的经验研究，如果严格理智地去做，会提供有用的见解，说明好的科学（一般是指对关于世界的真理或近似真理的探索）在什么样的社会条件下受到促进或阻碍[10]。

好了，对科学史家和科学社会学家所从事的富有成果的研究来说，我们不敢说这三点道尽了所有的问题，但它们确实涵盖了一个广阔而重要的领域。不管怎么说，我们对科学知识社会学（SSK）的批判只是针对那些极端的认识论和方法论主张，它们大大偏离上述不言而喻的道理。

本文是这样组织的：首先，我们必须廓清认识论的一些基本问题（第3.2节）。接着，我们阐明对强纲领的反对意见（第3.3节）。最后，我们将要指出一些我们认为科学家和科学社会学家可能合作的领域（第3.4节）。

3.2 认识论上的简要说明

3.2.1 极端怀疑论、不完全决定论及类似的观点

在对一些严肃的科学哲学问题进行讨论之前，有必要排除一些分散注意力的老生常谈。第一点大概没有什么争议，就是唯我论（即认为除了我的感觉之外世界别无他物）和极端怀疑论（即认为不可能得到关于世界的可靠知识）是驳斥不倒的。是否有人真的相信——至少在他们过马路时——那些教条值得怀疑，但认为这些教条不可辩驳却是一个重要的哲学论点。既然这些论证已经成为定式，而且至少可以追溯到休谟（David Hume），这里就不必重复。不幸的是，许多列举出来以支持相对主义思想的论证，实际上是对极端怀疑论的陈词滥调进行改头换面，作一些不合道理的、断章取义的推论[11]。

在日常生活中，几乎每个人都会把唯我论和极端怀疑论抛在一边，自发地采用"实在论"或"客观主义"的态度来对待外部世界；科学家在专业工作中，也是自发地采取这样的态度。的确，科学家很少用"实在论"这个词，但这是理所当然的：他们当然想要发现世界（或其某些方面）究竟是怎么回事！他们当然要认定有关真理的所谓对应理论[12]（这又是很少用到的词语）：如果有人说某一病毒确实导致了某一疾病，他是在说，实实在在的事实是，这个疾病是由这种病毒引起的。哲学家们常常认为这种观点太天真幼稚，但是我们要证明，这些观点实际上都是经得起推敲的，当然有一些重要的限制条件。

对科学家的这种自发态度的主要反对意见由各种论点构成，这些论点认为数据不完全决定理论[13]。不完全决定论（underdetermination thesis）最通常的说法是，对于有限的（甚至无限的）一组数据，可以有无数的理论，它们之间互不相容，但都可以和那些数据"相容"。这种论点，如果理解得不妥当[14]，很容易导致极端的结论。科学家认为疾病是由病毒引起的，可以假定他是有一定的"证据"或"数据"才这样说话。说疾病由病毒引起，大概也可以算得上是一种"理论"

（比如说，它不言自明地涉及许多反事实的陈述）。但如果有人想要使科学家相信有无限种不同的理论可以和那些"数据"相容，那科学家必然会想知道，凭什么那人能在那些理论中做出合理的选择。

为了把情况搞清楚，有必要了解不完全决定论是如何建立起来的，这样，它的意义和局限性就会更清楚。下面是一些例子，说明不完全决定论是如何分析问题的。你可以说：

- 过去不存在：宇宙是在 5 分钟之前创造的，同时创造的还有所有关于（认定的）过去的文献和记忆，它们照现在的样子存在着。也可以有别的说法，即宇宙是在 100 年或 1000 年之前创造的。

- 恒星不存在：相反，它们是遥远天空上的亮点，发出与我们接收到的恒星发出的信号完全一样的信号。

- 所有关在监狱里的囚犯都是清白的。因为每一个被指控的囚犯都可以把所有指控搪塞过去，说那是出于要故意伤害被告的动机，并声称所有证据都是由警察捏造出来的，而所有招供都是拷打出来的[15]。

当然，所有这些"论点"需要精心阐述，但基本的思想却很明确：给定任何一组事实，只要编出一个说法来"说明"这些事实而不引起矛盾就行，不管这个说法是多么特殊[16]。

这就是一般的（奎因主义的）不完全决定论的全部意义所在，认识到这一点很重要。还有，这个理论虽然在驳斥最极端形式的逻辑实证主义时起过非常重要的作用，但它同那种认为极端怀疑论甚至唯我论是不可驳倒的论调并无多大差别：我们关于世界的所有知识，都是建立在某些从观察到的东西到未观察到的东西的推论之上，而没有一个这样的推论可以单用演绎逻辑加以证明。然而，实际情况很清楚，没有人把上述"理论"比唯我论或极端怀疑论更当回事。 让我们称之为"疯狂理论"[17]。（要说一个理论究竟怎样才算是不疯狂也并非易事。）注意，这些理论不需要做研究工作就可以提出来：它们可以完全先验地提出来。 可是另一方面，给定某组数据，要找出哪怕一种合理的理论来说明这些数据都比较困难。 例如，设想一名警察在调查一宗犯罪行为：即兴编造一个说法（律师有时就那样做）来"说明事实"当是轻而易举；真正的困难在于，要发现谁是真正的凶手，并且要获取证据，相当充分地对此给予证明。 仔细想想这个简单的例子，可以弄清不完全决定论的含意。 对于一个案子，尽管会有无数的"疯狂理论"，但有时实际上只有一个独特的理论（即唯一的关于谁是凶手及如何行凶的说法）是**可靠的**，并且和已知事实相符。 在这种情况下，你可以（充满自信，但也不是确信无疑地）说，罪犯被发现了。 也有可能连一个可靠的理论也没发现，或者说我们不能确定几个嫌疑犯中究竟哪一个是真正的元凶。 在此类情况下，不完全决定倒是事实。

3.2.2 真理的重新定义

当面对不完全决定论引起的问题时，人们易受引诱，来一个大逆转：放弃"真理"作为"与实在的对应"的概念，寻找另一个真理的概念取而代之如何？ 目前至少有两种流行的建议：一种是把真理定义为有用或方便；另一种是采用主体间的共识来定义真理。 哲学家罗蒂为两种情况都举了例子：

> 像库恩、德里达（Jacques Derrida）和我这些人都认为，问是否真有群山，或问我们提到群山是否仅仅是为了方便，这都是不得要领[18]。（Rorty 1998，72）

同意我的说法的哲学家这样说,客观性不是指与客观对象一致,而是指与其他主观见解取得一致——在主体间性(intersubjectivity)之外没有什么客观性。(Rorty 1998,71—72)

科学社会学强纲领的一些创始者发表了类似的观点:

　　像任何人一样,相对主义者有必要对信仰进行筛选,接受一些,丢弃一些。他必然会有所偏好,而且通常会同处在他的圈子里的其他人的偏好巧合。"真的"和"假的"是惯用语,用来表达对那些信仰的评价,而"合理的"或"不合理的"将会有类似的功能[19]。(Barnes and Bloor 1981,27)

　　看清这些新定义行不通的最佳办法,是把它们运用到具体的例子中。 例如,让人们相信酗酒驾车将会下地狱或死于癌症肯定大有好处,但那不能使这种说法成为真的(至少按"真的"一词的直观的意义来说是如此)。 与此类似,人们曾经一致认为地球是平的(或血液是静止的,等等),而我们现在知道他们错了。 所以主体间的一致不等于(直观理解的)真理。

　　当然,我们这里使用了直观意义上的真理一说,而一个批评家可能要求更"严格"的定义。 但问题是所有定义都流于循环论证,要不就是靠一些基本的、意义不明的术语来定义,这些术语的意义要么只能直观地把握,要么根本无从把握。 真理自然属于后一种范畴[20]。

　　既然这些对"真理"的重新定义都荒唐至极,那为什么它们总是屡见不鲜而且还颇为人时呢[21]? 大概是因为这样:既然极端怀疑论无从驳倒,就总可以对某一特定的真理表示怀疑而不至于陷入逻辑矛盾。 但这些重新定义连极端怀疑论的问题都没有解决。 以有用为例,说某样东西(对某种特别的目的来说)是有用的,这已经是一个客观的陈述(即它**确实**对所指的目的有用),基于真理对应于实在这一概念之上。 同样的说法对于认为真理为主体间一致性更加显而易见:因为(其他)人如此这般认为,所以这是一个客观的陈述,它按其"本来的样子"描述了部分(社会)世界。

当然,有时人们会用实证的论据来支持对真理的重新定义,如下面稍带诡辩的例子:

> 能否使用"真的"这个词的唯一准则就是要有辩护,而辩护对于听众来说总是相对的。所以,它总是相对于听众的看法而言的——看听众想要达到的目的是什么以及他们处在什么样的情境之中。(Rorty 1998, 4)

第一句话的开头部分是正确的,但这不是意味着真理与辩护是一回事。 (你完全可以正当合理地相信某样事物,但若对该事物仔细审查一下,便会发现它是假的[22]。)再者,说理由正当总是相对于听众想要达到的目的而言, 这是什么意思? 这里含蓄地假定所有知识取决于某种"目的",即某种非认知性的目标,这就引起了知识与价值观之间细微的混淆。 但若是"听众"想要知道(部分)世界究竟是怎么回事,那该怎么办呢? 罗蒂可能会回答说这一个目标无法达到,这从他下面的陈述就可以想像出:"一个目标是这样一种东西,你可以知道是在接近它还是远离它。 但没有办法知道我们离真理有多远,甚至无法知道我们是否比我们的祖先更接近它"(Rorty 1998, 3—4)。 但真是这样的吗? 我们的一些祖先认为地球是平的,难道我们对此不是知道得更正确？ 至少在这一点上我们不是更接近真理了吗？

这里提出的观点实在不可思议，以至于不得不对其作"与人为善的"解说。 也许罗蒂的"真理"是指某种主宰整个宇宙运行的根本的物理定律，或者指通过纯粹思维发现的"绝对的"真理（如经典形而上学所认为的）；对我们有能力发现这样的真理表示怀疑确实情有可原。 但如果这是罗蒂的意思，他应该明说出来，而不要作一些陈述，说是适用于任何知识。 或者是另一种情况，也许罗蒂仅仅是老生常谈，说所有关于事实的陈述（哪怕是说地球是平的）都可用一贯的极端怀疑论对其提出挑战。 但这并不是什么新鲜见解。

3.2.3 那该怎么办？

面对不完全决定论提出的问题，既然重新定义真理把事情搞得更糟，那我们该怎么办？ 对此没有抽象而普适的回答。 从某种意义上来说，我们在实在面前被"屏蔽"了（我们无法直接接近实在，极端怀疑论无法被驳倒，等等）。 我们没有绝对可靠的基础来建立知识。 尽管如此，我们都明白无误地假定，我们可以获得一些相当可靠的关于实在的知识，至少在日常生活中是如此。 让我们更进一步，调动我们有限的而且难免犯错的全部智能手段：观察、实验、推理，再看我们能走多远。 事实上，最奇妙的是，近代科学的发展表明我们似乎已经能够走得非常远了。

我们的一位朋友曾经说："我是一个天真的实在论者，但我承认获取知识不是易事。"这不是问题的根源。 知道事情究竟是怎么回事，是科学的目标；目标确实很难达到，但不是不可能达到（至少就部分实在和某种程度的近似而言是这样）。 如果我们改变目标——比如说，如果我们改求共识——那事情自然就变得容易多了。 但是正如罗素在类似的情况下所言，这种做法的优点就像不老老实实干活而去行窃一样。

记住这点很重要，科学知识不需要从外部来"辩护"。 对科学理论（即至少是接近关于世界的真理）客观有效的辩护，在于特定的理论和经验的论证。 当然，哲学家、历史学家或社会学家感到自然科学的成功很了不起（和过去逻辑实证论者一样），于是他们想要解释科学如何能行。 但有两个经常会犯的错误：一是认为，既然某一特定的解释（比如说，逻辑实证主义或者说波普尔主义的解释）失败了，那另一种解释（即社会历史学的解释）**必定能行**。 但这显然是谬论；恐怕现在**没有一个**解释行得通[23]。 第二个也是更基本的错误是，我们不能用普通的语言解释科学的成功，这使科学知识变得更不可靠，或者说更不客观。 这把解释和辩护混为一谈了。 毕竟爱因斯坦（Albert Einstein）和达尔文（Charles Darwin）都为他们的理论给出了论证，而且那些论证并非全是错的。 因此，即使卡尔纳普（Rudolf Carnap）和波普尔（Karl Popper）的认识论都完全误入了歧途，也不能由此而开始对相对论或进化论表示怀疑。

还有，不完全决定论不但远没有贬低科学的客观性，实际反而更加凸显了科学的成就。 确实，难做到的不是找到一个"与数据相符"的理论，而是找到哪怕一个**不疯狂**的理论。 我们怎样才能知道这样的理论不疯狂呢？ 要把若干条件综合起来看：它是否预测能力很强，它是否有较好的解释功能，它是否涵盖面广而且表述简洁，等等。 不完全决定论中没有任何东西可以教我们找到一个不同的但又部分或全部具有那些特点的理论。 事实上，在物理学、化学和生物学的广大领域，只有唯一的不疯狂的理论可以解释已知事实，许多其他理论已经被试过，但由于其预测跟实验矛盾而未能成立。 在这些领域，可以相当合情合理地说，我们今天拥有的理论至少是近似于真的[24]。

我们已经对我们关于认识论问题的看法作了一个大致的描述，现在来看看当代科学社会学研究带来的后果。

3.3 反对相对主义

相对主义有若干个现代变种。人们常常因为他们不是某种特指的相对主义者，就不承认自己是相对主义者。因此，有必要把这个词的所有可能意义解释一遍。我们这里将要考虑两种意义：认知的（或认识论的）相对主义和方法论的相对主义。我们的主要论点是，认知相对主义是一种没有科学家（不管是自然科学家还是社会科学家）会支持的立场，而方法论相对主义只有在坚持认知相对主义时才有意义。

3.3.1 认知相对主义

大致说来，我们所用的"相对主义"是指这样一种哲学思想，它声称一个陈述的真伪是相对于个体或社会群体而言的[25]。

关于认知相对主义，马上可以看到的一点是，如果我们接受对真理重新下的极端定义，那么自然会得出这样的结论：如果真理只是归结为有用或主体间的认同，那一个命题是否为"真"显然取决于有关的个体或社会群体。另一方面，如果我们采用真理的习惯定义（"对应于实在"），那认知相对主义就必然不真：既然一个命题在某种程度上反映了世界（某些方面）的实际情形，那它的真或假取决于世界的实际情况，而不是取决于信仰，也不取决于任何个体或群体的其他特征。

既然我们讨论过了真理的重新定义，这里就没有更多的话要说了，但有一点除外，就是普通的科学家——不管是研究自然还是研究社会——采用相对主义的态度，哪怕是暗含这种态度，都将是毫无道理的，因为认知相对主义等同于放弃科学寻求客观知识的目标。然

｜一种文化？｜

而，一些历史学家或社会学家似乎要脚踏两只船：对自然科学采取相对主义的态度，而对社会科学采取客观主义（甚至是幼稚的实在论）的态度[26]。 但那是自相矛盾的；毕竟，历史研究，特别是科学史研究，采用的方法同自然科学研究采用的方法没有什么根本的不同，都是研究文献，得出最合理的推论，在现有证据的基础上归纳得出结论，如此等等。 如果这样的论证法在物理学或生物学中不能使我们得到相当可靠的结论，那凭什么相信在历史学或社会学中可以做到这一点？为什么可以用实在论的方式谈论历史学上的范畴（如库恩的范式），而用实在论的方式谈论科学上的概念（实际上其定义要清楚得多，如电子或 DNA）就是一种幻觉？

3.3.2 方法论相对主义

方法论相对主义本身不是一种哲学立场；顾名思义，它只是一组方法论原则。 这种相对主义是伴随着科学史与科学社会学的若干进展而出现的，其进展在所谓强纲领的旗帜下开始于 1970 年代，对科学知识社会学（SSK）领域及其他领域（文化研究、人类学等等）产生了巨大的影响[27]。 强纲领提出要对科学思想被接受的原因给出解释，但同时对科学思想是真是假、合理与否保持"中立"（或者说"对称"）。 下面是布鲁尔对新知识社会学原理的阐述[22]：

1. 它是要解释原因的，也就是说，要关注产生信仰或知识状态的条件。在产生信仰方面，除了社会因素外，自然还存在着共同作用的其他因素。

2. 对于是真是假，合理与否，成败与否，它将是中立的。这些二分法论断的两个方面都需要解释。

3. 解释的方式将是对称的。同样类型的原因可以解释，比方说，真的或假的信仰。

4. 它将是自反性的。原则上其解释方式应该也适用于社会学本身。（Bloor 1991，7）

怎样才能理解对称和中立论点呢？为了看出其难度，让我们先考虑日常生活中的体会（我们稍后就要考虑科学理论）。假定我们几个人正站在雨天的户外，而其中某人说："下雨了。"这个陈述表达了一个信念；我们怎样才能解释这个信念产生的原因呢？不错，现在还没有人知道这其中全部的因果机制，但部分解释来自今天确实在下雨这个事实应当是显而易见的。如果有人在天没下雨的时候说下雨了，你会想他是在开玩笑，或者他精神有问题。但解释将是很不对称的，视是否在下雨而定[28]。

面对这个问题，强纲领的支持者们对于日常知识会同意我们所说的，但对于科学知识就不同意：对于后一种情况，实在对于约束我们的信念将起不了多少作用或根本不起作用[29]。但是，这个说法看来最不可思议，因为科学活动——比日常生活的情况更有过之而无不及——就是这样（通过实验等）建立起来的，使我们关于自然的信念在尽可能大的程度上受到自然本身的约束[18]。

让我们再考虑一个具体的例子：为什么在 1700 年和 1750 年之间，欧洲的科学共同体开始相信牛顿力学呢？毫无疑问，在其解释中，许多历史的、社会学的、意识形态的和政治的因素都占有一席之地——例如，你必需解释为什么牛顿力学在英国接受得较快而在法国就较慢[30]——但肯定有**部分**解释（而且是相当重要的部分解释）是，行星和彗星确确实实是如牛顿力学所预测的那样运行（非常近似，虽不能说是丝毫不差）[31]。

冒着老调重弹、白费口舌的危险，让我们换一个说法，把我们对强纲领的社会学还原论的批判当作归谬法。考虑一下下面的思想实验：假设有一个拉普拉斯妖（Laplacian demon），它把关于 17 世纪英国的可以想像得到的、一切可能被看作社会学或心理学的信息告诉了我们：所有皇家学会会员之间的争论，所有有关经济生产和阶级关系的数据，等等。甚至还有那些已经毁了的文献和未曾有记录的私人谈话。在此基础上再加一个巨无霸超速计算机，就能随心所欲地处理这些数据。但就是没有天文数据［如开普勒（Johannes Kepler）的观测记录］。好，从这些数据"预测"一下吧，说科学家将要接受一个引力理论，其引力与距离的平方成反比，而不是与距离的立方成反比。怎样才能做到这点呢？可以用什么样的推理呢？对我们来说似乎显而易见的是，从给定的数据中不能简单地得出这个结论[32]。

现在来做一个对照，假定你要对占星术中的信念给出一个因果解释。在这种情况下，至少可以设想，你可以对占星术的产生给出一个单纯的社会学或心理学的解释，你甚至根本不需要用到什么支持占星术的有力证据——原因就是根本不存在这种证据[33]。把牛顿力学和占星术的情况比较一下，就可以清楚地看出，解释方案中的不对称性既是必要的，也是关键的：在一种情况下，任何满意的解释必须有证据，而在另一种情况则不必要。有一点是当然的，就是如果你碰巧（错误地）相信占星术**是**有根有据的，那这个因素想来**应该**进入你认为是关于占星术的恰当的因果解释之中。

简而言之，似乎可以明确，对为什么科学理论被认可的令人满意的因果解释需要把"自然的"和"社会的"因素结合起来考虑，就像对一般见解的解释一样。解释科学知识当然要比解释一般见解复杂得多，而后者已经是够复杂的了[15]。

3 科学与科学社会学：超越战争与和平 | 45

在本文的开头部分，我们在科学研究和警察破案之间作了一个类比。继续使用这个类比，可以说本体论相对主义相当于说，没有客观的事实可以证明某一嫌疑对象无罪或有罪，而认识论相对主义则断定说，没有一种调查法可以说比另外一种调查法更好（例如，拿仔细分析指纹与假造证据相比）。另一方面，方法论相对主义则等于是要解释为什么警察、法官和陪审团确信 X 有罪，但从不考虑这样的情况，至少在有些案子中，可能会有确定 X 有罪的非常有利的证据。

让我们以此为出发点看一下柯林斯和平奇关于爱因斯坦相对论的论断：

> 相对论……是这样一种真理，它是我们所作的一些决定的结果，决定该如何继续我们的科学工作，以及如何认可我们的观察结果。它是大家对新事物达成一致意见的结果，而不是由一组关键实验的不可避免的逻辑所强加给我们的真理。（Collins and Pinch 1993，54）

如果一方面说"X 有罪是真的"，但同时又说这个真相"是我们决定该怎样认可警察调查的结果；这个真相产生于对新事物达成一致意见"，这听起来难道不是怪怪的吗[18]？所有这一切都被含糊其辞困扰着：是否真是在说 X 有罪？这是否仅仅是陈腐见解的一种迷惑人的说法，说我们认为 X 有罪的**信念**是通过社会过程产生的[34]？

由此可见，除非坚持认为自然科学是某种意识形态或宗教，而我们关于社会的知识是真正科学的，能解释（或将来能解释）为什么自然科学家相信他们的所作所为，那么方法论相对主义才有意义。可这时我们又面临着竞争：哪些理论更科学？也就是说，有更有力的证据支持,能够作出更准确的预测,等等? 是物理学、化学和生物学的理论呢,还是社会学(包括宗教社会学和时装社会学)的理论? 答案应该是明显不过的[35,36]。 这种(对科学社会学家)不利的局面有时使得他们转向支持认知相对主义。 认知相对主义有一个"长处"(从他们的角度看),它能阻止"直接竞争":如果没有一个理论客观上比另一个理论强,那么物理学不比社会学更科学。 但是我们前面已经解释过,认知相对主义不是科学家——自然科学家和社会科学家——应该接受的观点[37]。

把 SSK 与后现代主义比较一下很有意思,反对者们常把两者混淆起来。 后现代主义甚至倾向于反对把客观性当作目标来追求:所有都变成取决于主观的看法,而道德或伦理价值代替了认知价值。 强纲领的支持者们差不多与此相反,他们经常显得非常科学化。 例如,布鲁尔经常强调他的观点是唯物主义的、自然主义的和科学的。 但其"对称"和"中立"论点中所包含的方法论相对主义,除非对其进行大打折扣的理解而成为实际上的空话,否则损害了社会学研究的理性方面,以至于 SSK 的从业者们不得不退回到关于客观性的极端怀疑论,最终使他们跟后现代主义者成了同路人。

3.4 结论:真正的问题

我们不想给人以错误印象,认为没有什么有趣的问题值得科学社会学家研究。 相反,可研究的问题很多。 但是我们要说,目前在 SSK 圈子里时兴的哲学上的混淆不清,阻碍了而不是促进了对科学社会学的认真研究。

我们想到的问题主要涉及专家看法。 我们不断地听到关于"专家"意见的报道,什么话题都有。 那我们应该相信他们吗? 我们应该相信烟草是对身体有害的吗？ 橄榄油真对身体有益吗？ 核电厂是安全的吗？ 世界货币基金组织采取的严厉措施是有利于经济发展的吗？ 报纸上的报道是准确的吗？ 有关"水的记忆力"[38]的文章是否真的涉及一些物理效应的知识？

当面对着专家的时候，任何个体或小群体的处境都很困难，没有时间也没有办法对哪怕是一小部分专家的断言进行直接验证。 而在实际情况下，我们又不得不决定是否相信他们的论断。 我们该怎么办？ 这真是一个有趣而又有难度的问题。 但在这里，认知的和方法论的相对主义都于事无补。 我们要确定孰对孰错，而这最终取决于世界的真实情况[17]。 这个问题也不是全新的：例如，休谟在讨论是否该相信奇迹时早就讨论过这个问题，而且给出了解决这个问题的原则（Hume [1748] 1988，第10节）。 他的论证非常有名：如果你从未亲自见过奇迹，那你相信奇迹是因为你相信某人的关于奇迹发生的报告。 但是你从直接经验了解到，人们常欺骗自己和他人。 因此，当你听到一个关于奇迹的报告时，认为某种骗局发生了——至少在没有确凿的相反证据时——总比认为奇迹真的发生了要理性得多[15][39]。

举一个我们想到的此种推理的具体例子，考虑一下"水的记忆力"的问题。 关于这是否可能，一种"休谟式"的论证法是这样的：如果那是真的，其结果就会引发物理学与化学上的一场革命，那么至少世界上有些科学家会对重复这个实验结果有兴趣（兴趣同时还是利益）。 而且，实验本身并不需要巨大的投资。 然而没有人宣称重复过实验，至少没有与宾文尼斯特（Jacques Benveniste）完全无关的人这样宣称过[40]。 反面结果通常不被报道，所以（至少）有理由怀疑最初的实验。 当然，我们这里只是提到论证的大致思路。 真正的调查必须弄清，实验是不是很容易重复以及试图重复结果的实验（得到否定结果）

是否真的做了。而这涉及物理学和社会学都要考虑的问题。

可是，SSK 的方法论相对主义中令人感到不安的一面是，其支持者倾向于过分地怀疑常规的科学知识，同时却对伪科学（pseudosciences）持过分容忍（甚至赞成）的态度[20,21]。例如，巴恩斯（Barry Barnes）、布鲁尔和亨利（John Henry）对顺势疗法和占星术进行了评论（Barnes，Bloor， and Henry 1996，第 6 章），他们话说得很过头，甚至声称，高奎林（Michael Gauquelin）为支持"火星效应"影响体育冠军命运的占星术理论而收集的证据"必将证明科学方法有一天将取得巨大成功"（141 页）。如默明按照休谟的论证法所说，高奎林的证据太奇妙了（等于是"奇迹"），因而可以合理地假定其中必定有诈（或自欺）（Mermin 1998a）[41]。另一个例子由柯林斯和平奇提供，他们说，"如果顺势疗法不能用实验来证明，那就应该由了解前沿研究所担风险的科学家来说明为什么"（Collins and Pinch 1993， 144）。但这等于把寻找证据的责任推到了科学家身上：本来应该由鼓吹顺势疗法的人"用实验证明"他们的疗法效果比安慰剂更好，而不是反过来由科学家做此事[15,21]。实在是很不幸，类似的说法比比皆是。例如，在较早的一本关于"代替大科学"的书中，你就会读到："有看法认为西方科学和东方神秘科学将取得重大突破的前景良好。当占星术用上控制论和统计分析时，它将再次成为公认的科学。但这些看法并没有引起主流科学的注意"（Nowotny 1979，15）。

这些言论听起来令人震惊，但也可以说是在意料之中，因为强纲领的"中立态度"自然要求其支持者否认科学与伪科学之间在认识论上的任何差别。

当然，相信专家与相信奇迹（或伪科学）不是一回事。要对如何在现实中作出合理判断形成较深刻的理论原则，就需要做许多社会学研究。首先，对于某一领域中的"专家"如何赢得声誉以及使用什么方法从事他们的"专长"，至少有必要作大致的了解。这就使得我们能在认识论上把有营业执照的医生与同样享有很高"声誉"的江湖医生区分开来。其次，大致上说来，如果除某专家之外还有别的同样有能力的专家，他们有兴趣也有手段来提出相反的观点但没有这么做，那你可以相信某专家为真正的专家。但这里涉及许多社会学问题：在思想的所谓自由市场上，思想究竟有多自由？反对意见能得到公允的对待吗？没有什么可以阻止我们称之为"民主的李森科们"（democratic Lysenkos）的存在，就是说，在民主社会中，有些人因为在某些机构中占据了权力位置（一份科学杂志、一个研究所）而可以强制施行他们所喜爱的研究"思路"，结果却走进了死胡同。实际上，在大学工作的人都知道，大学里有很多民主的李森科，至少在小范围内是如此。对社会学家（以及决策者）来说，一个非常有意义的问题是如何设计制度，将这些李森科变得太强大的可能性缩小到最小。

总之，没有必要搞科学家与社会学家之间的"科学大战"，双方可以在许多问题上进行很好的合作。在我们看来，科学论研究在认识论与方法论上的自负，使其偏离了那些曾经启发了科学论研究的重要问题：科学技术在社会、经济和政治中所起的作用。当然，那种自以为是不是偶然产生的，它有一定的历史渊源，而这本身就可以成为社会学研究的问题[42]。但科学论实践者没有必要在这种错误的认识论上纠缠不清，而是要把它放弃，进而对科学进行更严肃认真的研究。也许几年之后回过来看，今天所谓的科学大战将被看成是这一转变的转折点。

致谢

我们要感谢基恩斯（Michel Ghins）、谢利·戈尔茨坦（Shelley Goldstein）、库皮艾宁（Antti Kupiainen）、莱维特及莫德林（Tim Maudlin）对上述问题进行的许多有意义的讨论。当然，他们并不对上面的内容负责。

4 科学维和，有必要吗？

迈克尔·林奇

就是要说个没完。

——霍金(Stephen Hawking)

有谣言说自然科学家和社会学家正打着一场"科学大战"[1]。谣言在物理学家索卡尔(Sokal 1996b)在文化研究杂志《社会文本》上搞了一个骗局之后的余波中得以流传。索卡尔投了一篇文章，把左派对实证主义的批判称赞为进步的思潮，同时声称量子理论中的最新进展正好印证了后结构主义的文学批评理论。这篇文章一经发表，索卡尔(Sokal 1996a)就声明说，他写那篇胡说八道的文章是为了揭露科学论和文化研究中流行甚广的无知和偏见。具有讽刺意味的是，那篇诈文发表在了《社会文本》一个题为"科学大战"的专号上，该专号就是要反击那种认为对科学的社会与文化研究是对科学的打击的指责。这个信息被针对索卡尔骗局的争吵声淹没了。

一般认为，科学大战是两个阵营——自然科学家与社会学家——

之间的冲突。社会学家被划为政治分野中的极左派，而科学家，至少是他们最有影响的支持者和鼓吹者，则被划成了右派。科学家被说成是信奉自然、真理和实在，而社会学家则被说成是相信对自然的描述是任意的，科学定律是受意识形态支配的，"实在"是神话。虽然主要是口舌之争，这场争论还是被喻为战争，其双方的分歧极其深刻，以至于找到共同点以达成一致的希望非常渺茫。与此相应，争论双方的兴趣好像不那么在于搞好辩论，而更多地在于说服广大的受众，说对方的观点是胡说八道、言不由衷，而且危险性极大。更有甚者，连一些科学与理性的捍卫者也采取了冷嘲热讽的手段攻击对方。争论中夸大其辞、感情用事的情况比比皆是，还有说对方不诚实的指责与反指责。道金斯（Richard Dawkins 1998, 143）称赞索卡尔设计了一个"绝妙的骗局"，使人文科学与社会科学中的一大群**冒牌货**暴露无遗。而菲什（Fish 1996）则认为索卡尔犯了**诈骗罪**[2]。另有一位作者（一位哲学家）甚至提议对泛滥于 20 世纪哲学与社会学研究中的"智识欺诈行为"绝不能容忍（Bunge 1996）。虽然这样的指责来自自我标榜的"真理与理性"的捍卫者，但如果出言粗鲁，指名谩骂，冷嘲热讽，而不是对话讨论，那对他们所捍卫的东西就构成了损害[3]。虽然还不至于发展为全面的战争，但争论的形式已不怎么像学术辩论，而更像是对垒双方打官司，但对于争论方式和证据又没有确立正式的规则。

我们当中的许多人对"科学大战"中的极端化做法感到不安，想要发起一场"科学维和行动"。但在开始这场行动之前，值得考虑一下战争是否在进行。如果"战争"的类比本身不合适的话，那就没有必要宣布停战。维和行动是要努力实现"对话"，目的是要解决，至少是阻止持久而激烈的冲突。关键是争论双方应该对话，而不是企图谋毁对方。与通常意义上的战争不同，科学大战是不同学术领域的学者之间的**口舌**之争。直到最近，许多争论者之间都是各说各的。如争论中一般出现的情况一样，这场特殊的争论也是愈演愈烈，成为公然的非难，但这似乎也不至于非要终止战争状态、开始和谈不可。**这场**战争本来就是对话、再对话，所以建立一些更有意思、互相尊重的方式进行对话和笔论，应该更有意义。

在本文中，我将扼要说明为什么我认为"战争"这个比喻容易引起误解，然后对争论中反复出现的两种代表性论点进行讨论。在结尾我要提出建议，建议如何把科学大战中的争论转变成一个具有教育意义的机会，假如我们当中有人对此感兴趣的话。

4.1 消除"战争"中的极端倾向

把科学大战描绘成阵营分明的敌我双方的争斗，既简单明了又富于戏剧性。通常，一方被叫作"科学家"，另一方被叫作"社会学家"。这种划分有时也同斯诺（Snow 1959）的科学与人文两种文化的划分相对应。还有左翼与右翼政治意识形态以及实在论与反实在论形而上学的划分，从这些划分可以更全面地了解这一重大冲突。在对这场冲突的特点的众多描述中，一个简洁的例子是《物理世界》（*Physics World*，1997 年 6 月，第 3 页）刊登的题为"实在不是骗局"的匿名社论[4]。此文开宗明义："'索卡尔骗局'已经成为一个小型产业——戏指自然科学与社会科学之间日益加剧的摩擦。"该社论接着说，"索卡尔的文章被发表这件事本身并不说明什么问题。但是，它确实使一群科学家（其中许多是物理学家）和一群科学社会学家陷入旷日持久的争论。许多科学家对来自社会学的一些思想颇为反感，特别是有人认为我们认识的自然定律是'社会建构的产物'——本质上是由科学家之间达成一致而形成的定律，实际上没有什么实质性的意义。‘相对主义’是这一派思想的别名。"此文的基本出发点是进行调解。作者接着提议，双方都可以从对方学一点东西。尽管我同意其总的建议，但我对其开头关于两个代表着意见相左、界线分明的"两个思想派别"之间"旷日持久的争论"的说法心存疑虑。

4.1.1 争论双方

一般认为科学家一方比另一方更为团结，尽管其中不乏来自人文科学与社会科学界的信徒。例如，在收入格罗斯、莱维特和刘易斯的《搭上科学与理性的航班》(*Flight from Science and Reason*，1996)一书中的许多对相对主义、文化建构主义以及后现代主义的攻击中，一些最"紧咬不放的否定性文章"[借用哲学家哈克(Susan Haack 1996，264)对自己文章的形容]是由哲学家和社会科学家写的(Bunge 1996；Cole 1996)。霍尔顿(Gerald Holton 1993)是一位物理学家，但他在科学史与科学社会学方面的文章更为人所知。他在这场冲突中就一直站在"科学家"一方的前线。而《哲学与文学》(*Phylosophy and Literature*)的编辑们对索卡尔的"诈骗"文章大为欣赏，于是邀请他加入了他们的编委会(Dutton and Henry 1996)。

即使在名副其实的科学家中，对支持什么"思想派别"和支持到什么程度也有模糊不清的地方。格罗斯和莱维特(Gross and Levitt 1994)是"科学家"一方最突出的发言人，但其他人对他们的观点并非十分赞同。例如，勒温廷(Lewontin 1998，59)写了一篇文章，开头就批评了格罗斯和莱维特"天真得可爱的科学观"。勒温廷(Lewontin 1996)和生物学家哈伯德(Hubbard 1996)的文章也被收入了扩大成一本书的"科学大战"专号(Ross 1996a)。还有这么一个情况，好几位"社会学家"的文章被批判成是反科学的，是对科学的无知，或两者都是，可他们在物理学、生物学、天文学以及工程学等学科取得了很高的学位，并且有相当的研究经验。另外，许多由科学民族志学者发表的批判性的或引起争议的言论，都是以引用科学家原话的形式发表的[例如，可参见吉尔伯特和马尔凯（N. Nigel Gilbert and Michael Mulkay 1984）对科学争论的研究中所引用的话]。虽然有一些可能是脱离上下文的无用引文，但是另一些，如拉比诺（Paul Rabinow）在《制造PCR》（*Making PCR*，1996）* 中冗长地引用了怀特（Tom White）和其他分子生物学家的话，则详细、清晰地讨论了在自然学科中令人沮丧的动态和令人怀疑的行为。所以，格罗斯和莱维特未必支持统一阵线。

众所周知，"社会学"一方（由所谓的反科学人士、相对主义者、文化建构主义者和后现代主义者组成）一盘散沙，各自为营。对这样一个包含了历史学家、哲学家、人类学家以及其他方面的专家的群体来说，"社会学家"是一个不准确的标签。在社会学、相对主义和后现代主义之间频繁建立的联系，也令人半信半疑。工作在科学社会学分支中的职业社会学家较少，而且许多在此工作的人不是"相对主义者"。甚至许多"相对主义的"科学社会学家也赞同这样的说法，即他们的观点与经验科学是一致的（Bloor 1991；Barnes, Bloor, and Henry 1996；Collins 1983），而与"后现代主义"，甚至"社会建构主义"不同（Latour 1990，1999b）。

4.1.2 政治联盟

通常把"社会学"一方与激进的左派政治等同起来，而且一些作

---

* 中译本《PCR传奇——一个生物技术的故事》，保罗·拉比诺著，朱玉贤译，上海科技教育出版社，1998年。——译者

家还认为，1960 年代激进的学生已经长大，当上了教授和学术领导者，他们掌管着特殊系科和学院。 所以，当激进的社会主义在打着社会主义旗帜的团体中没有太大市场的时候，它便在人文学科和社会科学中活跃起来。 一些"社会学家"的发言人指控"科学家"是右派，或者即便不是右派，也是右派支持者的喉舌（Ross 1996b,7）。 这些被指控为喉舌的人否认这种指控，有些人（格罗斯、莱维特和索卡尔）还可怜政治左派，认为"学术左派"所传播的荒唐信仰实际上破坏了真正左派所希望的政治变革。 在政治左派的期刊上，作者们也进行过同样的争论（如 Frank 1996）。 "左派保守主义"的反指控也难以澄清这潭浑水。 不论这样的内部口舌之争与混乱给人带来的是欣喜还是沮丧，它们都表明了，给科学大战中各式各样的派别戴上黑白分明的左派或右派的政治帽子是多么地困难。

4.1.3 形而上学的立场

虽然区分这种假想战争中的敌对双方可能有困难，但大家似乎都同意冲突包含了两个截然相反的立场。 但这种一致认识本身也有一系列问题。 毋庸置疑，许多科学家，包括当今健在的一些最著名的科学家，已经表示反对科学的社会和文化研究。 然而，同样不可否认，那些记录着这些科学家观点的书籍和文章与他们发表在专业期刊上的无数论文截然不同。 对《智力欺骗》（*Intellectual Impostures*，Sokal and Bricmont 1998）、《科学的非自然本质》（*The Unnatural Nature of Science*，Wolpert 1992）或《高级迷信》（*Higher Superstition*，Gross and Levitt 1994）的作者的背景一无所知的读者，虽然后来知道了索卡尔和布里克蒙是物理学家，沃尔珀特是胚胎学家，格罗斯是退休的生物学家，莱维特是数学家，但是这位读者对这些作者的研究仍将一无所知。 我在这里没有任何妄言，因为科学大战的辩论术不能算作物理学、生物学或数学论文，哪怕它们作为社论和通讯发表在《科学》和《自然》这样的杂志上。辩论术是写给大众群体看的，包括在自然科学方面训练有限的读者。作者们讨论真理与理性的一般概念，攻击相对主义，探讨科学与常识之间的关系，思索实在性的本质。虽然格罗斯、莱维特、索卡尔、沃尔珀特、温伯格，以及他们的科学同行并未声称拥有哲学背景，甚至他们中的一些人还公然漠视哲学，但是他们的观点都趋向于哲学的范畴。他们既引用科学和数学知识，也大量采用历史事例和文化类比。绝大多数反"相对主义者"不是哲学家（或者说，不是哲学上的相对主义者），因此从许多方面看，这场争论是大众形而上学的一场演练，职业哲学家也只能偶尔帮一下忙。我并非暗示这场争论毫无价值，或当事人无权参与。至少根据传统的观点，对哲学问题大家都可参与讨论。对躬行自然科学家和社会学家来说，从事科学实践与掌握技术哲学的 p's 和 q's 相比，是否更有助于了解科学，这一点也是值得争论的。不管怎样，应该记住，量子物理学或胚胎学上的技术专长未必使一个科学家有资格在关于科学理论与自然界之间关系的一般性问题上高谈阔论。认为在科学社会学上的经验研究必然为科学、知识和真理的本质提供清晰和确定的理解，也同样不是那么回事。

因此，科学大战是一个很奇怪的冲突。科学一方包括了许多非科学家，同时又至少有一些自然科学家与"自己"一方更活跃的代言人拉开距离。社会学一方与他们顾名思义的专业学科缺少清晰的联系，与"左派"政治事业的联系也模糊不清，而且内部存在对抗。虽然这场争论表面上是关于科学的，但是争论的内容却是哲学的。与对科学大战的典型描绘相反，这场冲突是一场形而上学之战，参战的是哲学功夫不到家的"武夫"。虽然两方都有一些哲学家加入，但在很大程度上，这场形而上学之战是由在其他领域更有专长的研究者、学者和记者推动的。

这场科学大战对所有的人都是敞开的。如果你想代表科学一方，它将有助于你成为一名职业科学家（可能是一位著名的科学家）；如果你想为社会学家辩护，它将有助于你做科学实践的经验案例研究。这样的游戏对哲学上的训练是有好处的，但真的没必要玩。参与游戏的门槛不高，似乎全世界的人都在参与。哲学家哈金（Ian Hacking）说："以'索卡尔事件'作为关键词，因特网的一个搜索引擎就找到了84 272个不同的词条。作为对照，用'维特根斯坦'找到7767个，用'量子力学'找到11 334个。正是对科学的滥用才导致了索卡尔的例证。"（Hacking 1997，14）至少有一个网站为科学大战专用，也许不久就有关于科学大战研究的大学课程，甚至有完整的系研究科学大战。论战中许多更加引人注目的参与者有与众不同的专业资格，有时当他们举例或批评对手论点中的错误时，他们会利用自己的专业背景。但是，这种最富重复性的争论，以及辩论中的许多标准例子根本不具有专业性。这种情况本身就蕴含着和平前景。它不是要不要发起谈判的问题——我们早已被淹没在口诛笔伐之中——而是"提升"现有讨论水平的问题，使科学大战为无数的参与者提供更多的机会，让他们从极为广泛的交流中学习有价值的东西。

4.2　两种观点

在争辩性的交流中一而再、再而三地出现两种观点，这说明提升讨论水平的时机已成熟。我称这两种观点为"飞机观点"和"棒球观点"。这不是专业之争，加入它不需要科学训练或哲学修养。飞机观点是两种观点中最为简单、最为基本的观点，所以在论述棒球观点前，我将先论述飞机观点。

4.2.1 飞机观点

道金斯（Dawkins 1994）对这个观点作了一个精练的概括。 他说，每当建构论者登上商务飞机时，他们就驳倒了自己的观点——小有名气的建构论者在去参加国际会议时是经常要乘飞机的。 作为这种观点的另一说法，索卡尔提出了如下挑战："谁相信物理定律只不过是社会习俗，那就请谁从我公寓的窗户来跨越这个习俗（我住在 21 层）"（Sokal 1996a，62）。 虽然经常作这样的"反诘"，但令人不解的是，他们对此很认真。 按道金斯的说法，这些社会建构论者应该害怕飞行，但按索卡尔的说法，同样是这些建构主义者，他们应该不考虑从高楼跳下的后果。 索卡尔说，任何心智健全的人都不至于傻到从他家的窗口跳下去。 从常识来说这是对的，但并不清楚这与物理定律有什么联系。 即使错误理解了物理定律的人也不大可能会接受索卡尔的挑战。 现在据说，那些相信亚里士多德（Aristotle）而批评伽利略（Galilei Galileo）的人错误地理解了运动的概念。 他们当中许多人还相信天使，但他们显然也不会从比萨斜塔上跳下来。

这种飞机观点认为，社会建构论等同于对万有引力和机械系统可靠性的极度不信任，索卡尔的挑战甚至走得更远，把建构论等同于缺乏常识。 留给我们的是这样的困惑："物理定律"意味着什么？ 我们应该把引力定律与物体如何落地这样的常识相提并论吗？ 还是应该把它们与牛顿（Issac Newton）、爱因斯坦和别的物理学家设计的技术体系相提并论呢？ 如果相信引力是偶然的，那么从飞机上跳下几乎就没什么可担心的。 进一步讲，不管我们是否认为一个规律是"自然的"还是"建构的"，与我们是否相信它没有多大的关系。 登上商务飞机的任何人一定相信，飞机的设计与制造、飞行员的培训、飞机的养护以及空中交通管制是一个复杂的社会系统。 虽然物质规律是这个系统的关键方面，但它们远不是事情的全部。 我所认识的航空学工程师说，由于公司在历史上曾急于争一份合同而在设计上留下了缺陷，所以他们都不愿意坐 DC‐10 客机。 他们不信任这种飞机，不是因为它是建构的，而是因为建构它的设计**方法**有问题。 担心飞行，或者不担心掉下来，与通常相信实在的本性是建构的还是非建构的没有必然联系。

索卡尔的例子表明，对物理定律的信任是一种常识。 在别的地方，索卡尔和布里克蒙(Sokal and Bricmont 1998,55，注释56)为科学理论与常识之间的一致性作了辩护。 沃尔珀特，另一个批评社会建构论的科学家，持有相反的观点(Wolpert 1992)，认为科学知识是"非自然的"或反直觉的，因为科学知识需要专业训练和思维方法，绝大多数人没有这种能力。 所以，留给我们的是两个可能存在的有趣的问题：物理定律是什么意思？ 物理定律与物质规律常识(以及相信物质规律)之间的关系是什么？

4.2.2 棒球观点

可以说，继索卡尔宣布其骗局(Sokal 1996a)之后的时间里，甚嚣尘上的嘲笑浪潮达到了高峰。 为此，菲什在《纽约时报》上发表文章(Fish 1996)为社会建构论辩护，他开始让球转了起来。 菲什认为，社会学家一说某事是"社会建构的"就以为他是在说事实"不是真实的"，这是一种误解。 他用棒球作一个类比来说明这种观点："球和击球既是社会建构的也是真实的，既是社会建构的也是建构的结果。虽然关于球和击球的事实是真实的，但是它们能变化，例如，如果棒球规则制定者明天就投票决定，从现在起四击不中就出局，它们就变了。"菲什承认科学家不是以投票方式建立物理定律的。 要是假定科学家用脚投票，那将更符合他的意思。当他们引用先前的研究，而且有选择地把别人的方法和结果引入他们自己的研究中时，他们就算投了票。用"裁判"这个词来形容期刊文章的审稿人和资助申请的审定者，表明与田径赛规则的评判是类似的（尽管不是棒球，但是在那里由棒球裁判主持）。菲什发现，科学家们没有"向自然提供彼此竞争的对自然的描述，也没有立即收到自然的明确评定"（Fish 1996, A23）。这种评定依赖于在历史上和制度上处于特定位置的专业人士所作出的判断。温伯格反对这种看法，他说物理定律的实在性与其说像棒球规则，不如说像"地上的石头"：

> 我们不能创造物理定律或地上的石头，尽管有时我们会不幸发现我们没有弄懂它们；就像我们被一块未注意到的石头戳着了脚趾，我们会发现我们的一些物理定律出了错（就像绝大多数物理学家出错一样）。但是我描述石头的语言或我叙述物理定律的语言无疑是社会创造的。因此，我作了一个含蓄的假定（就像在日常生活中我们对石头作的假定那样），即我们对物理定律的陈述与客观实在的各个方面是一一对应的。换一种说法，如果我们发现了某些遥远星球上的智力生命，并翻译了他们的科学著作，我们将会发现他们与我们发现了同样的物理学定律。（Weinberg 1996,13）

温伯格所说的戳脚趾的石头借用了萨缪尔·约翰逊（Samuel Johnson）博士对唯心主义的经典反驳。温伯格明确断言的"含蓄的假定……即我们对物理定律的陈述与客观实在的各个方面是一一对应的"是众所周知的哲学观，正是哲学家讨论了很长时间的一个观点。温伯格关于遥远星球上智力生命的说法较新颖，但更令人怀疑：直到几个世纪前，居住在**地球**上的智力生命的"科学著作"还没有正确地描绘出今天所接受的物理学定律。

物理学定律和构成它们的概念，如力、质量、时空、能量等等，成了历史的遗产。对通常的概念如"事实"、"定律"、"发现"，以及客观性与主观性之间的差别，也能这么说。许多历史学家已经注意到，客观性与主观性的概念在过去几个世纪里一直在改变定义。许多哲学家——包括一些头脑僵化的逻辑实证主义者——把事实与定律定义成命题形式。分子生物学家甚至谈到了一个"中心法则"。结果，事实不是事物，简单而纯粹，完全与语言脱离，而且当定律可以描述自然规律时，它们在形式上就不太像石头，而更像规则、命题和格言。同样，一个科学"发现"不是事物的发现。称一个事物是一个"发现"，这暗含着与科学活动的不断变化的史境的联系。一个发现就是指这样的东西，以前没有发现它，至少科学家没有发现它（Brannigan 1981）。我从未见过猪鼻蛇，如果在穿越一片荒地时无意发现了一条，我也许先是震惊，接着恐惧，最后是惊奇，但是我不会傻到称这是一个**科学**发现。一个科学发现是一个**暂存的和共享的**事情。像发明专利一样，一个发现符合新颖性、重要性和可理解性这些标准，正如一个学科共同体有资格的成员所判断的那样。所以，无论什么时候科学家说某事物是一个客观事实或一条客观定律，无论什么时候他们说某事物是一个发现，他们都是在参与在特定组织和历史背景下的交流活动。

哲学家温奇（Peter Winch 1958,85）指出，当物理学家描述他们的实验，指导别人如何做实验时，他们使用了一种**行动**语言，旨在交流结果，指导别人如何做实验。当温伯格说"我们描述石头的语言或我们叙述物理定律的语言无疑是社会创造的"时，他多少开始承认这样一种观点。但是正如温奇所说，语言不仅是社会创造的，而且还在一个共同体内天天被使用。科学家的话不仅是描述一个对象的一套标准，而且是供别人读、听和理解的书面和口头表达。在某些方面，听从这样的指令就像学一种游戏，它包括专门的设备、规则、技能、判断、即席发挥以及特别的表达方式。当我们沿着这些思路来思考时，棒球类比似乎不再那么难以理解。说科学像游戏，未必意味着物理学**只是**像棒球一样的游戏。棒球观点提出的挑战是，在它变得荒唐之前看这个类比还能坚持多久。像飞机观点一样，棒球观点也面临一些更为深刻的问题：语言与世界之间的关系是什么？物理定律像地上的石头一样吗？或者它们更类似于支配人类行为的规则？在何种程度上科学方法像另外的游戏一样？这些问题大而言之与欧洲科学的起源有关，小而言之与特定的历史事件有关。这些参与者，置身于与科学大战相关的更易让人发怒的交流中，常常不承认在这些问题上争论的漫长历史、广泛的学术背景和长期的不确定性。

4.3 结论

像任何一种隐喻一样，科学大战的类比也能进一步引申。可设想发明一种"智力炸弹"来消灭真正的反科学家，而剩下较善良的建构主义者，或在每个全副武装的阵营清点一下因"友好开火"所造成的伤亡人数。但是，正如我指出的那样，至少存在一种与科学大战比喻很不相称的成分。参与者用战斗的语言，而且有些可能影响了编辑的判断、大学的招聘和提拔人的决定，但是在很大程度上这场"战争"采用了非哲学家进行形而上学争论的形式。当讨论飞机观点和棒球观点时，我把它们与一系列更大的问题联系在一起，诸如语言与实在，科学与常识，社会规则与物理定律之间的关系问题。在本文中，我没有试图解决这些问题，也无意暗示解决它们是可能的。当面临这些问题时，卷入科学大战的我辈能有许多选择的余地。我们当中许多人不是有资格的哲学家。我们是自然科学家或社会科学家，用另一个棒球类比来说，我们拿拼凑起来的队伍玩起沙滩哲学的游戏。结果，我们可能会得出结论，我们正在讨论的任何问题都应该留给专业人士解答。也许我们要请职业哲学家来，提建议引导和指导我们。或者，我们也许决定全部忘记这些问题，继续我们的经验研究。如果我们试图这样做，在科学论领域的我辈面临一种困境，因为我们的经验研究包括：对历史争论的描述，当代科学实践的民族志，关于科学研究知识产权立法的影响的分析，使我们陷入关于科学与常识之间关系的许多问题中的其他话题，关于被发现和被建构实体的判断，关于"政治"渗透科学研究和争论的程度的辩论。虽然对我们所研究的科学家来说，这些可能是活生生的事，但是哲学家没必要在这种抽象的层面解决它们。

例如，自然实体和建构实体之差别的认识论难题，与电子显微镜下被观察的特征是细胞的自然特性还是在制备中带入的人工特性的特殊问题，这二者之间存在深刻差别。对后一种问题，一个显微镜技师能做一系列程序检查，完全可以在实践层面上解决这个问题。虽然这种实用的解决方法也许不会消解怀疑论哲学家的疑虑，但是这与那位显微镜技师对解剖特点判断的充分性关系不大。正如夏洛克（Wes Sharrock）和安德森（Bob Anderson）所说，"这位认识论的怀疑论者，否认我们能认识事物，没有兴趣与人争论，比如某人声称知道在一个陌生的小镇的哪个地方能找到一家中国餐馆，怀疑论者不会与之争论他们是否真能找到这样一家中国餐馆"（Sharrock and Anderson 1991，51）。知道哲学背景固然重要，但是就核实特殊历史案例与实际判断的状况而言，当前参与这场争论的自然科学家和社会科学家比哲学家有优势。

我的和平倡议不是结束或解决这场被误说为"战争"的科学争论。相反，争论还要继续，而且要利用它们提供的教育机遇。科学大战引起了大众的广泛关注。这场争论为参与者、他们的学生和为数更多的旁人反复考虑过去应该考虑而忽视或排斥的问题、观点和视角提供了机会。至少某些在物理学家与社会学家之间的争论［例如默明跟柯林斯和平奇之间在《今日物理》上发生的争论(1996；1997)］是在寻求相互理解和教益。想到这样的范例，为了提升这场科学大辩论的讨论水平并确立讨论规范，我提出一些拙见作为本文的结束：

1. 科学家和社会建构主义者都应该更审慎地把有关"科学"、"真理"和"理性"的形而上学的观点，与科学研究的具体历史案例、特殊的真理表述和判断的具体原因区别开来。建构主义者应该（而且有时确实）认识到，对真理、理性和科学的实证主义、理性主义以及其他哲学概念持怀疑主义态度与具体的实际看法的充分性没有直接关系。公开捍卫科学和理性的科学家应该认识到，他们正面临一种相反的情况，从长期存在着的形而上学争论得出了科学和理性的观点。

2. 正如作出哲学、历史和社会学主张的物理学家和生物学家应该有义务熟悉相关的学问一样，对生物和物理现象发表过大量意见的社会学家、女性主义者以及文学理论家等也应该竭力弄清自己正在讨论的问题。

3. 大家应该弄清社会历史学家和科学家之间关于历史事实的争论是什么：关于历史记载的争论要与历史证据和观点的通常标准相符合。

4. 当陈述自己和对方的观点和类比时，各方都应该慎用诸如"仅仅"和"只有"之类的词语。

5. 各方在反驳对方的观点时，都应当慎贴"错误意识"、"病态否认"、"意识形态盲目性"、"纯粹弱智"、"智力欺骗"等标签。（当然，我们要尽量避免错误、病态、意识形态盲目、愚蠢和欺骗。）这样归罪对方在某些情况下可能确实很有根据，但是为了和平，应该尽力抵制。

5 遭遇交叉火力？
公众在科学大战中的角色

简·格雷戈里 史蒂夫·米勒

"公众"是一个神秘的实体，即便对诸如社会学家、心理学家和以研究人为业的人类学家这样的专家而言，也莫不如此。也许出于这个原因，像其他任何人一样，科学家自然也有根据个人经验和常识建立的外行见解，容易把公众描绘成不断挑战专业人士的另类。然而，具有讽刺意味的是，在科学家眼里，公众是由反对科学的人组成，他们或有意忽视科学知识，或极度缺乏科学知识，而社会科学家的研究则认为公众相信科学，普遍非常尊崇科学，他们努力获取相关科学知识，并贮备它以备不时之需，而且能运用它鉴别真伪。那么问题是，既然社会学家在公众对待科学的态度上提供了一个更加健康的评价，为什么科学家——他们自己的工作就证明了个人经验和常识的不足（他们告诉我们，尽管与表象相反，但太阳确实不是围着地球转）——坚持他们自己对公众的负面和令人担忧的认识？

面对社会学研究的积极成果，出现这种顽固的悲观主义观点的一个原因是，大多数科学家是在所谓"欠缺模型"的框架内来考虑公众对科学的理解的。在这个模型内,科学家是一切知识的提供者,并且由他们决定向头脑空空的公众提供什么内容。这种做法对科学家很有吸引力:它将他们置于知识之巅,它导致了一个清晰的行动计划——"塞满那些头脑!"在公众理解科学的调查中,该计划的结果在经验上应是可证实的。但遗憾的是,当科学尚在科学共同体中进行争论时,或当科学尚处在发展过程中时——当科学正在形成(science-in-the-making)时,这种做法恰恰失败了。而这正是问题之所在,因为公众需要了解的很多科学知识要么处在激烈争论之中,要么仍在流水线上,而科学家却在盘算如何进行取舍。假使这种正在形成中的科学正是科学家最没把握,而科学社会学家又最感兴趣的,并且假定这就是最大众的科学,那么不管愿意与否,公众无疑要被拖入科学大战中。

5.1 招募平民

二战以后,"公众理解科学"一词的含义已经发展并且出现多样化:过去在外行人中常常提到的科学概念难以理解和索然无味的现象,现在迎合了各种各样的目的。它为公众理解科学的规范性、操作性定义,为该领域的政策,也为这个思想所引起的社会教育运动提供了一个标签;它也是职业描述,是学者、交流者研究和实践的一个圈子。它还是一个同行评议的学术杂志的名字,1992年创刊,拥有一个编委会,包括物理学家兼科学史家霍尔顿和社会学家柯林斯;它的第一期就刊载了霍尔顿的文章《如何看待"反科学"现象》(How to Think about the "Anti-Science" Phenomenon,1992),该文作为一章收录到霍尔顿下一年出版的《科学与反科学》(*Science and Anti-Science*,1993,145—189)一书中。柯林斯和平奇的《勾勒姆》也在 1993 年出版，该书副题为"关于科学你应该知道什么"。这些是站在科学大战的反方，对公众理解科学的重要立场性论述。

在科学行为的公众理解方面，这种最新浪潮井然有序，兴趣盎然，大众科学传媒也遥相呼应，热闹非凡，霍金的《时间简史》的成功可谓是当时状况的缩影。这种勃勃生机将科学的定义带入公众领域，一个超出了科学机构当初要求媒体多宣传科学时所能想像的更为广阔的领域。例如，英国科学电视频道就超越了僵化的科学技术纪录片形式，探讨科学在诸如社会、文化和伦理方面的问题，以及像"新时代科学"与超常（paranormal）现象这样有争议的领域。"超常声称科学调查委员会"（CSICOP）主席库尔茨（Paul Kurtz）惊恐地发现，美国的书籍出版也有类似的发展态势，"如果有人去逛美国任何一家书店，他就会发现有关'新时代'、灵感、精神和超常现象的书籍远远地摆在科学书籍的前面"（Kurtz 1996, 495）。

一些人认为，媒体中"新时代科学"与超科学（parascience）的泛滥是"反科学"运动（"antiscience" movement）的证据。"理性"的概念是这些争论的焦点。例如，霍尔顿当初的论文把占星术的重新兴起说成是我们集体理性（collective rationality）堕落的征兆，此外进化生物学家道金斯和其他一些人已经挥动自己理性的拳头，抨击已被视为超常现象宣传范式的《X 档案》。作为牛津大学公众理解科学教授，道金斯在 1996 年的一次电视演讲中认为，这种媒体充斥着"伪科学"，威胁着对科学的正确理解，败坏了它能满足的"猎奇欲"。他警告说，电视频道正在纵容"超常现象宣传的肆虐"，威胁我们回到"迷信和非理性的黑暗时代，在这个世界里，每当你丢了钥匙，你就怀疑闹鬼、有妖魔或发生外星人绑架"。

道金斯所希望的是，我们都应该像科学家一样思考，而且持此观点的远非他一个人。 在 1995 年，纽约科学院主持召开了一次题为"搭上科学和理性的航班"的会议（Gross，Levitt，and Lewis 1996），该会议被认为是号召美国学术界站到"捍卫科学"的旗帜下，这面旗帜是由伍兹霍尔海洋生物研究所前所长格罗斯和数学家莱维特一年前树起来的。 莱维特在会议上的发言热切地希望普及数学思维方法，因为数学毕竟是

> 这样一种智力体操，它严格运用逻辑推理，剔除语言歧义，不用模糊的假设作为前提，禁止偷换概念，蔑视感情用事、文化偏见或道义愤慨……即使很一般的数学教育，其真正价值也应体现在它培养了一种良好的态度，即对学术的浮夸、伪理论的泛滥、吹胡子瞪眼的争吵表现出一定的不安和厌恶。面对光怪陆离的现代生活，它也培养了一种智慧。它有助于清除一个人陈腐、懒惰的思想，摒弃不加鉴别地接受陈词滥调的粗心习惯。（Levitt 1996，47）

在许多关于公众理解科学的策略里，无论清晰还是隐晦，都能找到像科学家一样推理这样的目的。 这个思想并不新鲜：在 1930 年代，美国教育家杜威（John Dewey 1934）强烈呼吁培养儿童"科学的态度"，以指导他们有理性地、有逻辑性地完成日常生活中的各种尝试。

继杜威之后，1972 年美国开始尝试系统地测定后来广为人知的"科学素养"（scientific literacy）水平，国家科学委员会为此发起了两年一度的"科学水平调查"——定量考查人们的科学知识、科学理解以及科学态度的社会调查。 政治学家 J·D·米勒（Jon D. Miller）多年来主管和分析这些调查，按他的话说，例如 1979 年的数据显示，当

被问及科学地研究某一事物是指什么时，只有14%的美国人能给出一个令人满意的答案——这个答案包括通过实验验证并根据实验修正假说的观念（Miller 1987）。这个数字与1957年首次进行这样的调查时达到这个科学素养水平的比例12%差别不大。而且，如果从1979年的14%中减掉没能通过其他测试的人（例如有人相信占星术至少有一些科学性），那么有科学素养的美国人所占总体百分比就会减半至7%。1985年这个数字是5%，在以后的调查中记录了同样的水平。

社会心理学家马丁·鲍尔（Martin Bauer）和斯库（Ingrid Schoon 1993）指出，像这样的调查，其目的是衡量外行人能在多大程度上像科学家一样地思考和知道多少科学家所知道的东西，但这将不可避免地把绝大多数人划为科学盲（scientifically illiterate），理由很简单，绝大多数人不是科学家。不管怎样，这些调查不是为了说明这个简单的事实，而是为了揭示对科学无知的恐惧——人们在头脑中不知道科学应该是什么东西。这个欠缺模型再一次强调了这种观点，这些空空的脑袋将容易吸收边缘科学家（fringe scientists）、大众传媒和其他非理性力量所兜售的反科学，那么就难怪轻信的公众倾心于水晶疗法、金字塔能和《X档案》中的特工莫尔德（Mulder）和斯卡利（Scully）。

不过，这种欠缺模型已经受到了许多批评。最早的批评之一写于1952年，作者是著名的科学史家科恩（I. Bernard Cohen）。在为改善公众的科学教育而进行的争论中，他历数了他称之为谬论的东西。科恩认为，这些谬论中有批判性思维，科学教育没必要反复灌输这种思想，这一点"通过仔细考察科学家在实验室外的生活就能得到证明"。对这个调查的可怜结果绝望的人可能注意到科恩所说的零碎信息谬论："相信无关信息是有用的，如水的沸点……从地球到各种恒星之间的光年距离……矿物质名称"。 科恩也很关心科学主义的谬论(fallacy of scientism),而且认为科学未必是解决问题的唯一途径,也未必是最佳途径。 尽管科恩提出了批评,但他还是支持科学的:他期待有朝一日记者和教育家接受他的挑战,因为"科学无疑能对人类的自然存在做出决定性的贡献"(Cohen 1952)。

除这些批评外,根据社会心理学、人类学和社会学研究者的新近实地调查,这个欠缺模型难以得到经验支持。 他们的结论是,外行人不是顶着个空空的脑袋,他们的大脑充满了解决日常生活问题的智识策略,而科学策略未必是最重要的。 外行人用的智力语言与科学家不同,他们用霍尼格(Susanna Hornig 1993)所谓的"扩大的词库"来工作:外行人远不是用有限的或匮乏的机器操作,而是通过科学、文化、情感、伦理、道义、信任关系和习俗,积聚了大量解决问题的工具。 这些工具虽然小——好比小小的瑞士小军刀之于科学的大军刀——但是它们毕竟刺穿了现实的乱麻,产生了与人们的生活与感受更加密切的解决问题的方法。 这种广阔的解决问题的与境方法是代替欠缺模型的最强有力的方法。 这种与境模型(contextual model)乃是,在他们各自领域内,以各种方式把公众看成层次不同的专家。 据称,如果科学专家在自身领域不仅能像科学家一样思考,而且也能像公众一样思考,那么他们的工作会更有建设性。

5.2 击毙信使

在科学大战中,大众媒体在公众题材的报道上发挥了显著的作用,而且因为媒体内容比公众意见更易接受,所以出乎正派的媒体研究者所料,在某些方面二者已经糅合到一起。 例如,占星术和超常现象通过媒体报道的扩散(这样说是基于传闻轶事上的证据)被认为是公众对这些现象感兴趣，甚至是相信它们有价值的有力证据。在《搭上科学与理性的航班》的引言中，格罗斯为在"令人尊敬的媒体交流"中"胡说八道和轻信"的"广泛宣传"而悲叹（Gross 1996，2）。CSI-COP 的库尔茨声称，"大众媒体不断地用超常现象的现代奇闻向乐于接受的公众进行灌输"，"大众媒体正从事超常现象产品的包装和兜售"（Kurtz 1996，495）。这些看法反映出对科学、公众和媒体间关系的浅薄理解。

首先，大众媒体在科学方面的表现绝对是积极的。据社会学家特拉赫特曼（Leon E. Trachtman）说，公众所见到的是"把科学当作一项英雄般的、与政治无关的、天生理性的事业所作的极为积极的描绘"（Trachtman 1981，12）。科学传播学者内尔金（Dorothy Nelkin 1995）和另外一些人则认为，与其他新闻领域的情况相比，科学新闻记者与科学共同体之间的密切合作使科学报道更加忠实于其内容和受众。这就导致了特拉赫特曼所描述的科学形象——一种忽视了科学知识的偶然性及其社会和政治背景的描述。虽然绝大多数科学家对这种科学形象感到满意，但是这也存在危险。正如古德斯坦（David Goodstein）在"搭上科学与理性的航班"大会上致辞所言："我认为我们科学家在宣传，或至少默认我们自己被美化但是虚假的公众形象上犯有过错，因为从长远观点看，一旦公众发现我们的行为与这种形象不符，将会真的带来麻烦。我喜欢称之为贵族科学家的神话……理想的科学家应当比凡人更诚实，肯定不会有诸如自负或个人野心这样的普通缺点。当事实终有一天证明，科学家根本不是那么回事时，不难理解可能被我们误导的公众会作出愤怒或失望的反应"（Goodstein 1996，37）。

其次，暗示公众的兴趣依赖于媒体行为的看法实际上是假定媒体有能力替轻信的公众树立信仰和态度。这不是让多数媒体影响研究者感到舒服的说法。正在进行争论的关于媒体暴力对观众的影响和媒体政治对投票者的影响表明，在对人与媒体之间复杂的互动关系给出一些结论性的洞见之前，这样的研究还有一段路要走（Gauntlett 1995）。对于公众与超常现象，媒体影响说倒让我们无需费神研究公众对超常现象的态度：我们只要用媒体材料的量作为标尺就可以了。不过，这种媒体影响说也能推翻我们的方法，原因是，如果媒体对超科学可以用强大的宣传攻势来说服公众，难道公众唯独在真科学（real science）的更多媒体宣传面前毫不动摇？即使英国小报也要在每个占星术专栏登上 5 篇左右的科学文章；如果媒体的影响力的确强大，那些理性的科学文章也同样具有说服力。

因此，只是在媒体产品中呈现出来的信息或看法并不能很好地反映公众的知识或意见。在科学大战中，当库尔茨说"事实上每家大报上都有一个占星术专栏"时（Kurtz 1996, 495），尽管他的说法没有错，但是他的观察无法告诉他人们对这些专栏的反应如何。例如，最近的一项研究表明，虽然有高深科学知识的人不大愿意相信占星术，但科学知识与占星术信仰之间的相互关系在低水平知识层面上就没有那么一清二楚——在此，对科学知识知道得多一点未必就会使某人对占星术更加怀疑。这项研究还发现，在一个针对 2000 名英国成人的抽查样本中，73% 的人说他们读过天宫图，但只有 6% 的人说他们把占星术当回事（Bauer and Durant 1997）。如果美国总统在政治咨询中求助占星术，那才叫人震惊。令人欣慰的是，大部分公众也许没那么愚蠢。

另一个相关问题是，大众媒体在多大程度上创造了而不是反映了大众文化。当然，大众对超常现象的兴趣并不是媒体的杰作：鬼怪故事与算命向来是盎格鲁—撒克逊文化的特点，其他许多超常现象也是如此。天宫图在英国报纸上首次出现是在 1930 年，《星期日快报》(*Sunday Express*)把它们作为对新生公主玛格丽特(Margaret)的报道的铺垫；占星术在 1930 年代泛滥，当时的政治与社会动荡使人民担心自己的未来，但这并不是英国的反科学时期，诸如科学家兼科普作家霍尔丹(J. B. S. Haldane)、霍格本(Lancelot Hogben)和贝尔纳(J. D. Bernal)的成功就证明了这一点。类似地，英国战后报纸上占星术专栏的盛行更多的是缘于 1951 年《魔法法案》(Witchcraft Act)的废止，而不是公众态度转变到反科学上——科学在战后也广受推崇。无论如何，这种对占星术的兴趣既不新鲜也不是报纸所挑起的：从古到今都有人去集市小摊和郊外小店拜见占星术士，现在的唯一差别是没有人再对此偷偷摸摸。在描写苏联公开化时期结束时，卡皮查(Sergei Kapitza)写道(Kapitza 1991)，"科学社会主义"的垮台所引起的社会剧变已经引发了对极端神秘主义和超常现象的迷信。但可以想一想，苏联的瓦解在多大程度上暴露了而不是创造了公众的兴趣。

5.3 清点死者……

到目前为止，我们的评论是把公众理解科学当作一个研究领域，而不是作为外行人头脑中的一种现象来予以关注的。所以，科学大战作为一个事件对公众理解科学的影响，与疯牛病或美国航空航天局(NASA)的"火星"陨石这样的事件对公众理解科学的影响有何不同吗？我们还没有系统地研究这种现象，但我们怀疑在这种意义上，科学大战对科学的公众理解没有一点影响。公众没有读《社会文本》，甚至只有一小部分公众读《纽约时报》。在英国，虽然科学大战上了因特网，但是只有因特网用户才知道去哪里看。索卡尔可能在《卫报》（Guardian）增刊的版面上向英国公民微笑，可是事实上没有人注意到。

然而，这并不是说科学大战作为一道公共关系试题失去了价值，因为它的公众不是笼统的公众，而是具体的公众，在这个微妙字眼的许多定义下，很多根本算不上"公众"。当莱维特呼吁更多的人来理解数学的乐趣和作用时，他明显是在要求"同行知识分子"和"更广泛的知识团体"来理解它——这里关注的焦点是校园内的那些人，而不是校园外的那些人。当医学教授桑普森（Wallace Sampson 1996）对另类医师表示担心时，与另类医师可能对他们的病人做什么相比，他更关心另类医师抛弃的医学正统。有那样一些人，他们的同情、体验和见解越过学科边界，他们公开提出一个更深刻、更复杂的科学图景。虽然我们怀疑这个图景更接近真理，但是由于深奥和复杂，这个图景在科学大战中作为会战的宣言还不太理想。有点遗憾的是，争论的心态使这场战争的第一轮伤亡变得微妙。

但是，在决定科学的公众理解方面，甚至有霍尔顿社会情结的人也可能低估公众而高估特别事件的影响。例如，对史密森学会（Smithsonian Institution）1994年举办的题为"美国生活中的科学"的展览，霍尔顿和另外一些人表示了相当大的关注，他们认为该展览是反科学的，会引起参观者的反科学情绪，但这种关注无异于抱薪救火。关于"美国生活中的科学"的争论，确切地说，是围绕着公众这块主阵地的科学大战战场之一，他们这样做是因为这个展览展示了科学的社会和历史背景，也就是说，这正是一种公众体验科学的方式。例如，一个展览显示化学家为如何将一项发现投入市场而争论，而另一个展览显示美国家庭如何应对核战争威胁。物理学家帕克（Robert Park）反对这种科学的与境展示，他要求一种完全不同的展览："它是一种揭示问题的科学，而且我们要借助科学才能解决问题。不是因为科学家个体有更高的智力和品德，而是因为科学方法能够抛开意识形态、骗局或愚昧，从中找到真理。人们需要理解而不是被告知的是，我们生活在一个受自然规律支配的理性的世界中。为了人类的利益而发现这些规律并利用它们是可能的"（Park 1994，207）。帕克担心观众会带着这样的印象离开："西方文明负有深重的罪孽，而科学作为权力结构的奴仆，必定要承担大部分罪责。"（207 页）

博物馆馆长弗里德曼（Alan Friedman）参观了这次展览。他从另一方面注意到，公众对科学的关心是随着科学家的成就而表现的；展览涉及**美国生活中的**科学，因此对它的态度必然既有保留也有称道："与 1939 年世博会大帐篷里所呈现的关于科学社会的近乎乌托邦式的早期观点相比，今天公众对美国生活中的科学有一个更审慎的态度，我发现这一点是难以置疑的……不过，无论（"美国生活中的科学"中）是否包括更为积极的案例研究，这次展览仍将难以解释，美国公众的态度如何发展成今天对科学成就的尊重，同时却又夹杂着对一切问题都可以根据社会的需要而'用技术解决'的怀疑"（Friedman 1995，306）。弗里德曼还注意到"'美国生活中的科学'确实做了很大的努力，把科学家描绘成关心人类、努力做一个好公民和帮助困难同胞的人"（306 页）。科学传播学者莱温斯坦（Bruce Lewenstein）说，不仅史密森自己的研究表明，参观者无论在参观前还是在参观后，对科学的态度都是"极其积极的"，而且批评过展览的许多评论员也承认普通参观者没有说这次展览是消极的。

那么，尽管有人担心，但是公众并没有马上就去想科学与科学家的最坏之处。当关于公众理解科学的欠缺模型把大脑空空、容易上当受骗的人们当成了祭品，以为科学和反科学的阵营哪一个叫得响，他们就会冲向哪一个阵营时，这个与境模型提醒我们，大脑空空的人很少，二者相差甚远，而且公众正在构建科学的图景、对科学的态度和有关科学的知识，这个构建过程贯穿在他们在自然和技术世界里的漫长生活中。在这个世界里，学校教师、祖父母、牙医、图书、商业贸易、食品包装、小器具手册、朋友、意外事故、天气、医院等等都在对公众理解科学做出贡献。调查反复表明，公众对科学的理解是非常积极的。虽然英国观众最近喜欢上《X档案》第100集，但是在对公众理解科学的纷繁复杂的影响因素中，即使这100集加起来也不过是沧海一粟。

5.4 ……为生者做准备

在别处我们也讲过，我们可以从科学大战中的公众这一面，以及从公众科学的社会历史研究和有关公众理解科学的社会历史研究中，吸取实际的教训，并且我们已经试着把这些教训汇集成"公众理解科学的科学交流协议"（Gregory and Miller 1998，242—250）。这个协议提出，科学传播应该是科学共同体与公众之间的协商过程。这意味着科学家必须抛弃这样的观点，即他们所必须做的仅仅是塞满公众那空空的脑袋。相反，他们应该把传播局面看作一个相互了解的过程，一个动态的、不同群体求同存异的信息交换过程。在讨论和确定公众从科学中需要得到什么时，这种交流也向他们暗示：如果公众没有准确地说出这些需要是什么，那么他们不可能指望这些需要会得到满足。

我们也有理由认为，科学与公众之间关系的关键是信任，这种信任是通过相互理解、相互妥协，而不是通过权威或事实的陈述来建立的。虽然科学有权捍卫它在我们社会中作为"可靠知识"提供者的角色，但除此之外，科学家需要明确指出科学的一个主要特点是它自身固有的暂时性。对于正在形成的科学领域，这种暂时性是科学知识的**本质**特点。我们认为，科学信息的传播必须适当考虑构成传播背景的各种社会因素，包括那些已经融入知识结构的（经常被否认的）社会因素、目标受众已经具备或能够接触的知识和信仰。唯有这种科学传播才有助于公众参与重要科学问题的讨论。

科学事业的高度职业化在所难免。但同时，由于科学结果通过改变信仰、实践行为或生活方式而对公众产生影响，所以科学结果也愈来愈社会化。因此，科学家有义务尽最大努力解释他们的工作，并将科学的潜力、局限性和实用情况公开。作为公民，他们也有义务在私下和公开场合警告人们不要对自己的工作进行滥用。当然，他们最好这样做。

不过，最终支持什么研究、怎样利用这些结果的问题，应该——而且必定——由公众来决定。这不仅使科学共同体和职业传播者，而且也使公众负有更大的责任。如果公民要履行这方面的责任，那么他们收到的科学传播就必须经过设计，以利于他们参与讨论和决策的社会过程，至少当科学知识具有暂时性和可能具有争议性时应当如此。但是，如果设计的传播形式使公众对神秘的穿白大褂者产生敬畏，这也不是我们迎接 21 世纪的挑战所需要的。

5.5 和平条款

我们在本章开头曾指出，关于公众科学知识和科学态度的调查一致表明，虽然知识水平可能不如科学家期望的那么高，但科学态度不大可能更为积极。由此看来，无知未必导致反科学态度。在科学展示中加入社会元素，如"美国生活中的科学"展览所做的，以及媒体伪科学（media pseudoscience）如《X 档案》，似乎也都不会损害公众对科学家的理解。假如损害了，会有更多的正面事实来平衡这个图景。通过强调科学发现的与境，突出科学事业中人的因素，这种对科学的更为社会性的诠释更易为人们所接受，而且能巩固科学在更宽泛的文化领域中的地位。

科学的巨大社会影响，比它在公众群体内获得一个突出地位更重要。假使科学家在乎这样一个地位，那么他们也可以与那些能提供一些专业帮助的人一道，承担起公众理解科学这一重要的社会事业。公共群体是一个社会学概念，对它的运作方式社会学家最清楚；而向公众传播要数媒体做得最有效。毫无疑问，公众理解科学为科学家、社会学家和媒体提供了联姻的机会。当然，由于这些群体各有各的任务，与任何关系一样，这种彼此存在差异的三头组合只有在不断的妥协和协调中才能发展壮大。不管怎样，它的巨大潜力表明值得为之努力。

6 一个研究案例的生涯

彼得·R·索尔森

我真是走运,在研究案例中度过了我的整个科学生涯。

我是一名引力波物理学家。自 1981 年研究生毕业以来,我就一直从事寻找引力波(gravitational wave)的研究。爱因斯坦 1916 年前后提出引力波的概念以后,它就成为有待证实的匪夷所思的现象。当我进入这个领域时,许多先行者已经开始了对引力波的探索。现在,我们这个领域有数百人之多。人数增多,是因为探索可能成功在望,接近成功就会带来兴奋。还有一个原因是,最有希望成功探测到引力波的方法是激光干涉测量术,它非常复杂,要想成功的话就需要一个庞大的团队。

因为这个领域很有可能出现几个令人激动的科学成果,所以我和我的同事都被吸引过来。首先,如果能够验证爱因斯坦广义相对论中的这个关键概念,那将有助于加深我们对引力的理解。其次,引力波的成功探测将会自然而然地为我们提供各种各样的新信息,这些信息涉及产生这种波的遥远而奇异的天体,如中子星、超新星、黑洞,还有可能涉及大爆炸本身。换句话说，我们希望从研究有趣的物理学转移到研究有趣的天文学。

但是不得不说，在对我们的工作感到自豪和兴奋的同时，有时也不可避免地掺杂着在探寻之初遇到的类似于尴尬之类的情绪。1960年代早期，韦伯(Joseph Weber)开始了对引力波的积极探寻。60年代末，他探测到了在两个相距很远、互不干扰的铝制圆柱体上同时发生的微小激发，他宣称获得了成功。

对韦伯所声称的结果，不同的科学家持有不同的态度。一些人不相信这些说法，因为产生韦伯声称见到的那种强度的信号需要巨大的能量，要释放这些能量将足以耗尽银河系诞生以来所有的物质。另一些人则兴奋不已，因为不管怎样，这种戏剧般的事似乎就要发生了。多数科学家一致感到这个结果难以自圆其说，韦伯所称的现象还需要继续研究，要么否定它，要么沿着这条路找到全新的知识，这条路看上去就是引向全新的知识。

1970年代中期，人们建立了几套与韦伯实验设备相似的设备，并进行实验，结果一无所获。当为这种矛盾的结果寻求解释时，导致了与韦伯言词尖刻的辩论。最后几乎所有的参与者都得出结论，引力波根本达不到可探测的水平，尽管韦伯的说法与此相反。一直到2000年9月去世，韦伯也没有被说服，他继续记录他认为支持其观点的数据。

一些参与此事的人变得灰心丧气，并离开这个领域，转而从事其他工作。另一些人相信在探测这个他们确实所期待的十分微弱的引力波方面，他们可以做得更好。后者变成了几年后我加入这个领域时的中坚力量。

提出科学假说，尝试重复实验和最终解决假说，这样一个戏剧般的事例具备科学实践中一个完美试验的一切元素。毫无疑问，它引起了科学社会学家柯林斯的极大关注，他对事件的绝大多数当事人进行了一系列紧锣密鼓的访谈，准备再现这个历史过程。他总结的教训构成了他的许多出版物的基础(Collins 1975, 1981d, 1992)。

在柯林斯初次介入此事许多年后，我才知道了他的工作。一个来访者告诉我，听说我研究引力波他很惊讶，因为柯林斯 1985 年出版的《改变秩序》(*Changing Order*，1992)一书留给他的印象是，这个领域没有前途了。这显然是对该项工作的误解，但是无论如何我感谢他促使我读了这本书。从录音带上听听这个令人困惑而又戏剧般的事件的当事人发表各种观点，对理解科学很有帮助。

一个科学上保守的学生可能发现，韦伯事件所呈现的情形有力地证实了科学方法的标准模式。验证的努力失败了，所以放弃当初的说法。柯林斯对该事件作了一个极富挑衅性的解释。他注意到，几年来，按照韦伯设想的探测方法，当否定的结果开始成堆出现时，却并不清楚谁的实验出了问题。事实上，如果从实验得出了不同的结论，科学将怎样发展？柯林斯认为这是前沿研究的一个通病，并冠以"实验者的退化"(Experimenter's Regress)这一雅号。按这种说法，我们不可能仅仅根据客观标准判断到底哪一个实验更能说明问题。因此，实验无法为解决争议提供确切的方法，反而只能加剧外在的矛盾。相反，柯林斯说，必须通过一些外部(亦即社会)事件的发生才能催生一致的解释。确实，在韦伯事件中，不难将某个有关科学家所做的挑起争端的工作指认为引起观点混乱的事件，用以催生这样一个观点，即韦伯的实验是错误的。

对实验作为科学上客观准则的来源持贬低立场没有为柯林斯在科学家中赢得几个朋友，对此不应太感吃惊。然而，事实上我却喜欢他这个立场，因为它道破了许多实验人员心知肚明却不愿承认的事实：实验事实上很难做好，知道什么时候你已经做对了并且不用再寻找错误同样极其困难。 但是我找到了另一些想法来反驳柯林斯关于科学是怎样进行的理论。 特别是，他对智识争论的本质一言不发，虽然这种争论伴随着催生科学结论的社会过程。

所以我给他写了一封信。 这种事我以前几乎从未做过。 但是使我好奇的是，在他的笔记本里记满了他与我的资深同事的访谈。 我还以为，如果某人已经认识到实验人员的忧虑，那么我们在科学过程如何起作用上的分歧也许是可以探讨的。

柯林斯写了回信并指出，他很快就会去拜访他在纽约伊萨卡（Ithaca）的同事平奇，离我家雪城（Syracuse）不远。 我们在那里开始了彼此之间的友谊，并建立了职业上的联系，一直保持到现在。 据我了解，为了密切注意韦伯事件的“幸存者”和追溯干涉仪的优势地位，柯林斯又一次捡起了探测引力波的故事，这意味着可能不久就要结束争论，掀开常规科学的新篇章。 自从首次会面以来，我们在 LIGO 项目（与我有关的一个实验）的会议上有过许多次交谈。 我们的关系既是社会学家与被调查者之间的一种不对称关系，又夹杂着我们在争论科学事业的本质时的一种更为对称的关系。

柯林斯把自己说成科学家，他的研究对象是科学的社会过程。这种说法显示了对科学家的同情，但是如果读他的作品的读者太漫不经心，就可能（有失公允地）怀疑他缺少这种同情心。 这使他在科学家的位子上也不安稳，因为他的受试者和他顶嘴。 作为一名物理科学家，我很高兴不用担心我的职业行为会损害我所研究的系统的利益。 我也很高兴我的实验对象不会说我的工作完全做错了——我常常可以靠同事来充分保证我诚实地工作。 柯林斯要应对两方面的问题，一是自己的受试者，二是来自同事的批评。

作为后者的一个例子，他对韦伯事件的解释遭到了富兰克林(Allan Franklin)的挑战，这位原来是物理学家，为科学史的保守解释而辩护。针对早期引力波探测史的柯林斯诠释(和方法论)，富兰克林写了一篇批评文章(Franklin 1994)。他说这个事件是一个实验证据决定科学问题的经典事例。在同时发表的反驳文章中，柯林斯(Collins 1994)坚持认为它需要一个更加深入的解释。他当然不否认科学家解释证据的方式的合理性。但是他认为，**需要**解释的不仅仅是证据。一个所谓"科学方法"的简单算法过程不能强迫实验结果只有一种单一解释。确切地说，实验意味着有几种可能的解释，这就埋下了对结果产生争议的种子。为了找到最终被认为正确的解释，这个寻求共识的神秘的社会过程开始了。

这个问题不是一个单纯的学术问题。我们这些引力波探测的亲历者不得不对我们这项工作的历史形成我们自己的解释。我们对自己工作价值的评价依赖于这样的解释，从我们天天做出的科学选择的有效性到我们认为我们的工作有价值的合理性，我们的研究领域对得住国内外的纳税人为支持我们的工作而提供的为数不少的资金。为了挽回我们的领域因不实之词而受损的名声，作为科学家我们需要格外谨慎，这也是人之常情。另外一些人认为相反，对过去所谓的罪孽积郁太深会让人谨小慎微，而探索对勇敢的青睐则胜过谨慎。往事仍历历在目；1970年代的事件参与者还健在，并且许多依然活跃在这个领域。但是必须说，这场争论的水平与其说是一锅滚烫的开水，不如说是一锅温吞水。事实上，日久天长，这个事件很可能被湮没掉。

在活跃的科学家中间，柯林斯的新形象还有待于这个团体充分消化。到目前为止，他已经有意恢复与早期老知情人的联系，而且在他的被调查者圈中，年轻人逐渐也被包括进来。 老知情人终于相信柯林斯，是因为他比较客观，而且承诺保护被调查者的身份。 因此，即使他们可能对他的许多解释不以为然（在许多情况下可能对所有的解释都不以为然），但他们对他的存在并不反感。

与我们的看法或我们的价值观不同的人交流太多可能导致一些困难，这个圈外的多数人对此通常持一种冷眼旁观的态度。 一方面，这只不过是有原则性地怀疑某人，因为他挑战了实验物理学家视为至爱的事物的价值：实验本身。 另一方面，这是憎恨（一个同事清楚地对我说）像一只实验鼠一样被对待，因为他生活在这样一个系统内，随着它变得更大，更成功，它就削弱了许多参与者的自主性。 如果我们致力于一项计划，它的科学风险和物质代价对我们领域内外的人来说同样熟悉，那么有头脑的科学家也一定非常担心有什么令人尴尬的事可能被捅出来。

因此，我期待着柯林斯与其受试者的关系中某些最有趣之处自己浮出水面。 随着他更加广为人知，个人怀疑将几乎确定无疑地要慢慢褪去。 但是随着有主见的被调查者人数的增多，在关于科学本质的问题上，他可能会遇到许多一对一的激烈辩论。

但是，甚至还当柯林斯不得不全力实施他的计划，试图把我和我的同事作为他的受试者时，他自己以前的工作已经使他成为大众热烈讨论的一个话题。 在美国物理学会的月刊《今日物理》上，康奈尔大学的默明为"参考系"专栏撰写了几篇文章（Mermin 1996a，1996b），批评柯林斯和他的康奈尔同事平奇的《勾勒姆》一书（1993）。

《勾勒姆》是这样一部作品，它旨在向普通读者介绍柯林斯和平奇所从事的科学知识社会学的基本思想。 它的主要观点是，科学不是一个自动的、绝对无误地产生真理的过程。 确切地说，它是一个非常人性化的社会过程。 通过其实践者的熟练行为，它比其他任何已知的过程能更有效地积累有用的知识。 柯林斯和平奇讨论了他们工作中的许多案例研究，以此说明在任何一种情况下，科学进步来自一个比简单、机械地运用实验复杂得多的过程，要在几个相互竞争的假说之间作出决断。 有一章是关于早期引力波探测的，它选自柯林斯以前的著作。 不过，受到默明详细批评的案例研究讨论的是狭义相对论建立的历史。

必须注意到，默明对《勾勒姆》的评价远非全盘否定。 但是关于这个主题，在他的首篇专栏文章中，他的确发现了该书关于相对论的章节中有许多内容是可商榷的。 中心问题是，说明相对论不是简单建立在一两个"判决性实验"上的后果是什么，特别是爱因斯坦能用妙语（"上帝难以捉摸，却并不邪恶"）撇开 1921 年戴顿·米勒（Dayton Miller）声称用迈克耳孙—莫雷（Michelson-Morley）实验测出了微小的以太漂移效应的意义是什么。 默明说柯林斯和平奇留给读者这样一个印象，即实验对物理学没有重要的引导作用。 默明说他们应该改说成，科学理论的实验支持不是来自一两个判决性实验，而是来自一个由实验、理论和解释组成的"挂毯"。 这样得到的相互关联的推理结构是如此富有弹性，以至于单一环节的缺陷很少与科学研究的结论有关。

柯林斯和平奇回信的刊出，导致了默明专栏中更多的讨论，似乎有点白热化，有时甚至需要通过协商达成和解（Mermin 1996c,1997；Collins and Pinch 1996,1997）。 我自己的理解是，这种战斗是虚张声势。 判决性实验的观点是一个易受柯林斯和平奇攻击的靶子。 反过来，他们对那种范式失灵的证明，显然给一个寻求理解科学过程的外行读者的印象是，它是一个不够深刻的见解。 这正是默明的挂毯论的观点。

但是，存在深刻的分歧吗？ 我认为情况并非如此。 在《改变秩序》（Collins 1992）中有一章题为"网络中的科学家"，整整一章都在解释，为各自观点辩护的人们是如何通过协商达成一致思想的，而这些相互关联的思想则构成关于我们这个世界的知识。 这种观点与默明的所谓"挂毯"观点有何不同？

如果说存在争论的话，那么这场争论剩下的问题似乎是，描述这个过程所用的语言是否强调人们在努力把许多知识片断整合到一起，或者所用的语言是否强调持不同观点的人正试图做这种整合工作。所有物理科学家更愿意讨论思想界发生的行为，而社会科学家喜欢把这种行为描述成社会行为。

使用不同形式的语言，似乎是松散地汇集在科学大战旗帜下的许多争论的根源。 我明白这一点是缘于我在雪城大学帮助组织一项活动，让索卡尔和一个由人文学家组成的座谈小组讨论他在《社会文本》上的恶作剧文章。 大半个下午，小组成员做了各种努力来实事求是地看待此事。 虽然每个人的发言都经过充分的准备，但我悲哀地感到大家都在各执一词。

当我们请台下的听众提问时，这个下午的关键时刻到了。 一名英文专业的研究生站起来，带着明显的愤怒问索卡尔："你的语言理论是什么？"当她坐下时，索卡尔吞吞吐吐地寻摸答案，显然没理解这个问题的意思。 这个问题只能搁置，这次会议也慢慢收场。

只是在许多星期后，我才明白这个问题的意思是什么，而且为什么问到了点子上。 在索卡尔的诈文中，关键的行文策略是，为了其真正的目的，去分析索卡尔希望讥笑的人所写的一个脱离上下文的单个句子。 如果他是在批评一篇自然科学方面的文章，这反倒可能是评价文章有效性的相当合理的方法。科学著述往往具有数理证明的特点，如果能证明一个关键句子是错误的，那么整个立论就不成立。这种语言在科学领域以外却不太常用（哲学除外）。在习惯于另一种阅读风格的人眼里，索卡尔的伎俩是恶意偏离被抨击作品的要旨。但是他和多数与会的其他科学家（包括我在内）甚至都没有听进去这位提问者的质疑。

除行文上的骗术外，索卡尔事件的核心还有另一个语言使用上的问题。像其他许多事情一样，让索卡尔和许多别的科学家感到不快的是，那些"不配"使用科学语言的人在滥用科学语言。可以看到，伴随这种语言的使用而来的是一种权威，而这种权威不是来自经过如此乔装打扮的观点的内在逻辑。

与索卡尔事件产生的苦涩相比，默明挑起的与柯林斯和平奇关于语言的讨论既有语气的平和，又有思想的启迪。至少在本例中，也许可以认为社会科学家（"非科学家"）使用了更准确、更科学的语言。虽然事实与观点的挂毯是一个漂亮的比喻，但是人们之间的协商是一个能被客观地观察和描述的过程。

如果对科学过程的描述不总是把有争议的特定科学思想放在一个突出的位置，那么我的多数同事不喜欢这样的任何描述。我们非常怀疑那种认为作为科学家，我们的"利益"会影响我们的判断的观点，也非常怀疑可能持有这种观点的人的动机。我们怀疑有隐藏的（甚至是公开的）目的，特别是政治目的。

在柯林斯调查引力波实验当事人的过程中有一个小插曲帮助说明这一点。在我们的私下讨论中，柯林斯有一次问我是否读了韦伯最近写的几篇文章中的任何一篇。我没有读过，而且笑着承认。柯林斯向我解释说这完全正常，然后我们对不太正规的科学交流方式进行了有趣的讨论。我的一个同事对柯林斯在这方面的兴趣有不同的看法。柯林斯曾在一次科学会议上散发了一份调查问卷，这位同事对其中关于期刊阅读习惯的问题感到不快。"他要证明什么？"他后来问我，"难道我们就这样对证据视而不见，编造我们想要相信的东西吗？"

这种防范性的态度，部分地可看作对不得不与局外人交流向外行公众解释科学的工作表示不满。多年来，科学家一直垄断着这项解释权。对在公众面前的形象失去控制，是令人不快的。但是，因为同样有足够多的因政治原因而激起的对科学的误解，所以有理由认为，科学家被善妒和无知的敌人包围着，如果我们允许他们伤害我们，他们就会伤害我们。为了支持各种善意的社会计划而呼吁科学"民主化"，已经成为某些圈子内讨论科学的固定话题。〔见《社会文本》"科学大战"专号上的一些文章（重印于 Ross 1996a），其中发表了索卡尔的那篇恶作剧文章。〕

不把柯林斯与后来的这种运动区分开是有害的。物理学家需要学会更加细致入微地阅读社会学著作。当他们通过"协商"接受一个新思想时，柯林斯把它归因于科学家在网络中的"利益"，在很大程度上，这种利益正是默明所描述的同一个过程的人性化体现，他把它看成科学"挂毯"中个别细线的行为。只不过，事实上科学是由人而不是细线来做的。所以把细线看作人，我们就能直接研究他们的行为，而不只是通过类比。当科学家个体基于利益而非纯粹学术的立场行事时（绝大多数科学家了解这种情况的存在），这种情形可能有助于更加深刻地理解我们称之为科学的这个含有社会因素的过程。

与此同时，在"酝酿"实验的解释时，如果"有关"各方之间的"协商"讨论能够表达得更清楚一些，使各方关切的基本**智识**本质更加明了，那么这将会丰富柯林斯和其他一些人的工作。要让所有相关人员都正确理解诸如"实验者的退化"这样的概念，还有一段很长的路要走。

最后，由于我们的好奇心不同，各共同体之间也许总会存在一些难以避免的紧张关系。物理学家最容易对他们的科学研究对象感到好奇，而对他们从事科学工作所处的这个世界的社会结构不太感兴趣（除闲聊的形式外，这很普遍）。就我们对科学如何起作用的兴趣而言，它涉及尝试理解科学取得惊人成功的原因，过去几个世纪科学成功地建立了一个更加深刻的自然世界的图景。在寻找对这个成功的解释时，我们倾向于寻找一个简单的总原则，例如，科学通过寻找最简单的可能解释而获得成功的原则。我本人已经竭力向柯林斯陈述了这样的原则，虽然不太成功，但是并非我一个人这样想。

另一方面，柯林斯对科学的长远进步几乎不怎么感兴趣。他的兴趣在于研究作为人的科学家日复一日在答案不确定的前沿工作中有什么样的行为。当然那儿有许多东西要研究，而且我认为通过柯林斯的工作我已经了解到一些有趣的东西。

我同事的沮丧感来自这样的一种感觉，柯林斯恰恰是在我们认为对的这一点上没有兴趣[15]。我们知道，我们作为可能犯错的人一天一天在摸索。我们战斗的自信和自尊来自我们一次又一次的认识，正是像我们所从事的这样的过程导致了进步。在现代科学史中，作为一个整体的科学共同体很少在一个较长的时期内被误导。

相比于科学的进步，作为社会学家的柯林斯，对科学的争论更加感兴趣。非常容易理解为什么可能是这样。当证据确凿时，就不再存在"实验者的退化"。所有参与者的行为都受这种清晰明了的证据驱使，且不再存在有趣的争论或紧张情绪。

但是按照一种社会学观点，这种令人讨厌的事态可能恰恰是最有趣之处。柯林斯在描述有利害关系的科学家网络时，认为他们在科学讨论中不仅引入了科学自身的"内部"问题，而且引入了社会的"外部"利益。在维护充满活力的科学家共同体（并且以极大代价支持它）方面，这个社会利益的形而上学问题当然值得探讨。对一个能不断成功地产生新知的科学社会结构的维护最终产生影响的难道不是这种强烈的社会责任感吗？难道一个科学体制对所谓的社会需求奴颜婢膝，为政治的心血来潮而篡改科学知识，最终就不损害这个更大的社会吗？我在这儿描述的反馈环显然是极大的简化，在科学与更大的社会之间存在着一系列极其复杂的相互影响。不管怎样，这儿存在一系列的社会或历史问题，它们涉及科学家本身最引以为豪的行为。

7 与社会学家严肃地交谈[*]

N·戴维·默明

7.1 重访相对主义的勾勒姆

几年前我在《今日物理》的"参考系"专栏上发表了两篇评论性文章(Mermin 1996a，1996b)，批评柯林斯与平奇在《勾勒姆》(1993)一书中对待狭义相对论的方式，因为他们关于科学知识社会学案例研究的著作的目的在于告诉一般读者"关于科学你应该知道什么"。 这两篇评论引发了"读者来信"专栏的两轮争论(Collins and Pinch 1996；Mermin 1996c；Collins and Pinch 1997；Mermin 1997)。 我也通过电子邮件和面对面的形式与这两位作者进行了多次交流[1]。 最近，柯林斯与平奇在《勾勒姆》第二版(1998a)的长篇后记中对这些争论进行了反思。

回顾所有这些争论，令我感到惊奇的是，我们之间的不一致比我们在那时看上去的要少很多。 换句话说，令我感到吃惊的是，我们彼

＊ 我对本书的撰文工作，受美国科学基金会的支持(资助号 PHY9722065)。

此之间原先对对方观点的误解是如此之多。例如，现在我认为是一个相对不重要的事情，在过去我却认为是一个核心问题：科学知识的建构应被看作一个发现自然界是如何运行的过程，还是科学家之间达成一致意见的过程。我越来越接受这样的观点：人们在某一种语言环境中提出的所有论点，都可以在另一种语言环境中找到与其相对应的表达形式。这两种观点可以在基本的形而上学问题上导致尖锐的对立——例如"电子是真实的吗？"它们还会对科学的本质产生极其不同的表述。但是，这些不同观点所带来的唯一实质性的结果是论点的选择，它们促使不同论点的拥护者去研究，并且进一步强调科学研究的过程方面。这些区别虽然重要，但是，它们不能作为任何人怀疑他人的合理信念或良好判断的基础。

我将怀着我们彼此之间的误解可以避免的心情来重新审视我们关于相对性的争论，看一看在我与巴恩斯和布鲁尔（Mermin 1998a；Barnes 1998；Bloor 1998；Mermin 1998b）最近围绕他们的教科书《科学知识》（*Scientific Knowledge*，Barnes，Bloor，and Henry 1996）所进行的争论中，哪些遗留下来的不同意见依然存在，并且对双方论点中的许多相同之处给予更多的关注。

7.1.1　无偏见，但造成危害与被曲解？

我对柯林斯和平奇的误解始于对《勾勒姆》一书第二章的标题"'证明'相对论的两个实验"所进行的批评[2]。我把给"证明"一词加上具有冷嘲性的引号理解成它是在说：我们将告诉你那两个被说成是已经证明了相对论的实验，但是，实际上不存在任何证据。然而，在我们后来的讨论中，这个问题变得更清楚了，柯林斯和平奇的目的不是怀疑相对论，而是怀疑这两个实验，即迈克耳孙—莫雷实验和阿瑟·爱丁顿爵士（Sir Arthur Eddington）的日食观察，是否像物理学界传说的那样为相对论提供了非常有说服力的支持。他们使用这一引号的目的是，要指出对这两个实验的权威性应该持保留态度——而不表示对相对论本身的怀疑。

然而，当我阅读到这一章的标题时我就作好了思想准备，预计会看到这样一种论点，即相对论的正确性是建立在其有效性令人怀疑的两个实验的基础上的，我发现要理解接下来作为支持这种解释的内容并不难。例如，在该章的第二段，作者告诉了读者有关相对论物理学方面的一些令人惊奇的基本事实，他们采用"假如爱因斯坦的观点是正确的"和"假如这个理论是正确的"等不同表述方式来介绍这些事实。在我看来，这些限制条件暗示着，读者应该对相对论是否正确持一种开放的态度。柯林斯和平奇在1996年写给《今日物理》编辑的信中解释说，在他们自己的心目中，他们将那一阶段的描述已经定位在相对论的真理性还没有明朗化的较早时期：现在时的"是"（"are" and "is"）应该使用过去时（"were" and "was"）[3]。

在第二版的后记中，柯林斯和平奇也承认，"如果把这本书当作试图对相对论的正确性提出质疑来阅读，并且好像它确实如此，那么它就会给出一种具有破坏性的、引起人们误解的结论。然而，那并非我们想要做的。"（Collins and Pinch 1998a，163）现在，我认识到诸如此类的用语不是要向读者暗示相对论的基础是不稳固的，我后悔我曾经那样理解，因为这样一来分散了我们对那些真正的问题的注意力。然而，即使在那时我也没有像柯林斯和平奇所认为的那样，指责他们抱着"反对相对论的偏见"（Collins and Pinch 1996，11）。他们是否喜欢相对论是无关紧要的，但事实上，我本人在1996年的文章中注意到他们把相对论描述为"优美的、可喜的、令人惊讶的"成就（Collins and Pinch，1993，54）。我抱怨的不是他们证明了相对论是错的，而是他们对最初 30 年积累起来的支持相对论的证据所进行的描述是不完善的，以至于他们在零碎和肤浅的证据的基础上得出相对论直到 1933 年才为人们所接受的结论。

现在，正像柯林斯和平奇在后记中所澄清的那样，他们并不打算论证人们是在不稳固的基础上接受了相对论，而只是要说明早期积累起来的说法，对相对论被接受的过程只给出了一个肤浅的解释："我们试图做的是论证在相对论的确立方面，科学家对公众所说的大部分是错误的"（Collins and Pinch 1998a，154）。如果将"大部分"换成"许多"，我会赞成这一结论。如果《勾勒姆》中有关相对论的这一章被表述为只不过是揭露两个"判决性实验"的神话，我对它也没有多大意见。

但是，尽管柯林斯和平奇（Collins and Pinch 1997）曾经声称这是该章的主要目的，不过，人们很容易将其理解为他们是在有关科学知识的本质上提出了更强烈的主张。因为除了这两个实验之外，他们竟然几乎没有对这一时期任何其他严肃地对待狭义相对论的研究给予关注。就在这一时期，倒霉的戴顿·米勒在 1933 年声称发现了光速的微小各向异性[4]。这样一来，许多读者将会产生这样的印象，米勒的结果之所以被忽视是因为自爱因斯坦 1905 年发表那篇著名的论文以来的四分之一世纪中，物理学家完全养成了这样的思维习惯，认为迈克耳孙—莫雷实验没有测量到"以太风"的实验结果对于狭义相对论的正确性是决定性的。

当然，从某种意义上说，柯林斯和平奇做了一些工作。但是，他们对隐藏于这种习惯背后的东西几乎没有进行任何分析。他们把这一重大任务一笔带过："关于相对论的其他检验……支持这种论点，即相对论是正确的"（Collins and Pinch 1993，42；Collins and Pinch

1998a，42)[5]。不幸的是，人们可以把接下来的句子理解为又削弱了这种观点："物理学研究的新方法——物理学界的生命文化——势头十足，意味着米勒的实验结果无关紧要。"当然，这其中的含义取决于把什么样的"文化"包括在内。就像我现在对柯林斯和平奇的初衷所理解的那样，如果"物理学界的生命文化"指1905年以来有关相对论方面的所有理论和实验工作的累积影响，那么，这句话是正确的。但是，对于这些具有复杂性和广泛性的文化特征的存在，他们几乎没有给读者任何提示。这样一来，读者很可能会得出结论认为，这种势头不过是多年来日益形成的对早年迈克耳孙—莫雷实验的否定结果本身越来越满意而产生出来的。那么，"物理学文化"似乎成了不过是把对迈克耳孙—莫雷实验的偏见崇拜当作一个不容置疑的事实。

柯林斯与平奇通过强调那个时期存在的许多其他证据也远非明朗、清楚为由，对这种批评进行了回应。但是，这并不表示它们的存在无关紧要。他们甚至没有对截止到1933年出现的支持狭义相对论的证据进行一个粗略的概述，这很可能会误导读者得出这样的结论：物理学家当初拒绝戴顿·米勒的主张时，他们是根据非常薄弱的证据行事的。"甚至没有对整幅挂毯的其他部分瞥一眼，我不理解一般读者怎样才能避免得出相对论具有欺骗性这一结论。"（Mermin 1996b，13）

为什么我过去对于这一点如此大惊小怪？柯林斯和平奇最初认为，这是因为我认为他们通过唤起人们对迈克耳孙—莫雷实验在相对论发展史上扮演的复杂和模糊角色的关注，而"亵渎了最神圣的事物：相对论"[6]（Collins and Pinch 1996，11）。但是，正是物理学神话中所缺少的这种复杂和模糊的发现，使得物理学史研究对于它的研究者来说如此具有吸引力。这些传奇故事没有"亵渎"任何东西。我对柯林斯和平奇的批评是他们讲述这些传奇故事的方式，尽管他们现在坚持"确立接受相对论的基础不是我们的任务"（Collins and Pinch 1998a，154），但是，他们也应该有责任使得他们的工作比他们已经做的更清楚一些，所讲的故事也应该比他们已讲的迈克耳孙—莫雷实验的故事再多一些。他们从这项关于相对论的案例研究中得出了这样一个广泛的结论，即一项实验的意义"依赖于人们愿意相信什么"。真的够了。然而，在没有对发生在1905—1933年间影响着人们乐意相信什么的事件进行适当概述的情况下，人们很容易将这项研究理解为倡导这样一种主张：纯主观的考虑起着决定性的作用。

柯林斯和平奇应该对这个故事中的缺失部分作出简要的概述，这样做的目的不是出于对某个科学知识神圣文本的敬畏，而是为了防止读者将这一章误解为一幅关于科学知识是如何建构的讽刺漫画。我所关心的不是他们"试图安慰"那些至今仍没有接受相对论的"科学门外汉"的不正常亚文化（Collins and Pinch 1998a，155），而是他们可能正在误导普通公众对这一事情本质的理解，并且通过他们在相对论这项案例研究中得出的普遍结论来误导公众对更一般的科学知识本质的理解。

7.1.2　理论对实验

在他们的后记中，柯林斯和平奇提醒人们注意这一明显自相矛盾的事实："几乎所有认真研究过这段历史的学者都认为，致使科学家按照他们对待实验的方式来接受狭义相对论的决定性特征是它使得电磁场**理论**具有结构简单性"（Collins and Pinch 1998，167；强调系原作者所加）。的确，在我的专栏文章中，我注意到他们省略了有关"相对论很快就给电动力学带来了统一和一致"（Mermin 1996a，11）的说法。我的预感（不是基于历史研究）是，这可能就是对那些几乎立即接受了狭义相对论的物理学家来说的关键点，足够大胆地去理解爱因斯坦对时间本质的非凡洞察力。

当然，人们还必须把迈克耳孙和莫雷原本要发现毫不含糊的**肯定**结果而遭到完全失败（与普遍宣称的结果正好相反，但关于这个毫不含糊的**零**结果的解释却存在着极严重的问题）的内容加到这个故事中去。假如他们发现了一个令人信服的肯定结果，那么，这将会证明爱因斯坦相对性原理的假设是完全错误的，因为相对性原理必须在电动力学中与在经典力学中一样有效。我猜想，对于迈克耳孙—莫雷实验来说，至关重要的不是它对这个理论明确地提供直接的支持性证据的能力，而是它在提供有可能与相对论相冲突的明确证据上一开始就失败了。仅在此否定意义上，且仅在评价电磁学说之后，爱因斯坦偶然地提及这些实验，"试图确定地球相对于'光介质'的运动是不成功的"（mislungenen Versuche，eine Bewegung der Erde relativ zum "Lichtmedium" zu konstatieren）（Einstein 1905，891）。

柯林斯和平奇似乎在暗示，因为对相对论的初期支持来自电磁学完美的**理论**结构，因此与这类早期的**实验**证据是否支持相对论无关。但是，如果科学知识社会学(SSK)的根本论点是实验渗透着理论，毫无疑问，另一个基本论点应该是理论渗透着实验。相对论给电磁场理论带来完美的一致性这一事实使得实验知识的复合体被转译到这一理论中，成为支持相对论实验证据的一个重要部分。给电磁场理论带来的大大简化，使得这一理论所依赖的那些大量的实验具有更大的一致性。

7.1.3　线、挂毯和绳子

在一篇文章（Mermin 1996a）中，我对柯林斯和平奇没有提到另外的证据而使其结论存在着潜在的问题提出了批评，我认为他们忽略了这一事实："即使在复杂的证据网络中有许多线索总是不确定的，为许多相互交叉、相互加强的线索所支持的一个结论仍然有可能趋向于具有确定性"（13页）。在另一篇文章（1996b）中，我重申了这种观点："几乎没有任何迹象显示，这篇评论在事实和分析所编织的巨幅挂毯中哪怕抓住了一根细线。"（13页）在又一篇文章（1996c）中，我再一次重申了这一点："迈克耳孙—莫雷实验，相对于相对论所带来的明晰和一致的结果来说，只是一个复杂的理论和实验网络中的一小部分。关于支持相对论的所有其他'判决性检验'，或许有情节复杂的故事可写，但与此无关；《勾勒姆》中的科学观所忽略的是，即使在缺乏任何单个的、无懈可击的判决性实验的情况下，也存在着许多条不同的证据线可以将一个假说转变成事实。"（15页）

然而，柯林斯和平奇挑出了这一点（Collins and Pinch 1997），并且满意地评论说："证据的线条可以以不同的形式交织在一起。因此，人们还需要解释一群科学家为什么以这一种形式而不是另外一种形式解释一组证据线，而且人们需要将这一解释置于分析的背景下来说明不同的交织形式是如何被完成的。"（92页）

当然，尽管这些线可以交织在一起的方式是一件复杂而微妙的事情，但是，一幅有关接受相对论的令人满意的画面无疑应该提及它们的存在。我的感觉是，许多不同的交织方式是容易达到的（不完全决定性的"迪昂—奎因论点"）这种观点忽视了一个令人沮丧的问题，即把到1933年为止所有支持相对论的证据线以不同于我们现在接受的方式编织在一起是多么**貌似有道理**。迪昂—奎因论点很可能是一个纯逻辑的观点，但是，逻辑一方面分辨不出简单和优美，另一方面也分辨不出笨拙的人为结果。

在柯林斯和平奇的后记中，他们再一次强调了这些个别线索可能具有很小的作用，而且预计人们将来进行仔细的历史研究之后会发现，在《勾勒姆》中没有被提及的许多支持性的线索比人们现在回溯性重建出的作用还要小得多。即便是同意这一点（它并没有给我留下不合理的印象），也存在着有关这条绳子的强度的至关重要的事实，这条绳子就是我所描绘的挂毯在他们的后记中已经转变成的东西。正如柯林斯和平奇在后记中所强调的那样，在《勾勒姆》中，他们在很大程度上进行了同样的立论："没有任何检验自身是决定性的或清晰的，但把它们结合在一起后，它们则表现为一种明显的倾向"（Collins and Pinch 1993, 53）。关于这些检验，如果他们能够提出一个有代表性的样本，就会使得这种情形明朗起来。然而，他们除了迈克耳孙—莫雷实验本身之外没有引证有关狭义相对论的任何其他实验，因而，要让读者对这个完整的线索集合所起的作用到底有多强进行判断，他们没有提供足够的基础[16]。

尽管如此，我们似乎在这一点上达成了相当一致的意见。我认为，剩下的那些主要争论的骨架既不是这许多证据线的脆弱，也不是悬挂这条挂毯的绳子的强度，而是编织方式的唯一性，它尽管与迪昂—奎因论点相对立，但是根据我的经验，随着越来越多的证据线的增加，编织方式将会越来越受到严格地限制。

7.1.4 重申告知了人们什么

我在一篇文章中（Mermin 1996b）评论道，即使柯林斯和平奇以他们在《勾勒姆》中所展现的历史为基础，"最后阐明'我们没有理由认为相对论不是真理'"，但是读者"仍然会问为什么他们可以这样认为"（13页）。柯林斯和平奇在后记中说，有关相对论的正确性，他们自己从来没有做过任何实验，"当我们的批评者们严厉指责我们没有公开声明相对论真理具有科学性和严密性时，或谴责我们似乎通过我们的历史研究使人们对相对论的真理性产生怀疑时，他们实际上是在要求我们公开宣布我们所被告知的东西是正确的"（Collins and Pinch 1998a，173）。

然而，我没有对柯林斯和平奇有勇气对于他们没有直接评价能力的知识领域充满信心而进行批评。我批评的是他们没有充分承认这样一种知识领域的存在及其正当性。我没有要求柯林斯和平奇公开宣称那种知识的正确性，正像他们准确地注意到的那样，这种要求是不合理的。

在这种误解背后存在着集体知识和个体知识之间的重要区别，而这种区别总是应该弄清楚的[7]。当大多数人说"科学知识"时，他们所指的是集体知识，这种知识远超出任何个人直接经验的范围。我从没有去过中国，但我可以使人们相信这个国家的确存在，因为想编一个谎言来骗我相信它不存在是根本不可能的。我可以通过地图册、百科全书和到那里旅行过的朋友来证实这个观点。然而，对于我来说，尽管这种证据完全是社会的，但它的确是证据。相对论与这没有什么不同。即使柯林斯和平奇他们自己没有做过实验——我也没有做过，他们也能合理地说出很多东西，以便给出一幅有关我们集体信念基础的更准确的画面，来说明它是一个有根据的知识体。

7.1.5 站在他人的立场上

现在的知识与恰当地理解知识在过去是如何建构的有关系吗？柯林斯和平奇在他们的后记中认为，他们研究科学史的进路是要"站在科学家的立场上，分享只有那个时代的科学家才可能拥有的知识"。他们坚持认为，以别的方式进行研究将会给人"一种简单和成功的印象，当我们面对着当代生活中的科学和技术困境时，这种印象误导了我们"。利用现有的知识将会"破坏我们需要理解的那些东西，这些东西不是科学的内容，而是科学事实得以确立的方式”（Collins and Pinch 1998a，166—167）。

社会学家或历史学家当然必须把什么是在所研究的时期已经知道的与什么是现在才知道的加以明确区分。对于 20 世纪后期的知识来说，得出关于在 20 世纪初期的知识是如何发展的时代移位式的错误解释实在太容易了。物理学家彼此相传的历史典故无一不遭受这种歪曲的影响。但是，靠禁止使用或禁止提及任何当代的知识来扭转这类歪曲的蔓延，也有其自身的危险。通过把一个日期分界点强行置于一项研究中，通过玩这样一种游戏，即社会学家必须回到所研究的时期，忘掉所有当代知识，成为穿越时间隧道的旅行者，社会学家虽然可以保证自己不得出关于这些问题的琐碎的或循环论证式的答案，但是他们也将冒着失去关于什么类型的问题可能令人感兴趣的危险。

理解为什么狭义相对论到 1933 年成了物理学文化中如此重要的一部分，以至于人们忽视了有关以太漂移观察方面的报道，这不仅对于人们记住现在相信相对论的理由有帮助，而且有助于引导人们深入了解有关这类更广泛证据的看似合理的说法是否早在 1933 年就存在。例如，相对论如今被公认为在电动力学综合方面提供了最后的最完整的一步：为了获得这种时空观高度一致的表达形式，电学和磁学的统一迫切需要一个精确的时空观。但是，这一点对爱因斯坦来说从一开始就十分清楚了，并且确实对早期接受相对论起到了很大作用。一位严谨的、博学的历史学家或社会学家应该警惕这种早期世界观（Weltanschauung）的影响，并且，在关于相对论的接受方面不应该忽略“你应该知道什么”。

今天，相对论在原子和亚原子层次上的应用方面得到了广泛证实，这对于正确地、定量地理解电子、质子、中子和更深层的基本粒子的动力学行为是非常关键的。在 1933 年，粒子物理学中的情况远非明朗，尽管量子力学只有十多年的历史，但是，在那时已经有了强烈的预兆：在原子层次上说明物质与光的相互作用方面，相对论是一个基本的工具。尽管用相对论量子电动力学在 1950 年代的胜利来解释物理学家不关心 1930 年代戴顿·米勒的研究结果的确有点荒谬，但是利用获得成功的知识作为线索来说明 1933 年狭义相对论的接受在很大程度上取决于那个时期相对论在原子和亚原子物理学领域的应用，决不是一个循环论证。

7.1.6 小学生与大专家

人们已经对《勾勒姆》一书结尾的比喻进行了批评，因为在那里作者把在实验室中科学家所达成的一致比作小学生在课堂上所达成的一致。书中认为一致性是强加的，虽然每个孩子都测定了水的沸点并从绘制的图线上得到沸点数据，但教师想方设法让孩子相信他们的测量结果表明水的沸点正好是 100 摄氏度（Collins and Pinch 1993，150—151）。在第二版的后记中，柯林斯和平奇把这些批评当成是针对由于把著名的科学家与小学生相提并论而引发的愤怒（Collins and Pinch 1998a，176—177）。

然而，这一比喻存在的问题不是因为它对著名科学家缺乏尊敬，而是因为它暗示了科学知识的建构与一位权威人物强迫人们接受某个预想的答案没有什么差别。如果我是柯林斯和平奇的话，回应这些批评时，我将不会强调这个比喻所暗示的是把这种一致性强加在乱七八糟的结果上的权威方式，而是强调早期过程中这些杂乱无章的结果本身的存在。他们是在对这种突出一致性的科学教育提出批评，而针对形成一致性方面的误解几乎什么也没有说。

但是，这些比喻显示出了它们自身的活力。 如何通过协商达到一致的情形——来自教师的单方面权威断言，没有人为了发现可能的错误而更认真地重复测量——很可能作为这个故事中的附带部分给柯林斯和平奇留下了深刻印象。 但是，对大多数科学家来说，它忽略了这个过程的核心。 这个比喻本来留给人们的印象是过分草率地接受预想的结论，但经过柯林斯和平奇的强化，就带上了这样的特征，即小学教室中存在的这种协商说明"专业科学前沿领域中存在骗局"（Collins and Pinch 1993，151）。 毫无疑问，他们的论点无非是，在对科学研究过程的诠释上，他们的比喻比把实验室看作机械地提取不容置疑的真理的机器这样的神话要好。 但是，无论他们的讽刺是否比"整齐划一的科学神话"背后的讽刺来得更巧妙，它仍然只是一个讽刺，把"科学神话"改成"方法论神话"［正像他们在第二版（1998a，149)中所做的那样］并不能掩盖它的缺点。

我赞成柯林斯和平奇有关整齐划一的科学神话应该受到挑战的观点。 但是，要具有有效性，一个挑战不应该只是建立一个毫不相干的、相反的神话。 在这两个极端之间——一个是运转良好、系统地生产普遍真理的机器，另一个是乱哄哄的教室，这里怎么都行（anything goes)，但正确答案由权威颁布——存在着一个略有差别的科学过程观，它既承认这种混乱过程又承认这种在智识上达成一致的过程，通过这样的过程，问题最终将得以澄清。

7.2　后来与巴恩斯和布鲁尔的争论

我与《科学知识》（Barnes，Bloor， and Henry 1996）一书作者中的两位所进行的争论与我同柯林斯和平奇之间的谈话遇到了同样的问题。 我以为我从早期经验中学会了如何避免由于风格上或修辞上的原因而产生低级的误解，事实上我也吸取了一些教训，否则事情将会糟糕得多。然而，我最初与柯林斯和平奇在争论中所带有的许多特征仍然明显地重复着。

7.2.1 牧师与占星术士

柯林斯和平奇在我那两篇专栏文章中最早发现了"被冒犯了的牧师的痕迹"："我们因亵渎了最神圣的事物：相对论……而触及了他的痛处"（Collins and Pinch 1996，11）。巴恩斯类似地以这样的观点开始了他对我批评《科学知识》一书的回应："对某些东西深怀敬意的人们……往往认为谈论它就是威胁要贬损和摧毁它——这种腔调是一种污染……越来越令人觉得需要重新使人们相信……只有科学和科学知识才超乎寻常地可靠……如果你认为某种东西有价值，你将会情不自禁地诉说着它是多么美妙"。（Barnes 1998，636—637）

这种激烈的言辞似乎是由于我的观点所引发的，我认为：若要选择一个被限定为科学范围之外，但有可能回到科学范围之内的例子作为教科书上的例子，则存在着比占星术更具有启发性的例子。占星术在我的印象中是一个不好的例子，因为重建能容纳占星术观点的科学知识一定会是一个在全新的尺度上进行的宽泛的、可望而不可及的任务。尽管我的评论或许带有无根据的煽动性，但是当我评论说"诋毁科学"时，它对我来说并不意味着在科学知识社会学的入门读物中选用这样一个特殊的例子是一种非理性的做法（Mermin 1998a，636）[8]。

令我失望的是，巴恩斯把我关于占星术是一个不好的例子的说法理解为"怀疑《科学知识》一书的作者们是否有可能沉迷于占星术"。带着强烈地讽刺意味，他要使我相信他"没有时间进行算命"，尽管他接着说，"游荡在英格兰偏僻角落的一团不起眼的分子的信仰状态在认识论上无论说什么都是不重要的"（Barnes 1998，637）。比较一下这句话与柯林斯和平奇说完"让我们现在声明我们对于相对论没有偏见"（Collins and Pinch 1996,11）之后紧接着的一句话：他们——柯林斯和平奇——是否"相信相对论"实在是无关紧要。

在这两个例子中，他们的回应所针对的并不是我所说的本意，而是针对我为什么会这么说。两次认为我坚信某些东西是神圣不可侵犯的，而我是因为这些东西遭到了假想的反对而进行回应，并且把我实际的批评——他们对一个宏大的知识体系所具有的广泛一致性没有给予足够的关注——误认为对于他们个人偏见（反对相对论，支持占星术）的指责。在两种情况下，这些假想的指责又都被当作无关紧要的问题予以否认和反驳，却没有认真对待我批评的实质内容。

后来，柯林斯、平奇和我学会了彼此如何进行对话。我们的讨论转向了有关"纺织"问题的实质内容上：要么深入到"挂毯"上，要么集中在"绳子"上。布鲁尔的回应也为进一步的讨论打开了方便之门。他通过与我反驳所谓的支持占星术的证据一样随意的方式认为，我"想当然地肯定当前理解形式的可接受性"（Barnes 1998，626），而这恰恰是他们试图通过占星术的例子来弄清楚的。把不乐意在非常不可能的论点的研究上投入大量精力贴上"想当然"的标签，我认为是一种非常奇怪的做法。但是，与巴恩斯的回应相反，布鲁尔的回应引发了进一步的讨论。

为在更高层次上展开对话而确立的标准似乎是清楚的。任何一方必须更多地关注另一方所说的本质，克制进行外推的冲动和只对一个假想的动机进行反驳的冲动，抵制"他好像是说"这样模棱两可的态度。在我关于《勾勒姆》的专栏文章中，当我提出柯林斯和平奇试图通过各种修辞学的诡计诱导读者怀疑相对论的正确性时，我就受到了这类引诱。因此，我像卫道的牧师那样发了一通言论，结果却偏离了目标。在与巴恩斯和布鲁尔的争论中，我也陷入了同样的麻烦，我的全部批评集中在他们导言中的一个论点：一些科学家"设想要是我们既不赞扬也不捍卫科学，那么我们的目的就一定是诋毁科学"（Barnes，Bloor，and Henry 1996，viii）。他们这样解读科学家批评的方式，那时在我看来是非常错误的。所以，无论何时当我读到这些段落时，我都自然地将其误解为对科学或科学家的敌意，我的注意力也便集中在了这些段落。那时，我并不是要制造出一个这些作者事实上是敌视科学的案件，但是，我的确想使他们认识到为什么有些读者可能会把它们理解为不是一种含有暗赞的明咒，而只是诅咒。但是，我传递给巴恩斯的所有信息是，我被"寻找不存在的'诋毁'所迷住"（Barnes 1998，639）。好极了！要是我曾尽更大的努力说明我在做什么就好了。

7.2.2 没有"执照"的科学家？

无论是在柯林斯和平奇还是在巴恩斯和布鲁尔的回应中，另一个明显的相似之处是，他们都把我误解为指责社会学家自己试图进行物理学研究，但做得不好——没有"执照"就进行科学研究。柯林斯和平奇否认这样一种观点：他们两个社会学家——而不是物理学家——能被抬高到配得上对物理学提出挑战。"社会学家不是物理学家，在物理学发现方面提出观点不是他们的任务。"（Collins and Pinch 1997，92）以同样的口气，布鲁尔说我"没有认识到，以物理学为研究对象的社会学家不进行物理学研究，以生物学为研究对象的社会学家也不进行生物学研究……（在默明的文章中）有一个观点认为，在物理学或生物学的社会学研究中的立场将会是物理学或生物学领域本身的立场，因此，人们必须警惕这种立场，看它是否是好的物理学或好的生物学"（Bloor 1998，625）。

作为这方面的一个例子，布鲁尔说我"把我们关于碳的概念必须要说的东西当成了对当代碳物理学的一种挑战"（Bloor 1998，625）。巴恩斯和布鲁尔利用有关碳的案例说明他们的论点：所有的分类标准都是会失败的和可修正的——没有任何分类标准是永远正确的。我的主要批评之一是，他们把这样一个普遍结论建立在一个分类理论上，而这个理论只适用于连续变化的类别，没有提到任何一个基于不连续变化（例如，介于正方形和三角形之间的那些变化）的重要分类理论。在这个碳的案例中，他们引用了一个有问题的类型特征，这种类型既包括金刚石又包括石墨，对于其背后的原子结构只字不提——原子结构是不连续分类法的基础——这些原子结构可以解释金刚石和石墨是同一物质——碳——的不同形态。

对于这个具有可塑性的分类理论进行正当辩护，需要分析那些依赖于不连续变化而不是连续变化的案例。我没有因为他们对有关金刚石和石墨都是由碳组成的提出了**挑战**而批评巴恩斯和布鲁尔。我批评他们**没有提到**那些根据，而这正是他们的普遍分类理论所无法解释的。以大致相同的方式，我不是针对柯林斯和平奇对相对论的真理性提出了挑战而批评，而是针对他们除了迈克耳孙—莫雷实验之外，没有提及到 1933 年为止其他任何支持狭义相对论的证据。

然而，我是以可能导致柯林斯和平奇误解的方式提出我的观点的，这容易被误解为这些论点是在散布新物理学具有不确定性的观念。我说过"明白无误地存在着'碳'这种东西，许多不同的物质只是具有不同的空间结构，对这种观念的成功挑战需要人们重建包括化学、固体物理学、生物学、原子物理学甚至天体物理学在内的一个庞大的知识体系"(Mermin 1998a，614)。 巴恩斯和布鲁尔根据我的上述言论将其外推为一个(不存在的)挑战。 尽管我的意思是说，可以有一个假设性的挑战，即物理学家试图根据分类的可塑性重建以金刚石为一方而石墨为另一方的碳范畴，但是，我的上述表述方式造成了误解。 对于科学家试图建立一个逻辑严谨和内部一致的知识体系，SSK 夸大了解释的可塑性，这是我提出的更为宽泛的论点。

我曾希望巴恩斯和布鲁尔以这样的论点来回应：我认为不连续的那些范畴实际上是基于我所忽略的更细微的连续变化——以某种令人感兴趣的方式，这种不连续性是一种幻觉。 我意识到这将是一个棘手的案例，但我期望他们能够进行认真的尝试。 如果没有这样一种论证，对我来说他们关于分类的理论似乎是与真实科学实践中的许多方面不相干的。

令人鼓舞的是，布鲁尔不是在任何事情上都像巴恩斯那样误解我的观点。 我曾经批评过他们对科学实践的解释不准确或不完整，尽管布鲁尔的确将其误解为认为他们是在倡导自己的新科学理论，但是，他认为这是由于我的概念混乱造成的。 他没有像巴恩斯所做的那样，仅仅要"保护他专业领域的外部形象"，或"以过于简化的方式来保护(一般读者)，以免这些真理可能会以不同形式对他造成伤害"，或者采取这样的立场，认为"他，一位科学家，赞成某种东西不等于其他人也赞成"(Barnes 1998，639)。

或许，巴恩斯只是没有像布鲁尔那样认真地阅读我的文章。 一位朋友评价说，与科学家对 SSK 的许多批评一样，巴恩斯对我的回应确实是非常雄辩和具有说服力——但是，他没有批评到点子上。 但是，我猜测巴恩斯与布鲁尔对我的回应之间的区别更多地得益于这样一件事，那就是布鲁尔与我在那个夏天进行正式交换意见之前有机会在一起呆了三天，这要感谢柯林斯。 在那个长周末结束时，要让我相信他的最初目的是诋毁科学在公众心目中的形象是不可能的，而对于他来说，（我希望）要让他相信我的目的是为了提高科学在公众心目中的形象也是不可能的。

7.3 几个简单的结论

在关于科学家和社会学家应该如何进行对话方面，这些历史事件给人们上了重要的一课，即不能像人类学家调查原住民时那样进行对话，而是要作为学术界的同仁，通过对他们两个研究领域的本质进行反思来对话。

规则一：要将注意力集中在所说的内容上而不是针对所谓的说这些话的动机上。

有些科学家确实致力于神化科学的公众形象，有些社会学家确实乐于诋毁科学的公众形象。 但是，人们必须意识到推断的强烈冲动所具有的危险，以及由于这种行为对那些毫无防备的人所造成的迷惑。 只要有树立尊敬或引起蔑视的愿望存在，那么，仅仅是这种愿望就足以使一个人为了这一特定的目标而提出的论点不具有说服力。即使当赞扬或批判似乎是毫无争议地隐藏在你所不赞成的某种东西之中，指出这种隐藏的东西以及阻止它的影响也不是一个有效的反驳。

规则二：不要期望来自不同学科的人以你自己学科的语言来明确地表达出或理解你自己学科语言的细微差别。

柯林斯和我花费了很长时间才认识到，对柯林斯来说没有界定的"知识"意味着每个个体的个人知识，而对我来说意味着一个大群体的集体知识。 直到发现了这一点,我们双方才理解所谈论的知识与"我所说的"知识之间关系的大部分含义,并且我们各自对对方的回应不过是凸显了荒谬的方面。"协商"(negotiations)是另一个棘手的术语。 对于社会学家来说,"协商"是一个以道德中立为特征的过程,不同的人通过这个过程达成某种相互可接受的理解。 但是,对于大多数科学家来说,它暗示着表里不一和个人私利,并且意味着不负责任地加深不同意见之间的隔膜而不是寻求更深层的理解。

规则三:不要假定其他人似乎与你一样容易理解你的专业语言。

让我们再从另一个方向来看这规则二。 要是别人误解了你,你会看得一清二楚,可要意识到你可能误解了别人,则需要大费脑筋。 尤其需要对别人的话寻求这样的解读,使它没有第一次进入你的脑海时那么荒唐。 柯林斯和平奇,巴恩斯和布鲁尔,在他们得出这样的结论之前应该再想一想,因为他们认为我做着把他们的工作理解为试图提出他们自己设计的非正统物理学这样的傻事。 我也早应该问一下自己,柯林斯和平奇是否真的做了一种唐·吉诃德式的努力来诋毁公众对相对论的信心。 如果你首先不能使人们相信你已经或多或少地理解了他们要说的话,那么,你不可能与他们进行有效的争论。

简言之,假定其他学科的人真实地表达了他们所说的话,然后不厌其烦地去弄清其确切的含义,只有当你自信做到这一点时,才谨慎地表达你的批评意见,如果你仍觉得将会招致批评,就以你有把握会被人们理解的词语表达出来。 这些有效的谈话规则是如此浅显,以至于我把它们写出来都觉得很愚蠢。 然而,争论双方对这些规则的忽视,是导致这场科学大战白热化的主要原因。

8 怎么成了反科学[*]

史蒂文·夏平

在这场所谓的科学大战中，我不是被委任的指挥官。 如果是什么的话，面对当前的种种敌意，我介于普通士兵和有利害关系的见证人之间。 我受过遗传学的专业训练，但是，许多年来我一直是一位科学史家和科学社会学家，我的论著大多围绕着 17 世纪的科学发展[1]。总的说来，尽管**科学卫士们**已经进行了更大规模的围剿活动，但在这场凶猛的定向轰炸中，我只受到一点零星弹片所造成的轻伤，我的正常工作没有受到影响。 从某种程度上来说，我可以从一个局外人的角度来反思正在发生着什么。

引发这场科学大战的直接原因，似乎是由一些社会学家、文化历史学家和昏了头的哲学家提出的一系列**有关**科学的主张。（在我通常的学术工作中，这些范畴之间的区分——以及对这些范畴之内再进行

---

* 与本文稍有不同的法文版本已经发表，见 "Etre ou ne pas être antiscientifique"，*La recherche* 319（April 1999），72—79；删节版本以德文发表，见 "Von der Schwierigkeit, ein Wissenschaftsgegner zu sein"，*Frankfurter Rundschau*，27 October 1998，sec. Humanwissenschaften，9。

细分——是很重要的，但在这篇供一般读者阅读的文章中，我把这些细小的领域合在了一起。）出于行文方便，在涉及**关于**科学的基本主张时我用"元科学"（metascience），这是因为明确究竟争论什么是非常重要的，在这里我列举几个非常有争议的、具有挑衅性的元科学主张：

1. 不存在**科学方法**这种东西。
2. 现代科学只存在于今天并且也只适用于今天；它更像是股票市场上的一种投机而不是所探索的自然真理。
3. 新知识只有在成为社会知识之后才是科学。
4. 人们既不能把观察到的现象也不能把所观察现象的性质归结为某个一般物理学意义上的独立实体。
5. 物理学的概念基础是人类心灵的自由创造。
6. 科学家并没有发现自然界中的规律，而是把规律赋予自然界。
7. 科学由于具有完全的客观性而已经得到普遍尊重，但是它不配得到这种尊重。
8. 把科学家描绘成思想开放的人，认为他们全凭证据来支持和反对某种观点，这是胡扯。
9. 现代物理学建立在某些根深蒂固的信条的基础上。
10. 科学共同体容忍无确实根据的假设。
11. 在任何历史时期，能够被当作可接受的科学解释的东西，既具有社会决定因素又具有社会功能。

对于许多读者来说，甚至没有必要列出上述主张：从科学社会学家和学术同行写的作品中，他们已经对这些情绪化的论点非常熟悉，对许多科学家针对这些主张所表现出的愤怒反应也非常熟悉，并且相信这些主张或者出于对科学的敌意，或者出于对科学的无知，或者两者都有。人们说，如果不把这些主张作为垃圾来曝光，科学和理性就会被野蛮人拒之门外，科学机构及其在现代文化中的合法地位将面临着严重危胁。因此，对于著名的科学家来说，他们有责任和义务大声疾呼，说明科学的本质是什么，并且旗帜鲜明地反对这些主张中所表达的对科学的无知和恶毒攻击[2]。

然而，我不得不告诉你，由于我们的文化在深层次上的混乱，你恰恰又成了另一种欺骗的受害者。我所引述的上述这些关于科学本质的主张或最简练的解释，没有任何一条来自社会学家、文化研究学者、女性主义者或马克思主义理论家。所有这些元科学主张都来自20世纪著名的科学家，有些还是诺贝尔奖获得者（参见本章末的参考文献）。他们当中有免疫学家梅达沃（Peter Medawar），有生物化学家查加夫（Erwin Chargaff）和斯滕特（Gunther Stent），有昆虫学家 E·O·威尔逊（E.O. Wilson），有数学家和科学管理者韦弗（Warren Weaver），有物理学家玻尔（Niels Bohr）、佩特里（Brian Petley）和爱因斯坦，还有进化遗传学家勒温廷。它不是一个简单的社交场聚会阴谋——一种旋转桌子或玩智力乒乓的把戏——如果我不指出来，它真的很像阴谋。我想在这里指出的这一点是有根据的、令人感兴趣的，并且可能是有建设性的：实际上，虽然所有这些关于科学本质的主张在最近激起了"科学卫士们"的强烈反对，但是它们都是由科学家自己断断续续提出来的，许多来自不同学科的科学家，在很长的时间跨度内和多种背景下多次重复和强调它们[14][3]。

因此，我们可以清楚地认识到这样一点：不是这些主张本身有问题，也不是这些主张本身一定来自无知或敌意。相反，问题是**什么人**

提出了这些主张，**这类人**提出这些主张的可能动机——如果说常常不能准确和公平揣测的话——是什么。 所以，我在引用上述主张时做了一个小小的处理，我把原来的"我们"换成了第三人称的"他们"、"科学家"或"物理学家"。 现在，我们似乎进入了日常生活中所熟悉的场景：有些话家庭成员可以谈论，却不允许外人谈论。 这里不光是真实或准确的问题，而是一个礼节问题。 如果某个论点是由那些没有道德修养或不具有学术权威的人提出来的，那么这种论点就会被当成没有正当理由的批评。

既然科学家在提出元科学主张时，往往是为了在科学大家庭中**规范其成员应该**怎样做（无论是批评还是赞扬），那么这就存在着一种倾向，即假定非科学大家庭的成员尽管没有同样的权利，也必须大致这样做。 对科学家来说，要理解科学的描述和解释如何不同于命令式的规定或评价有时是很困难的：这包括告诉科学家要做什么，或怎样区分坏科学和好科学，或者说科学总体上是好的或坏的。 也就是说，要使科学家认识到在谈论科学时自然主义的目标将会是什么样是很困难的，因为关于这方面的知识，对于科学大家庭的成员来说，既不是他们必须知道的，也不是容易理解和现成的。 关于他们的研究对象，科学家有自然主义的目标，但是，在有关研究这些对象的实践方面则很少有这种目标。 这样一来，比如说，有些社会学家的确坚持认为科学的表达是"社会建构的"，但在大多数情况下，根据我的观点，当某些科学家读到这种观点时，会误认为这些社会学家悄悄地在句子中添加了一些评价性的词，例如"只有"、"只是"或"仅仅"：科学**只是**一种社会建构。 这样一来，科学是社会建构的这句话就成了贬低科学主张的价值的一种表达方式，否认了科学陈述的是关于自然界的可靠的知识[4]。 科学家一直在做这类事情：他们把自己专业领域中具体的科学主张进行"分解",把这些论点等同于**只是实现愿望,只是时尚,只是社会建构**。但是,他们这样做是为了进行科学研究,是为了从他们所关注的那些关于自然界的不正确的认识中筛选出真理。他们很少带着这样一个学科目标来做这些事情,即仅仅把描述和解释科学的本质作为他们的学科目标。这很可能就是我们彼此之间发生如此严重误解的主要原因之一。在公认的学科目标方面,在看待这些学科的不同潜力、目的和价值方面,存在着重大的差别。我们并不总是正确地认识到这些差别,但是,我们应该努力这样做。

要远离这种小小的陷阱,这是一个教训。但是,它既不是最令人感兴趣的,也不是最重要的。更重要的是,我们发现恰恰是许许多多科学家提出了元科学主张。上述那些是我挑选出来的与社会学家描述一致的元科学主张。当然,还有许多与社会学家的描述不一致。当科学家谈论元科学的主张时,一般说来,不同科学家提出的论点是有冲突的,科学家所说的与社会学家所说的两者之间偶尔也会有冲突。

的确,在关于科学的本质问题上,一些科学家认为科学是一项实在论者的事业;另一些科学家则认为不是。持后一种观点的科学家说,科学是一种现象学的、工具性的、实用主义的或传统主义(约定俗成)的实践。例如,普朗克(Max Planck)把形而上学意义上"假定一个**真实世界**存在"这种普遍倾向看作"同样的非理性因素,并且是精密科学永远必不可少的因素,不允许任何人由于'精密科学'这一自豪的名称而低估这种非理性因素的意义"(Planck 1949, 106)。奥本海默(J. Robert Oppenheimer)认为,科学家不愿意使用"实在的"或"终极的"这类词语使非专业人士感到不满。奥本海默坚持认为,使用"实在的"或"终极的"这类概念是形而上学的一种表达形式,科学是"非形而上学的活动"（Oppenheimer 1954，4）。 例如，这些观点与温伯格带有情绪化的挑衅性宣言就很难一致起来："对作为物理学家的我来说，自然规律的实在性与地上的石头一样（不管它是什么）"（Weinberg 1998，52）[5]。 这正好表现出，不同的物理学家在这些问题上的观点是不一样的。

此外，当一些科学家说科学是一项实在论者的事业时，他们试图通过挑选出某种具体的哲学论点，把理论实体理解为暗示着世界中的真实存在；另一些科学家似乎在暗示日常意义上某种通俗的实在论，这种实在论把科学领域与日常生活实践统一起来，正像当我在日常生活的谈话中说"看坐在席子上的那只猫"一样，是使某人的注意力指向**那儿**而不是指向我的语言器官或大脑。 科学家的元科学主张中所提倡（或抛弃）的实在论，仅仅是在那些非常具体的场合下提出来的。有些科学家说，科学的目标或目的是追求一个普遍**真理**；另一些科学家说，科学真理不是单一的，或科学只是"奏效的东西"，即使那个普遍**真理**与现实世界相符合，他们也不关心它——他们只关心"实际上是什么"或"对于我们当前最好的努力和信念来说似乎实际上是什么"。 有些科学家说科学**正在走向**终结——接近完善了——但是，我们应该认识到，只要有科学，就有这种接近完善的承诺。 另一些科学家对所有此类论点予以鄙视：他们说，科学是一项无止境地解决问题的事业，在我们解决当前问题的过程中将会不断产生问题，新问题将会不断出现，永远不会有终点[6]。

有些科学家的元科学主张认为，不存在诸如某种特殊的、标准化的和普遍适用的**科学方法**这种东西；另一些科学家则带着同样的热情坚持认为，存在着这类**科学方法**。 然而，当后者谈论什么是科学方法时，他们所说的科学方法与前者所说的科学方法有很大的不同。 有些科学家喜欢培根（Francis Bacon），另一些科学家偏爱笛卡儿（René Descartes）；有些科学家支持归纳法，另一些科学家赞成演绎法；有些科学家欣赏假说—演绎法，另一些科学家青睐假说—归纳法。有些科学家——赫胥黎、普朗克、爱因斯坦以及许多其他科学家——说科学思维是常识和日常推理的一种形式。根据爱因斯坦的观点，"全部科学只不过是对日常生活中思考的一种提炼"（Einstein 1954, 319）[7]。另外一些像生物学家沃尔珀特（Wolpert 1992）这样的科学家则强烈地否认科学的常识性，并且认为所有这类观点都源自对科学的无知或敌意。一少部分科学家——无论是赞成还是反对科学的常识性这种论点——或者对常识是什么表现出很大的好奇心，或者抱着一种模棱两可的态度，认为强调科学本质的常识性可能有点太与众不同和易于变化。

你给它一个名称，把它看作**科学方法**，或至少把它看作与某种美化了的科学实践方法一样的**科学皇后**，即科学中最可靠的、最科学的东西——尽管不是不发生变化，但通常是现代物理学的某种特殊形式的翻版。收集一下教科书关于**科学方法**的论述，然后你自己进行分析。或者逐个请你的科学家朋友把他们所认为的**科学方法**，或者在他们自己的研究实践或专业领域中发挥作用的标准方法写在一张纸上（别让他们商量！也别让他们看任何一本科学哲学教科书！）。可能的情况是，尽管你的科学家朋友中不会有很多人听说过波普尔、库恩或费耶阿本德，但是，他们之中一些人可能听说过这些哲学家，并且会偏爱他们中某个人的观点。（他们为什么会这样呢？）然后，你再请他们中的一些人在另一张纸上写出他们喜欢的这些哲学家所提倡的**科学方法**是什么。（你将会发现，在关于什么是波普尔主义或什么是库恩主义这些问题上，这些科学家所理解的与专业社会学家或科学哲学家所理解的存在着很大差别，而且，即使对社会学家和哲学家来说，他们在关于波普尔和库恩实际上说的是什么这一问题上也有不同的理解。）[8]

为了讨论**科学方法**，你可能也考虑到我们当前指令系统的文化根源。很少有化学家、生物学家或物理学家会选有关**科学方法**方面的课程（至少是在母语为英语的文化背景中），但是，许多心理学家或社会学家有着几乎全部沉浸在这类材料中的经历——具有讽刺性的是把标准化的自然科学方法作为榜样。或许自然科学所取得的巨大成功中的任何一个小小的方面，都不能归结为这些领域相对**缺乏**标准化的方法论训练[18]。但是，至少这种情况值得人们深思。例如，这正是物理学家布里奇曼（Percy Bridgman）的观点："对我来说似乎存在着许许多多对科学方法的大肆渲染。我斗胆认为，那些谈论科学方法最多的人往往是按照科学方法解决问题最少的人。科学方法是从事实际工作的科学家做的东西，不是其他人甚至科学家自己所说的东西。当一位从事具体研究的科学家在实验室设计实验时，他不会问自己他的做法是否是科学的，他也不关心他所使用的任何方法是否是科学方法……这位科学家总是把更多的注意力集中在具体的事情上，而不情愿在一般性的问题上花费时间。……科学方法是科学领域之外的人们谈论以及想知道科学家打算怎样做的东西。"（Bridgman 1955, 81）

我们考虑一下科学的**理论**特征，情况也大致差不多。科学在理论上是统一的吗？对于那些相信科学具有统一性的科学家来说，一个偏爱的术语是统一的唯物主义还原论。尽管一些科学家对还原论的数学表达形式和结构改变了看法，他们既拒绝唯物主义又拒绝还原论，然而，生物学家仍然断断续续地思考着这样的问题，即是否不存在具有唯一性的生物学思考模式以及唯一的生物学分析层次。正当

E·O·威尔逊宣称一个新的——或者复兴的——自然科学与人文学科的还原论式的统一计划时，另一些科学家则反对还原论，反对这种"整体是部分之和"的论点，或者反对它在分子生物学中的局部表现形式。 他们抱怨说，过去的科学是一种为了理解的探究活动，而现在变成了一种还原论，变成了对解释的肤浅追求。 唯物主义的还原论只不过是这样一种征兆，即科学已经度过了智识的**黄金时代**而进入了**科学的黑铁时代**[9]。

把所有的科学学科理论都统一在坚实的、严格的唯物主义还原论的基础上，这是一个古老的愿望，但是从未得到（并且现在也没有得到）所有科学家的认同。 尽管生物学很可能是与还原论联系最紧密的学科，但是，就自然科学的整体来看，还原主义的统一遭到了排斥，并且有时是非常强烈的；在科学的其他领域，科学家们几乎没有考虑过要进行还原主义的统一。 它也许是某个人的梦想，但几乎不是任何人能够做的工作。

回想一下我在本文开头挑出来的那些有关科学本质的主张，我曾请你把它们与无知的或抱有敌意的非科学家联系起来。 然后，我告诉你这些主张实际上是由科学家提出来的。 经过进一步分析，后来我认为科学家提出的元科学主张是非常不一致的——在所有的领域和所有层次上——并且所引述的这些论点中有许多带有感情色彩，还相互冲突。

在这样的情况下，人们可以得出许多结论。 第一个结论是，这些主张中的某些——比方说第一个——是绝对错误的，它们的对立面是正确的。 我不愿意这样说。 如果我这样做了，就等于在说梅达沃、普朗克和爱因斯坦不知道他们自己在谈论什么，就等于在说那些有着极其相似主张的社会学家不知道在谈论什么。 然而，老实说，我不得不承认，当我费力地发掘科学家个人的元科学主张时，我发现它们之间的不一致往往要比它们给我在专业上带来的满足更多。我可能被指责为断章取义地引用这些论点，也许我已经这样做了。任何人都不应该故意断章取义地引用别人的论点。或许脱离与境引用梅达沃关于科学方法的论述，与脱离与境引述（我随机选一个例子）夏平关于17世纪英国科学中信任角色的论述相比不会那么严重地令人愤怒：这种有选择的带有误导性的引述对于梅达沃的正常工作所产生的影响，要比对我的正常工作所产生的影响更小。断章取义地引述或误导性地引述别人的论点是不好的。社会学家在撰写关于科学或元科学方面的文章时这样做是卑劣的。同样，科学家在撰写关于科学社会学方面的文章时这样做也是卑劣的。但是，我想说的不是这些，我想说的是上面那些被引述的元科学主张包含着许多真理——具有某些我即将论述的合理性。

第二个结论是，由从事实际研究工作的科学家提出的那些元科学主张被人们严重地忽视了。关于这一论点——冒着陷入克里特悖论（Cretan paradox）的危险——我也可以引证著名科学家的声明。首先，正是爱因斯坦说过这样一段著名的话，即我们不应该去注意科学家对他们做了什么所进行的有条理的反思；相反，我们应该"把（我们的）注意力集中在他们的行为上"："人们常说搞科学的人（the man of science）是拙劣的哲学家，当然不是没有道理"（Einstein 1954, 296, 318）[10]。这样一来，如果我们遵照爱因斯坦的建议，宽宏大量地允许忽视这种自相矛盾，人们有可能会被诱导说出这样的话："植物进行光合作用；植物生物化学家是知道植物怎样进行光合作用的专家；学习科学、爱思考并且见多识广的学生是知道生物化学家如何了解植物怎样进行光合作用的专家。"[11]正像《伊索寓言》中所说的，蜈蚣在协调它的上百条腿一起运动方面做得非常出色，但是，它在解释自己怎样把这上百条腿协调起来这一方面就做得不好了。如果碰巧它不擅长对它的工作进行全面反思，那不是蜈蚣的错；如果碰巧一位科学家不擅长对他的研究工作进行系统总结，那也不是这位科学家的错，因为这不是他应该做的工作。当然，这则伊索寓言要告诉人们的是，那只被迫去反思先迈哪条腿的蜈蚣结果把所有的腿蜷曲起来而不会走路了。在这方面，库恩恰恰是继承了伊索的说法。

尽管这种观点的确值得注意，但是，这并不是我要得出的结论。我认为，没有任何必然的理由说为什么某些科学家——由于时间和其他方面的原因，或许不是很多——在元科学问题上不会像专业的元科学研究者做得一样好，也没有必然的理由认为为什么元科学研究领域的专业学者一定要忽视那些非专业人士的论点。尽管非常明智的做法是要尊重科学家的特殊专长，并且当人们撰写有关某一专业领域的文章时要确保"不犯专业上的错误"，但是，所有的元科学专业研究者——社会学家、历史学家和哲学家——**不一定**非得普遍承认从事具体科学研究的科学家比他们自己"对科学有更好的了解或最好的了解"，或"对科学知道得更多"。他们应该非常谨慎，不要去谈论有关光合作用的事情，也不要去谈论在了解光合作用的技术方面可能被证明是错的事情，就像专业人员的共识所判断的那样。

社会学家、历史学家和哲学家不一定非得普遍承认"科学家对科学有更好的了解"的理由是，例如，关于当代植物生物化学方面的知识与"关于科学的知识"不是同一个东西。现在，有许多学科；过去，有过更多的学科以及许多不同形式的植物学。历史学家或社会学家已经对这许多学科的本质有深入的了解，谁能说他们比那些对科学的本质发表意见的当代植物生化学家"对科学的了解更少"，在关于科学的本质方面知道更少或一点也不了解呢?

我认为也没有理由完全反过来,没有理由为我比我的一位植物生物化学家朋友"对科学了解更多"这一事实而欢呼雀跃。正如实际情况那样,除了在大学课程中学过的植物生理学和细胞生物学之外,我在光合作用方面几乎一无所知。如果我从当今科学的立场上宣称这一领域的情况如何如何,我不但犯了道德上的错误,而且在学术上也是不负责任的。另一方面,如果一些从事具体研究工作的科学家给我讲授 17 世纪的气动化学(pneumatic chemistry)的情况如何,而这些科学家在这方面的知识比我对当代植物生物化学的了解更少,我有权感到不快。

几乎无需赘言,重要的是在你写作时要使事实正确。这种责任是绝对的和具有普遍性的:它既适用于对自己感兴趣的科学领域发表评论的社会学家和历史学家,也适用于对科学社会学和科学史进行评论的科学家。与此同时,人们还希望,应该认识到正常的人性和专业上的弱点,在我们把那些最为卑劣的动机以及超乎寻常的无能归结到对方身上之前要停下来想一想。在社会学和文化研究领域,的确存在一些以次充好的论著,一些自然科学家在公开场合也令人信服地讲述在他们的学科领域也存在一些品质低劣的研究成果。**无论在任何领域发现这样的工作,它都是不可原谅的。**但是,与此同时,我们应该彼此宽容。尽管犯错误是人类的天性,但是,或许我们在认识彼此的动机方面所犯的错误就是我们应该承认的严重错误,或者学科间的敌意在起作用。在我们通过媒介或公共讲坛相互指责之前,我们可以试着在咖啡馆或酒馆进行交谈。这种做法可能带来的结果是血压不会升高,对公众文化的毒害也要小一些。

最后,正像我刚才指出的那样,科学家的元科学主张往往在**搞科**

学研究的特定背景下是正确的，往往在批评或赞扬某种科学观点或科学项目或科学领域时是正确的。这就是说，它们不是为了描述和解释科学而对科学机构的目标所进行的完善表述，而是要么针对在整个科学，要么针对在某一特定学科研究领域或分支学科内**应该**相信什么或**应该**做什么而表达意见的工具。这样看来，不但学习科学的学生**要**严肃地对待这些主张，并且人们也**必须以不同的方式**严肃地对待它们——作为社会学家或历史学家试图描述和解释的这一**主题**的一部分。

我所要得出的主要结论是，既要关心科学家的元科学主张的可变性，又要关心这些主张与可以不严格地称为"科学本身"的东西之间的本质联系。在这里我要说——并能再一次借助爱因斯坦和普朗克的权威来说——元科学主张与具体的科学信仰和实践范围之间的关系一直存在着严重的问题。爱因斯坦曾说："在科学的圣殿之中有许多殿堂。"(Einstein 1954，224)[12] 科学是现代主义的遗产，它在方法论上继承了 17 世纪的方法论公共关系官员的思想，因此，人们可以通过任何一个逻辑一贯的、系统的元科学主张来理解科学的"本质"，无论这个主张是方法论意义上的还是概念意义上的[13]。然而，尽管科学的统一性对某些人来说具有强烈的吸引力，对于相当一部分科学家来说，他们坚信科学不具有统一性，科学的本质也不那么重要。这就是我的论点之一。

因此，如果我们相信许多科学家(顺便说一下，还有越来越多的哲学家)的这些情绪化的论述，将会发生什么？他们的那些主张暗示着，存在着许多种科学(sciences)并且它们是不同的；关于科学的独特本质，没有任何一种逻辑一贯的、系统的说法可以解释这种实践和信仰的多样性和具体情况。可能发生的情况是，我们对元科学主张的易变性持有不同的观点，也就是把关于这种独特本质的主张当作被称为"科学"的东西。我们可能会说，不同类别的元科学主张是从我们碰巧称为科学实践的不同类别的实践在不同阶段或不同环境中提炼出来的。或者，不同的元科学主张碰巧与试图进行的科学实践有关：作为理想，或规范，或向潜在的或所希望的盟友传达信息的策略性姿态。关于科学，它们可能是正确的或准确的，但是，它们不具有普遍的正确性，这恰恰是因为在科学上没有逻辑一贯的、系统的观点既是普遍正确的或准确的，同时又能够把科学与其他的文化形式区分开来。我们凭什么非要指望所有类型的元科学主张都能够支持粒子物理学（哪一种？）、地震学**以及**关于海洋蠕虫生殖的生理学研究呢？有些元科学主张在特定的时间、地点和文化背景下，在某一科学实践领域**可能是**正确的，但是，对我们来说是要去发现它，而不是去假定它。

另外一些东西来自当前对反科学的不同认识。因为科学家的元科学主张多种多样，因为当从某种观点出发思考某些学科的时候，每个人很可能只是选出了这些学科中一些实际存在的局部特征，所以元科学与科学之间的关系当然出了问题，甚至很可能会随时出问题。仅仅出于这一原因，就应该允许人们围绕任何一类元科学观点进行争论而不能认为他们是在反科学。如果科学真的像某些**科学卫士**所坚持认为的那样与哲学明显不同，那么极其令人困惑的是，为什么当他们最喜爱的哲学遭到批评时他们会如此地沮丧[14]。自然科学正当地拥有了巨大的文化权威；科学哲学拥有的文化权威相对要小。当**对科学的捍卫**以称赞某一特定的哲学的面目出现时，当这种捍卫赞扬某些哲学观点而哲学家自己认为这些哲学观点是错误的并且已经放弃它们时，毫无疑问，必须承认犯了战术上的错误。

那么，怎么成了反科学呢？现在我告诉你几种方法，这些方法可以使你不会成为一位逻辑一贯、有效地反科学的人。你不能因为你讨厌科学被假定为唯一的、统一的和普遍有效的方法而反对它。你不能因为科学本质上是唯物主义的或本质上是还原主义的而反对它。你不能因为科学本质上是"工具理性"，或因为它的确包含非理性而反对它。你不能因为科学是实在论者的事业或因为它是现象学派的事业而反对它。你不能由于科学与常识相矛盾或由于它是常识的一种形式而反对它。你也不能由于科学本质上是霸权的或本质上是资产阶级的或本质上是大男子主义的而反对它。当然，无需再说，你也不能逻辑一贯地凭借这些理由中的任何一条来捍卫科学。

让我们先做一个思想实验，然后讨论一下条件，最后就人们**可能**以某些真正的、实质性的和建设性的方式反科学作一些评论。首先是这样一个思想实验。我跟我在科学史和科学哲学领域的同事是方法论相对主义者。就是说，我认为，以经验和理论研究为基础，不同的实践者群体评价知识主张的标准是与背景有关的，研究科学所采用的合适方法也应该考虑这种相对性。至于科学方法的作用，与梅达沃以及其他许多科学家一样，我是一个怀疑主义者。此外，这项工作使我相信自然界很可能是极其复杂的，不同的文化可以根据它们的目标以及按照它们自己与自然界打交道的传统，以不同的方式稳固地和一贯地对自然界进行分类并理解它。这种立场已经被确定为反科学的——受无知和敌意所驱使——也就是说，对那些不相信科学的人应该得出这样的逻辑结论：当他们头痛的时候，他们应该跳到汽车前面或找巫师，而不是看神经科医生。

这尽管是一个愚蠢而带有误导性的论点，但是，它是一个值得思考的有趣论点。我没有跳到汽车的前面，并且当我需要看医生的时候我确实这样做了。 这证明了什么呢？ 不是证明我是一个不忠诚的方法论相对主义者，也不是证明我是一个自相矛盾的人，而是证明我真诚地相信许多现代科学技术实践和观点，这种信心有许多不同于我所坚信的某些方法论上元科学故事的根据。 我相信科学非常伟大：这不过是说我是一个文化教育普遍发达的社会中的典型一员，在这种文化中对科学充满信心是一个正常人的标志，并且随着我们成为和继续作为其中的正常成员，这种信心进一步增强。

我和索卡尔、温伯格、格罗斯和莱维特上过同类学校；我们分享着其他一些重要的文化遗产和鉴赏力；我们很可能在总统大选时投了同样的票并且喜欢看同样的电影，尽管这只是一种猜测。 除了我们的学术领域不同之外，我们所处的组织环境也大致相同；如果我们在一次不佩戴姓名标签的聚会上彼此相遇，我们将会在一个体面的场合相处得很融洽。 但是，虽然如此，我对普适性**科学方法**的元科学故事及其对科学有效性的保证所抱有的专业上的信心，仍然不大。 因此，**这**就是我对医生的偏爱胜过巫医，对天文学家的偏爱胜过占星术士所证明的东西：我对科学抱有信心的基础几乎与任何类型的元科学故事没有关系。 按理，这种情况同样适用于大部分受过良好教育的人们，或许也适合于没有受过良好教育的人们。

现在讨论条件：在我的学术著作中我已经提出，并且将继续提出有关的科学论断。 老实说，尽管随着时间的流逝我在作出这些论断时变得更谨慎了一些，但我的论断仍然具有明显的普遍性。 我将捍卫它们的特色、正确性和合理性。 因此，举个例子来说，我因说过科学在社会方面是建构的，以及信任是形成和维持科学知识的一个必要条件而出名。 这些**都是**元科学主张，并且意味着它们适用于我所知道的所有科学实践。 我是在搬起石头砸自己的脚吗？ 我不这样认为。理由是当我说这些与科学有关的事情时，我是在对所有知识进行概括；可以说，我是在未得到许可的情况下做认知科学方面的事情。我**没有**做的是，挑出一个具有唯一性的科学本质特征，它对无脊椎动物学、地震学和（所有类型的）粒子物理学都有效，对颅相学、会计学或日常生活中的经验性和理论性的问题都无效。我在对所有知识进行概括方面可能是对的或错的，但是，我没有概括出一条科学独有的本质特征。这就是问题之所在。

再次提出这一问题：怎么就成了反科学？正如我所说的那样，反对科学的本质以及反对一个或另一个关于科学独一无二的元科学故事，不是很好的反科学方式，我也没有发现我对科学方法的怀疑以任何形式和在任何程度上使我不再相信电子的存在或 DNA 遗传物质是生物化学的基础。那些反对方法论意义上的或抽象的科学本质的人，并不反对任何具体的东西。那些真正对被他们当作科学本质的东西抱有敌意的人，正像他们被误导时一样，其行为效果并不好。究竟是谁读这种东西呢？为了向年轻人灌输这些思想，你首先必须使这种材料到他们手里，然后，你必须让他们阅读它、理解它和在意它；再往后，你必须说服他们——对照他们曾被告知其他所有事情的背景——你是对的。正像任何一位像我这样的教师所知道的那样，这确实不是一件容易的事。

但是，反对某种具体的与科学有关的东西既是可能的又是合理的。如何反对某种具体的与科学有关的东西，**人们应该希望这样做吗**？这里不妨再听听一些科学家自己怎么说。如果我们听科学家（不是在科学大战中为首的那些）的话，我们能听到的不是对科学的普遍捍卫，当然也不是对科学的普遍批评。相反，我们能听到科学**内部**或者某些科学分支领域的内部对某些倾向所进行的局部批评——这些批评常常是实质性的和以激烈的方式表达出来的。

现在**有些**科学家对**他们**所认为的一些东西进行了激烈的批评，这些东西包括还原论纲领的肤浅，科学官僚机构的专制和愚蠢带来的后果，追赶科学时尚，科普电影观众的流失以及公众想像力的下降，以小学科为代价的大学科霸权，同行评议体制不完善，科学的商业化及其参与者的道德和学术腐败，以及他们对当代科学机体诊断出的许多其他病症。其中，某些内部批评碰巧寻求过元科学研究的专业成果、甚至科学史的帮助，以理解当前的状况，并且将它们作为使事情做得更好的工具。当然，还有许多内部批评并不是这样。

要发现这些公开的内部批评并不难：近几期生物学期刊有好多这类批评，著名科学家的回忆录和回顾——包括 E·O·威尔逊、查加夫、斯滕特和勒温廷——是这类内部批评的另一个丰富来源。要是这场科学大战最终变得毫无意义，显而易见的事情是，元科学的专业研究者们对于这些内部争论竟然几乎没有给予关注。事实上，社会学家和历史学家甚至几乎没有把它们当回事。这几乎可以肯定不是一件好事：正像我所指出的那样，如果反科学不是反对任何具体的东西，那么，反对当前的同行评议体制，反对大学科的霸权，或反对临床试验的构成和资助方式，是在反对某些实质而重要的东西。社会学家和历史学家有责任参与讨论吗？我认为没有（尽管我知道某些社会学家不同意这种看法）。但是，这些争论的确提供了一个场合，使我们能够有机会与我们的科学家同行进行有趣的、实质性的对话。进行这些对话对双方来说是互惠的。

最后，我们需要记住的是，与专业的科学家一样，专业的元科学研究者也是公民。我们是高等教育机构中平等的成员，我们都承担着国家资助的科学研究任务。只要考虑到公民资格这一首要因素，我认为，任何人都不能把对这类问题的讨论定为违反规章制度，或把在大学讨论这类问题时因赞成一方或另一方定为叛国，例如，课程中应该讲授多少科学内容或应该如何讲授科学内容。如果有人想说（我**不想说**）在必修课程中科学的内容太多了，或者有人想说（我**也想说**）哲学、历史和社会学方面的内容应该在科学课程中占有一席之地，那么，人们应该有这样做的自由。如果一个人提出这样的观点，他不应该被指责为反科学。

同样，作为给许多科学研究买单的公民，如果有人想说他就应该可以自由地说——在充分了解的基础上——超导超级对撞机相对于所宣传的价值来说耗资太大了，为治疗艾滋病花了太多的钱而对研究艾滋病疫苗的投入太少了，政府部门在决定优先支持艾滋病研究还是痢疾研究上犯了错误，有些受公共资金支持的科学研究价值不高或没有创新性，受公共资金资助的科学界与商界之间的联系越来越令人担忧。一个人应该有权利说出这些事情——再重复一遍，如果他想说的话——而不被公然指责为反科学。科学家是在专业的基础上谈论这些事情，而公民是作为民主社会中负责任的成员谈论这些事情。他们必须自由地做这些事情，不应受到胁迫而转变成温顺的沉默者。

如果我们继续沿我们现在的方向走下去，我担心这场科学大战最终和必然的代价不是科学社会学家的工作岗位是否保得住，而是关乎现代科学健康发展的，供人们自由、开放地交流信息的公共争论平台是否受到伤害。科学的健康发展最终取决于这样的争论。

以下是本章开头那些著名的元科学主张的来源：

1. 这一主张有许多来源：免疫学家梅达沃的《可解的艺术》（Peter B. Medawar, *The Art of the Soluble*, London：Methuen，1957）第

132 页；化学家科南特的《科学与常识》(James B. Conant，*Science and Common Sense*，New Haven：Yale University Press，1951)第 45 页；生物学家沃尔珀特的《激情澎湃》(Lewis Wolpert and Alison Richards，*A Passion for Science*，Oxford：Oxford University Press，1988)* 第 3 页；勒温廷的《成千上万的妖怪》[Richard Lewontin，"Billions and Billions of Demons"，*New York Review of Books*，44，No.1(9 January 1997)：28—32](第 29 页："科学方法的胜利本身应该是'科学的'而并非只是修辞上的。")

2. 生物化学家查加夫的《赫拉克利特的火》(Erwin Chargaff，*Heraclitean Fire：Sketches from a Life before Nature*，New York：Rockefeller University Press,1978)第 138 页。

3. 昆虫学家、社会生物学家 E·O·威尔逊的《自然主义者》(Edward O. Wilson，*Naturalist*，New York：Warner Books，1995)第 210 页。

4. 源自玻尔，转引自派斯的《尼尔斯·玻尔的时代——物理学、哲学和组织体制》(Abraham Pais，*Niels Bohr's Times，in Physics，Philosophy and Polity*，Oxford：Clarendon Press，1991)第 314 页。

5. 物理学家爱因斯坦的《晚年文集》(Albert Einstein，*Out of My Later Years*，New York：Philosophical Library，1950)第 96 页；爱因斯坦的《思想与见解》(Einstein，*Ideas and Opinions*，New York：Crown Publishers，1954)第 355 页。 这里我简要地解释一下爱因斯坦原来的表述，物理学的基础不是从经验中可靠地归纳

---

* 中译本《激情澎湃——科学家的内心世界》，刘易斯·沃尔珀特等著，柯欣瑞译，上海科技教育出版社，2000 年。——译者

出来的，而"只能通过自由创造获得"。爱因斯坦说，几何学的公理——物理学演绎结构的基础——是"人类思维自由创造的产物"（Einstein 1954，234）。

6. 数学家布鲁诺斯基的《科学是人类的》（Jacob Bronowski，"Science is Human"，in *The Humanist Frame*，ed. Julian Huxley，New York：Harper and Brothers，1961，83—94）第88页。在这里我把第一人称"我们"改成了第三人称"科学家们"。

7. 数学家、科学管理专家韦弗的《科学与人民》（Warren Weaver，"Science and People"，in Paul C. Obler and Herman A. Estrin，eds.，*The New Scientist: Essays on the Methods and Values of Modern Science*，Garden City，NY：Anchor，1962，95—111）第104页。

8. 对生物化学家斯滕特的采访，见生物学家沃尔珀特的《激情澎湃》（Lewis Wolpert and Alison Richards，*A Passion for Science*，Oxford：Oxford University Press，1988）第116页。

9. 物理学家佩特里的《物理学基本常数》（Brian Petley，*The Fundamental Physical Constants*，Bristol：Adam Hilger，1985）第2页："现代物理学建立在一些基本信条的基础上，其中许多体现在这些基本常数之中。"

10. 进化生物学家勒温廷的《成千上万的妖怪》（见文献1）第31页："**尽管**科学的某些成果明显荒谬，**尽管**相对于科学对健康和生活方面的许多豪言壮语式的承诺来说科学是失败的，**尽管**科学共同体对于那些不重要的'假设故事'一忍再忍，但是，因为我们有一个先验的信念，一个对唯物主义的信念，（公众）仍然站在科学这边。"

11. 勒温廷、罗斯（神经生理学家）和卡明（生理学家）的《不在我们的基因中——生物学、意识形态和人类本质》（Richard Lewontin, Steven Rose, and Leon J. Kamin, *Not in Our Genes: Biology, Ideology and Human Nature*, New York：Pantheon，1984）第 33 页；还可参见："科学知识自治的内在主义、实证主义传统本身就是社会关系普遍客观化的一部分，它伴随着从封建社会到现代资本主义社会的转变。"（第 33 页）要在当今科学史家或科学社会学家的论著中找到像这样彻底而有教益的一段陈述，还真不容易！

9 物理学与历史 [*]

史蒂文·温伯格

我将讨论历史知识和科学知识各自对对方的用途，但我首先要讨论一个更不寻常的问题：历史带给物理学的威胁和物理学带给历史的威胁。

历史给物理学研究带来的威胁是，在反思过去的伟大成就时——像相对论、量子力学等伟大的英雄般的革命——我们对它们已经如此敬畏，以至于无法在一个最终的物理学理论中重新估价它们的地位。广义相对论提供了一个很好的例证。

1915 年，爱因斯坦提出了广义相对论，它的出现在逻辑上几乎是不可避免的。广义相对论的基本原理之一是引力与惯性等效，认为引力与惯性的效应（例如离心力）没有任何区别。等效原理还可以表

---

    * 本章包含原来发表的两篇作品（"Physics and History"，经 *Daedalus*，*Journal of the American Academy of Arts and Sciences*，winter 1998，vol. 127，no. 1，154—164 允许重印，内容来自专辑"文化中的科学"（Science in Culture）；"The Revolution that Didn't Happen"，*New York Review of Books*，8 October 1998，48—52）中的内容，经本书编者重新组织，最后由作者改定。

述为这样一个原理：引力只是时空弯曲的一种效应——爱因斯坦的引力理论就是来自这个几乎是独一无二的漂亮的原理。 但是，此处有"几乎"二字。 1915 年，爱因斯坦为了得到广义相对论方程组，他不得不作了一个附加的假设。 他假定广义相对论方程组具有某种特殊形式，并设想它们将是二阶偏微分方程组而不是更高阶的偏微分方程组。 它们不涉及三阶变化率，即变化率的变化率，在这种情况下变化率也是在变化的。 这看上去像一个技术细节。 它确实不是像等效原理那样的主要原理；它只是对这个理论中所允许采用的方程组的类别进行了限制。 那么，爱因斯坦为什么要作这一假设，即这种没有哲学根据的技术性假设呢？ 好吧，我告诉你，这是在那个时期人们习以为常的做法：处理电磁场的麦克斯韦方程组和处理声音传播的波动方程组都是二阶偏微分方程组。 因此，对于 1915 年的物理学家来说，这是一个自然而然的假设。 如果一位理论物理学家找不到更好的办法，那么作出最简单的假设不失为一个好的策略。 因为这种办法更可能给出一个人们能实际求解的理论，进而可以确定它是否与实验相符。 在爱因斯坦的例子中，这种策略奏效了。

然而，这种实际应用本身的成功并没有为这种假设提供一个合乎逻辑的论据，至少没有给出令爱因斯坦满意的那种论据。 爱因斯坦的目标从来就不是仅仅找到符合经验数据的理论。 记住，正是爱因斯坦说过，他从事物理学这类研究的目的"不仅是要认识自然是怎样的以及它是如何运行的，而且要尽可能达到这样一种乌托邦式的、看似高傲的认识目标：自然为什么是这样而不是任何别的样子"（Einstein 1929，126）。 当他武断地假设广义相对论方程组为二阶偏微分方程组时，他当然不能实现这一目标。 他原本可以使广义相对论方程组采用四阶偏微分方程组，但是他没有那样做。

经历了最近 15 年或 20 年的逐步发展，我们当前的看法与爱因斯坦不一样了。我们中的许多人认为广义相对论只不过是一个有效的场论——一个更基本理论的一种近似，这个更基本的理论在大尺度上，很可能包括大于原子核尺度的任何距离上都是有效的。的确，如果人们假设在爱因斯坦方程组中存在四阶或更高阶变化率的项，这些项在足够大的距离上也不会起多大作用。这就是爱因斯坦的解决办法为什么奏效的原因。假设广义相对论方程组为二阶偏微分方程有一个合理的理由，即这些方程组中包含的更高阶变化率的任何项在所有天文学观察中都不会造成大的差别。但就我所知，这并不是爱因斯坦的做法合乎逻辑的论据。

　　在这里指出这点看上去并不重要，可实际上，当前引力研究中最引人入胜的工作恰恰是在这种背景下展开的，即在场论方程组中出现的更高阶变化率会产生明显的差别。在量子引力理论中，最重要的问题源自这样的事实：当你进行各种计算时，比如，计算一个引力波被另一个引力波散射的概率，你得到的结果变成了无穷大。经典引力理论中的另一个问题是存在奇点：物质明显会坍缩为具有无穷大能量密度和无穷大时空曲率的一个空间上的点。这些令物理学家琢磨了好几十年的荒谬结果，恰恰是涉及很短距离内的引力问题——不是天文学上的距离，而是比原子核的尺度还小得多的距离。

　　现在，从现代有效场论的观点来看，在量子引力理论中不存在无穷大。物理学家采用与我们在所有其他理论中所用的完全相同的方法就能消除这些无穷大，即只要重新定义场论方程中的一些参数，把这些无穷大吸收。但是，只有在我们的方程组中包含四阶和所有更高阶的变化率项时，这种办法才能奏效。把爱因斯坦的理论严格地看作一个基本理论不能解决引力理论中的无穷大和奇点那些老问题。

根据现代观点——如果你不介意，就从我的观点来看——爱因斯坦理论不过是在长距离尺度上的一个有效近似，人们不能期望它能解决无穷大和奇点问题。但是，量子引力专家（如果可以这样称呼他们的话）继续将他们的毕生精力用于研究爱因斯坦原来的那个二阶偏微分理论在有关无穷大和奇点问题上的应用。他们以更复杂的方式看待爱因斯坦的理论，并且针对这一理论提出了种种详尽而又系统的形式体系，希望这么做能以某种方式消除无穷大和奇点。我认为，对广义相对论初始形式的这种病态的忠诚之所以仍在继续，是因为它在历史上的成功为其赢得了巨大声望。

我们必须警惕，以免被过去这些伟大而崇高的思想压得透不过气来，妨碍我们以新的观点看待事物；恰恰是对这些在过去获得过巨大成功的思想，我们更应该提高警惕。我可以给出其他类似的例子。例如，有一种被称为二次量子化的处理量子场论的方法，所幸的是这种方法在我们的研究中已不再发挥重要作用了，但是它在教科书中仍占有一席之地。二次量子化可以追溯到约尔丹（Pascual Jordan）和克莱因（Oskar Klein）于1927年发表的一篇论文中的一个思想，它认为在对一个粒子理论进行量子化的过程中，人们引入波函数后，要对这个波函数进行量子化。令人吃惊的是，许多人认为这就是看待量子场论的方式，但事实并非如此。

我们不禁想到，我们现有的理论也会有着同样的命运。在今天的加速器中可以对自然进行探索的条件下，用来描述自然的弱相互作用、电磁相互作用和强相互作用的标准模型，在未来可能是不同的——它虽然不会消失或被证明是错误的，但人们可能会以一种非常不同的方式看待它。现在，大多数粒子物理学家认为这一标准模型只是一个有效的场论，它为一个更基本的理论提供了一个低能近似。

有关历史对科学的威胁已经谈论得够多了。现在让我们就科学知识对历史的威胁说点什么。这种威胁来自这样一种趋势，即科学发现是按照我们现在所理解的逻辑取得的。如果假定过去的科学家按照我们的方式考虑问题，我们不仅会犯错误，而且还会忽视他们所面临的困难，忽视他们所面临的智力挑战。人们应该根据事情本身所处时代的实际情况来看待它们。

当然，这一点对于政治史也适用。有一个术语叫"历史的辉格解释"，它是由巴特菲尔德（Herbert Butterfield）在 1931 年的一次演讲中提出来的。根据巴特菲尔德对它的解释，"辉格历史学家似乎相信在历史中存在着一种展开的逻辑"。他接着抨击了他认为是典型的辉格史学家的阿克顿勋爵（Lord Acton），因为阿克顿认为可以把历史作为对过去进行道德评价的一种手段。阿克顿试图让历史充当"争论的仲裁人，充当世俗力量和宗教力量本身不断试图抑制的道德标准的支持者……历史学的责任就是把道德当作人和事唯一公正的标准来维护"。巴特菲尔德继续说："如果历史学能做些什么的话，那就是提醒我们注意那些破坏必然性的复杂性，并且向我们表明我们的所有判断都只与时间和环境有关……从长远来看，我们永远不能断言历史已经证明谁是正确的。我们绝不能说终极的问题、事件的后续发展过程以及时间的流逝已经证明路德（Martin Luther）反对教皇是正确的或皮特（William Pitt）反对福克斯（Charles James Fox）是错误的。"（Butterfield 1951，75）

这正是科学史家和政治史家应该分道扬镳之处。例如，时间的推移已经证明达尔文反对拉马克（J. B. de Lamarck）是正确的，原子论者反对马赫（Ernst Mach）是正确的，爱因斯坦反对实验家考夫曼（Walter Kaufmann）是正确的，尽管考夫曼给出了与狭义相对论相矛盾的经验数据。换一种说法，巴特菲尔德是正确的：没有理由认为辉格道德（与辉格党没有关系）在路德时代就存在。相反，自然选择在拉马克时代就起作用则是正确的，并且，原子在马赫时代的确存在，在爱因斯坦之前高速运动的电子就按照相对论的规律运动着。现在的科学知识以某种方式与科学史有着潜在的联系，而现在的道德和政治标准可能与政治史和社会史没有关系[16]。

许多科学史家、科学社会学家和科学哲学家由于担心陷入历史的辉格解释而将对历史主义的渴望引向了极端。引用霍尔顿的话说："许多最近的哲学研究论著宣称，科学只不过以一种永不停息的、没有意义的布朗运动形式，从一种模式、变换、变革或者不可通约的范例，不辨方向或者没有目标地摇晃到下一种"（Holton 1996，22）。我在美国人文与科学学院的一次演讲中也作过类似的评论，那时我顺便提到，有人认为科学理论只不过是社会建构的。那次演讲的一份讲稿落到了在20多年前就与所谓科学知识社会学（或SSK）的发展有密切关系的一个人手里。他给我写了一封令人不快的长信。他在信中写道，除了别的方面之外，他抱怨我对SSK的评价，我评价说由爱丁堡大学发起的强纲领体现的是一种极端的社会建构论的观点，这种观点认为科学理论只不过是社会建构的。他寄给我一大堆论文，并且说如果我阅读它们，我将会认识到他和他的同事们确实认识到实在（reality）在我们的世界中起着重要作用。我把这种批评放在心上，并且阅读这些论文。我还翻阅了过去的一些与柯林斯的通信，他多年来一直都在巴斯大学领导着著名的科学知识社会学研究小组。我尽我所能地从体谅的角度看这些材料，力图去理解他们所说的，并假定他们必定是在讲一些并非荒谬的事情。

事实上，在爱丁堡小组成员布鲁尔的一篇文章以及我与柯林斯的通信中，我确实找到了一种从表面上看并不荒谬（尽管不一定赞成）的观点。根据我对它的理解，存在一种称为"方法论唯心主义"（methodological idealism）或者"方法论反实在论"（methodological antirealism）的论点，这种论点认为历史学家和社会学家不应该在关于什么是最终正确的或真实的这类问题上有任何立场。相反，他们应该把这种观点作为他们工作的指导原则，不能利用今天的科学知识，而应该试着按照他们所研究的科学家在进行研究的那个时代可能看待自然的方式来观察自然。就其本身而言，这种论点并非荒谬。特别是，它可以指导我们避免做傻事。例如，我回想起一件感到内疚的事，过去，我想当然地认为开普勒是从对天空中行星运动的观察得出行星运动定律的。

然而，尽管我暂时还不能指出它究竟错在什么地方，但是这种方法论反实在论的态度在过去还是令我感到困惑。在准备这篇论文的过程中，我努力把它搞清楚，并且得出了这样的结论，即方法论反实在论有一些枝节性的错误：它会妨碍历史研究，往往枯燥乏味，而且基本上行不通。它还有一个大的缺点：几乎可以说，它没有抓住科学史的要义。

让我首先论述这些次要的方面。如果真的可能再现过去某些科学发现中所发生的每件事，那将可能有助于忘掉从那以后所发生的每件事；但实际上，很多事情对我们来说是永远不可能知道的。例如，在使汤姆孙（J. J. Thomson）成为电子的发现者的那个实验中，汤姆孙是在测量一个至关重要的量，即电子的荷质比。正如在做实验中常有的事那样，他发现的是一个值的范围。他虽然在发表的论文中引用过各种不同的值，但是他最喜欢参照的还是处于这个范围高端的那些值。汤姆孙为什么把高端的值作为他特别喜欢的值来引用呢？

可能的情况是：汤姆孙知道在得到那些值的日子里他做得更认真，或许那些天他没有无意中磕碰实验台，还有可能在那之前睡了一个好觉。但是，也可能存在这样的情况：他最初获得的值是处于这一范围的高端，而他决定证明他从一开始就做得正确。哪种解释是正确的呢？完全不存在再现过去的办法。要是不靠他的笔记，也不靠他的传记，没有任何东西能让我们现在再现他在卡文迪什实验室的日子，并从中发现在哪天汤姆孙比平时更笨拙或更困乏。然而，我们确实知道这样一件事：电子荷质比的真实值，它在汤姆孙的时代和在我们今天是一样的。我们现在知道，这个真实的值不是在汤姆孙实验测量值范围的高端，而是在低端。这有力地表明，给出高端值的那些测量实际上并不是做得更仔细，所以更有可能的情况是，汤姆孙引用这些值是因为他试图表明他最初的测量是正确的[15,21]。

　　这是在科学史中利用现在的科学知识的一个普通例子，因为这里我们谈论的只是一个数，而不是一个自然规律或一个本体论的原则。我之所以选择这个例子，只是因为它如此清楚地表明，决定忽略目前的科学知识常常是抛弃了一种有价值的历史工具。

　　方法论反实在论的第二个缺点是，一个对关于自然的现有认识一无所知的读者，很可能会认为科学史相当枯燥。例如，一位历史学家可能会描述 1911 年荷兰物理学家昂内斯（Kamerlingh Onnes）如何在低温下测量水银的电阻，并认为他曾发现了一种短路现象。历史学家接着还会一页又一页地描述昂内斯是如何研究这种短路现象的，将他如何把导线拆开又接上进行详细的描述，也没有发现他找到短路的原因。昂内斯所观测到的实际上就是当温度降低到某个确定值时水银的电阻消失了，而这正是发生了超导现象。如果事先人们并不知道根本就不存在短路的事，那还有什么能比读这些琐碎的描述更枯燥呢？当然，现在的物理学家或物理学史家不可能不知道超导现象。实际上，在阅读有关昂内斯实验的介绍的时候，我们根本不能想像他的问题仅仅是个短路问题。即使从来没有听说过超导现象，读者也会知道除了短路之外还有别的什么东西——历史学家为什么会对这些实验别有用心呢？许多实验物理学家曾遇到过短路现象，但是没有人去研究它们[15,21]！

然而，这些都是一些不重要的事情，我不愿意再详细说它们了。我认为，方法论反实在论的主要缺点是它忽略了科学史与其他类别的历史的主要区别：即使一个科学理论在某种意义上来说是社会中多数人的意见，它也不像任何其他种类的多数人的意见一样，因为它是不受文化影响的，并且长期保持不变[15,20]。

这恰恰是许多科学社会学家所否认的。布鲁尔在伯克利的一次演讲中讲道："重要的事情是实在削弱了科学家的理解。"我推测他的意思是，虽然他认识到实在对科学家所做的事情有些影响——科学理论并非"完全是"社会建构的——科学理论也并非完全由于自然的本来面目如此它就如此。与这种想法类似，菲什也认为，物理学定律与垒球规则相似(Fish 1996)。的确，这两者都受外界实在的制约——毕竟，如果在地球引力的影响下垒球有不同的运动，这些规则就会让球垒之间的距离更靠近一些或离得更远一些。尽管如此，垒球规则仍然反映着这项赛事的历史发展以及运动员和球迷们的偏好。

因此，布鲁尔和菲什有关自然规律的观点对于这些规律的发现过程来说是适用的。霍尔顿关于爱因斯坦、开普勒和超导现象的研究已经表明，许多文化方面和心理方面的影响已经渗入科学工作中。然而，自然规律与垒球规则不同，前者不受文化影响，并且是长期不变的——不是在它们正在被提出来的时候出现，不是当它们还在首先发现它们的科学家的头脑里的时候出现，也不是在拉图尔和伍尔伽（Steve Woolgar）所说的接受何种理论的"协商"过程中出现——而是存在于它们的最终形式中，文化的影响在这里已经被消除了[22，32]。我甚至会用"只不过"这个非常冒险的词：除了像我们所用的数学符号那种非本质的东西之外，我们现在所理解的这些物理学定律只不过是对实在的一种描述。

我无法**证明**成熟的物理学定律与文化无关。生活在 20 世纪后期西方文化氛围中的物理学家，如果我们说对麦克斯韦方程组、量子力学、相对论或者基本粒子的标准模型的理解不受文化影响，这当然是令人难以相信的。然而，我坚信它是这样的，因为这些理论的纯科学证据对我们来说似乎是足够令人信服的了。我还要补充一点，尽管物理学家的人员组成已经发生了变化，特别是妇女和亚洲人在物理学界的数量已有所增加，但我们对物理学本质的理解并没有改变。这些定律的成熟表达形式不易受到文化的影响。

关于科学史与政治史或艺术史的另一个差异（此差异支持了我关于文化影响的论点）是，科学成就是长期不变的。这种论点看似与本章开头的说法相矛盾：现在我们与爱因斯坦看待广义相对论的方式不同，甚至我们现在对这一标准模型的看法与它刚开始形成时对它的看法也不一样。但是，所改变的只是我们对为什么理论是正确的以及它们的适用范围这两方面的理解。例如，我们曾一度认为，在自然界存在着精确的对称性，但是后来发现这只是在某些情况下是正确的，而且是在某种程度上的近似。然而，自然界的对称性并不是完全错误的，而且这种观念现在也没有被抛弃，我们只是对它有了更深刻的理解。在它的有效范围内，这种对称性成了科学的长期不变的方面，而且在我看来将来也不会有什么变化。

最后，让我转向历史在物理学中的运用。对于像我这样的基本粒子物理学家来说，历史具有特殊的作用。我们的历史观与其他大多数学科中的研究者是非常不同的。其他科学家期望找到将来永远令人感兴趣的问题——认识意识、湍流或高温超导——那些永远继续下去的问题。相反，许多基本粒子物理学家认为，我们在寻找越来越深入的解释方面的工作将会在一个我们正在努力研究的终极理论中达到终点。我们的目标是使我们自己无事可做。这为我们选择致力于哪类工作给出了一个历史维度。我们倾向于寻找这类问题，它们可以促进实现这一历史目标，不只是令人感兴趣的或有用的或者对其他领域产生影响的工作，而是具有历史进步性的工作，它使我们迈向一个终极理论的目标。

当然，科学进步这一概念整个遭到了强烈的怀疑，特别是自从库恩著名的《科学革命的结构》一书问世以来。库恩在这本书中认为，在科学革命的过程中，不仅科学理论发生着变化，评价科学理论的标准也在发生变化，因此，支配着不同常规科学阶段的范式是不可通约的。他继续论证道，既然范式的转换意味着对旧范式的彻底放弃，那么，在不同的范式中就没有评价科学理论进步的共同标准，也就谈不上在一场科学革命之后理论的发展不断地积累了在这场革命之前人们所知的东西。只有在一个范式的背景下，我们才能说一个理论是正确的或错误的。他试探性地得出结论认为："更准确地说，我们可能不得不放弃这么一种不管是明确的还是模糊的观念，即范式的转变使科学家和向他们学习的人们越来越接近真理。"（170 页）更近些时候，库恩于 1992 年在哈佛大学罗思柴尔德演讲中评论说，很难想像"越来越接近真理"是什么含义。

对于像我这样认为科学的任务就是把我们带向离真理越来越近的

科学家来说，所有这些观点都是令人感到不舒服的。 但是，库恩的观点对于那些对科学的意图持怀疑态度的人来说则是快意的。 如果科学理论只能在某一个范式的背景下进行评价，那么按照这种观点，任何一个范式中的科学理论都不比用其他方式看待这个世界更高明，比如萨满教、占星术或创世论。 如果从一个范式向另一个范式的转变不能由任何外在的标准来评判，那么，决定着科学理论内容的或许不是自然而是文化。

库恩并没有否认科学存在进步，而是否认这种进步是**朝着**任何方面的进步。 他常常运用生物进化的隐喻，来说科学进步就像达尔文描述的进化那样，是从后面驱动的一个过程，而不是被拉动着朝一个比以往更靠近某个固定目标的方向发展。 对他来说，科学理论的自然选择是由问题的解决来驱动的。 在常规科学时期，一旦出现一些不能用现有理论来解决的问题，那时新思想就会激增，而且能存活下来的是那些能最好地解决这些问题的思想。 可是按照库恩所说的，就像在白垩纪出现哺乳动物以及彗星撞击地球时恐龙的灭绝一样，没有什么是必然发生的，因此自然界当中也没有什么东西必然使得我们的科学会在麦克斯韦方程组或广义相对论的方向上进化。 库恩承认，麦克斯韦和爱因斯坦的理论比它们之前的那些理论更好，就如同在经历彗星撞击地球之后，证明哺乳动物比恐龙适应能力更强；可是一旦出现新问题，它们就将被能更好地解决那些问题的新理论所代替，并且将如此进行下去，并没有一劳永逸的改进。

为了对这种论点进行辩护，库恩论证说，过去关于自然的所有信念都被证明是错误的，而且没有理由去假定我们现在做的会比过去好。 当然，库恩清楚地认识到，现在物理学家继续把牛顿万有引力定律和运动定律以及麦克斯韦电磁场理论看作可以从更精确的理论推导出来的很好的近似结果，我们当然不会像看待亚里士多德的运动学说或者火是一种元素（燃素）的理论那样把牛顿理论和麦克斯韦理论看作完全错误的。库恩本人在他早期关于哥白尼革命的书中讲述了科学理论中的某些部分怎样在取代它们的更成功的理论中保留下来，而且看起来与新的思想并没有什么冲突。面对这种矛盾，库恩在《科学革命的结构》中提出了对他来说是一种相当不具有说服力的辩解：我们今天所用的牛顿力学和麦克斯韦电动力学与它们在相对论和量子力学创立之前不同，因为那时人们还没有认识到它们是近似的，而现在我们已经认识到这一点。这就像是说你吃的牛排并不是你买的那一块，因为现在你知道它是带筋的，而原来你并不知道。

对于在科学革命中发生了什么和没有发生什么始终保持诚实的态度是很重要的，然而，《科学革命的结构》一书并未将两者加以区分。现代物理学理论中有"硬"的部分（"硬"意指"持久"，就像古生物学中的骨头或者考古学中陶器的碎片一样），一般由方程组本身再加上一些对于运算符号表示什么以及它们适用于何种现象的理解组成的。然后还有"软"的部分，它是我们用来解释这些方程为什么会有效的实现形式。软的部分确实改变了。我们不再相信麦克斯韦的以太观念，而且我们知道自然界存在着比牛顿的粒子和力更多的东西。科学理论中软的部分的改变，也使我们对在何种条件下硬的部分是一种很好的近似的认识发生了变化。但是，当我们的理论获得成熟的表达形式之后，它们的硬的部分代表的就是永恒的成就。如果你买了一件胸前印有麦克斯韦方程组的T恤衫，你可能担心买它的款式可能会过时，而不是担心麦克斯韦方程组会变得不正确。只要还有科学家存在，我们就会讲授麦克斯韦的电动力学。在任何意义上我都不能理解，我们的理论的硬的部分在应用范围上更广泛并且准确程度更高如何就不算在逐渐地接近真理。

库恩的科学进步观留给我们一个谜：为什么人们要自寻烦恼呢？如果一个科学理论只是比另一个理论在解决现在碰巧出现在我们大脑中的问题方面具有更强的能力，那么为什么不把这些问题抛在脑后而省去这些麻烦呢？我们研究基本粒子并不是因为它们像人一样有趣。它们不是人——如果你认识了一个电子，你就认识了所有的电子。严格来说，驱使我们进行科学研究的是存在着有待发现的真理，这些真理一旦被发现，将会永远构成人类知识的一部分。

当我在前面说社会建构论者没有抓住要领时，我大脑里闪现了数学物理学中称作逼近不动点的景象。在物理学中存在着有关某种空间中的运动的各种问题。这些问题通常由求解这样一些方程来解决，即无论你从空间中的哪一点开始，你总是在这同一点结束，即所谓的不动点。当古代物理学家在说条条大路通罗马时，在他们的脑海里也有某种类似的东西。我认为，物理学理论就好像是一些不动点一样，它吸引我们走向它。我们的出发点可能由文化决定，我们所走的路可能会受到个人偏好的影响，但是，这个不动点仍然在那里。那是任何物理学理论都会朝着它运动的某种东西，一旦我们到达那里我们就会认识它，然后我们就停了下来。

在我从事场论和基本粒子理论方面的物理学研究时，我一生中大多数时间就是朝着一个不动点运动。但是，这个不动点与科学中任何其他不动点都不相同。我们正在朝向它运动的这个终极理论将会是一个普遍有效的理论，一个能适用于整个宇宙的理论，一个一旦我们发现了它，就将成为我们所掌握的有关这个世界的知识中永恒组成部分的理论。到那时，我们作为基本粒子物理学家的工作将会结束，而且我们的工作除了成为历史之外将变成什么也不是。

10 作为知识图的科学论

彼得·迪尔

10.1 科学论中知识图式的努力

人们不禁会想起莫里哀的戏剧《贵人迷》中主人公的一段著名台词："上帝啊！ 40 多年来，我一直在诵读着经文，可我不懂它的含义。"[1] 这段话对于科学论也同样适用。 科学论的研究者们始终在从事着一项我们不知道该如何命名它的事业，这就是"知识图"（epistemography）。 不幸的是，这种失误引发了科学论研究者与那些针对科学论的自命不凡的批评家之间的一个又一个误解，而这些所谓的自命不凡的批评家往往是那些连自己都没有认识到他们在批评什么的人。

"科学论"（science studies）这一包罗万象的标签之所以如此含混不清并非偶然：这些含糊的学科名称从一开始就由于要赢得尽可能多的支持者而束缚了自己的手脚，以至于冒着尝试把非常不同的智识研究强行套在一起的危险。 如果（无疑可以争论）我们把科学论的出现追溯到 1970 年代，我们就会立刻认识到存在着一组相互交叉的学科。 在科学论出现之前，存在着一个相当成熟的专业领域叫做科学史和科学哲学(history and philosophy of science)。 还存在着一个社会学的分支领域，称为科学社会学(sociology of science)。 现在，科学论侵占了曾一度属于这些早期发展起来的学科的许多内容，但是，一直没有把它们彻底消化，剩下的其他内容则各自讲着它们自己的故事。

在 1983 年出版的《维特根斯坦——知识的社会理论》(*Wittgenstein : A Social Theory of Knowledge*)一书中，布鲁尔援引维特根斯坦的话，把自己的研究描述为"对过去称作哲学的研究领域的继承之一"(183 页)。 从某种意义上来说，要感谢布鲁尔的努力，从那时起，已经明显出现了一个继承科学哲学这一专业领域的学科：科学哲学的一些内容已经成了科学论的一部分，特别是成了所谓的科学知识社会学(SSK)的研究进路；其他一些内容没有成为科学论的一部分。这些没有成为科学论的内容是科学哲学中的理论**评价**及其**规范**方面的内容，它们致力于证明某些特定的科学程序在认识论上具有优越性，因此，它们更有可能提供关于这个世界的可靠知识。 科学知识实际上是在不同的学科领域、不同的历史时间和地点，以不同的形式被研究者们进行了解读，而那些成为科学论的内容则试图对这些解读途径进行尽可能系统化和抽象化的描述。 比较典型的是，在科学哲学中，这些宏大目标被限定为试图用描述作为一种或另一种规范科学理论的证据，一种所谓的自然主义进路(Donovan，Laudan，and Laudan 1988，Fine 1986)；相反，在科学论中，一种自觉的中立立场成了规范。 这后一种往往被称为"相对主义"的观点，在一些目的不同的科学论研究者和哲学家之间产生了许多争论，但是它在实践中大多以柯林斯所标榜的"方法论相对主义"[2](methodological relativism)的形式出现。

在科学大战中，批评科学论的人往往使用最刻薄的语言将其嘲笑为"后现代科学论"或其他包含"后现代"一词的类似用语[3]。不幸的是，正如基切尔(Philip Kitcher)注意到的，那些被当作这个领域攻击目标的人，往往被公开承认的科学论研究者看作该领域的非主流学者——即便当他们不是非主流学者时，他们的立场也很少得到他们学科中多数同行的支持。基切尔把这种状况简洁地描述为"这样一种假设，即所有对科学论有贡献的人是哈丁的变种"(Kitcher 1998)。也就是在这里，缺乏合适的学科标志成了真正的麻烦。在最近出版的一本由克瑞杰主编的文集《沙滩上的房子——科学的后现代主义神话曝光》(1998)中，"科学论"、"科学的文化研究"以及被泛称为带有贬义的"后现代主义"的种种说法，都是一些含糊的、在大多数情况下被交替使用的词语[4]。这种做法之所以具有危害性，不是因为在这本书里的批评对象(数量上非常多)中根本没有值得批评的目标，而是因为这些抨击是不分青红皂白的、很不厚道的。这样一来，所有的东西都被讽刺为愚蠢的，并且在没有尝试去理解它们的情况下就将其全盘否定，这样做无疑是将孩子连同洗澡水一起倒掉。这无异于仅仅因为狭义相对论的某些结论似乎是违反直觉的，就全盘否定整个物理学[5]。

实际情况是，像克瑞杰的《沙滩上的房子》这样的书一本接一本地把科学论攻击为故弄玄虚的愚蠢学术。这使人认识到，这个领域的许多严肃的学术研究成果仅仅由于它们的批评者没有理解而被忽视了。这里说的不是上面提到的那种批评，因为上面那种批评不过是任何学术研究领域中的正常程序，也不是零星出现的具有同情心的学者们的愤怒。一方面，有些人严肃地对待这些作者的工作并且发现他们能够胜任这些工作，而另一方面，有些人甚至在没有注意到这些作者正在试图说明什么时就把科学论研究这一整个专业领域指责为自私自利的、愚蠢的，这两者之间存在着巨大的反差。只要没有比"科学论"更好的标签，人们就会继续把苹果和橙子混装在一起，不对麦粒和麦糠进行区分，学术讨论无论在智力方面还是在道德方面都将维持在低水平上。因此，本文呼吁重新认识这个已经出现的学术领域，用我们中的许多人长期以来一直主张用的大白话来说就是：它是一项处于**知识图**核心的事业。

引入"知识图"这一术语是为了使这一讨论更加明晰一些，利用它对当前在"科学论"这一标签下所包括的最核心和最典型的工作进行一种不严格的划分。这种划分的策略依赖于理解以下共识：科学论这一研究领域的目的是试图把科学理解为人类的一种活动，实际上它是并且一直是人类的一种活动。知识图是指这样一种学术追求，它跟过去一样试图"在这一领域"对科学进行研究，提出诸如此类的问题：什么算得上是科学知识？科学知识是如何获得的和被证明是正确的？人们以什么方式利用它或尊重它的价值？作为一个术语，"知识图"表明了这种叙事的核心，很像"传记"或"地理"[6]。知识图是指这样一类研究，它关注的核心是形成一种关于科学知识的经验理解，这与**认识论**相反，因为认识论是关于人们如何获得或应该如何获得科学知识的规范性研究。

这样一种变化有助于澄清科学论研究领域中令人困惑的相对主义问题。如果我们把这一问题转化成**知识图**中的相对主义问题，那么，它所关注的方面也变得明显了——包括它所关注的是什么，更关键的是，它所关注的不是什么。知识图的相对主义是一种方法论相对主义。相对主义是知识图中的一个不可或缺的部分，**因为**人们采用它不仅是出于探索方面的原因，而且在很大程度上是出于相关性方面的原因。 一个符合逻辑的基本观点正确与否有赖于它的基础：人们不会因为一些主张实际上正确，就相信这些主张是正确的；相反，人们会出于各种各样的理由相信某些事情，而这些理由正是绘制知识图的人有兴趣要揭示的[14]。 如果有人问我为什么相信地球是圆的，我若回答说我相信地球是圆的是因为地球确实是圆的，那不会对确立我的论点有任何帮助。 我可能会引证各种各样的经验证据，诸如古希腊哲学家所使用的那类证据，即远航的船只在地平线上消失了，或一位观察者向南或向北旅行时发现北极星的纬度发生了明显的变化等；或者利用从太空中拍摄的图片等其他现代论据。 无论这些证据和观点是什么，也不管它们在别人看来是多么似是而非，但对于我来说，它们都至少具有部分解释价值[7]。 从逻辑上来说，即使我们是上帝，并且碰巧认识了绝对真理，但是，信念的**真理性**永远不能说明这种真理的正确性。

真理与信念在逻辑上的完全分离意味着，与信念相联系的认识论上的相对主义与坚持认为真理本身具有某种"相对性"的任何立场无关。 绘制知识图的人可以坚持认为一种信念是绝对真理，同时他也是一位方法论上的相对主义者，因为这种相对主义只用来理解特定群体的人们相信什么，以及他们为什么会相信这些东西。 也就是说，这种分离意味着绘制知识图的人对于绝对真理的信奉超出了认为存在绝对真理但只有上帝才知道的观点（一种类似于费耶阿本德"形而上学的实在论"[1978]的观点）。 一个实在论而不是方法论相对主义的知识图绘制者总会超出职责范围，指责根本没有自相矛盾的信念是错误的或基础不稳固：[8] 知识图绘制者说，这种信念的拥护者是错的，但由于他们看待事物的特定（和可描述的）方式的原因，他们或许永远不会承认错误[9]。 知识图的工作以同样的方式开展下去，尽管对相对主义有这些元层次观点。

然而，即使公认知识图是科学论这一学科领域的核心，我们仍然可以预见会有一些激烈的批评，这些批评不是建立在哲学或认识论基础上的，而是建立在道德基础上的。对最近发生在《纽约书评》上的一场激烈争论进行分析就恰好说明了这一点，由于这场激烈争论的极端性质，这场论战近乎闹剧。

10.2 佩鲁茨对盖森：认识论对知识图？

1995 年 12 月，剑桥大学的佩鲁茨（Max Perutz）教授发表了一篇评论文章，对盖森（Gerald L. Geison）那部广受称道的著作《路易·巴斯德的私人科学》（*The Private Science of Louis Pasteur*，1995）进行了批评[10]。在"为先驱辩护"这一合适的专栏标题下，佩鲁茨对盖森著作中所描绘的巴斯德的形象提出了反对意见：也就是说，在有关巴斯德做过什么以及什么时候做的等方面，佩鲁茨没有宣称盖森所依据的事实材料是错误的；相反，佩鲁茨把巴斯德的这一形象当作是被赋予的，他反对盖森在著作中对巴斯德的评价，或者从该书中推论出的有关对巴斯德的其他评价。正像他对盖森本人的评价一样，佩鲁茨的所有批评转向了道德方面——包括那些有关巴斯德的工作在科学上的可信程度方面的评价。

在这篇文章中，佩鲁茨把巴斯德介绍为"现代卫生学、公共健康和许多现代医学领域的先驱"，然后简要地概括出结论，认为相信巴斯德由于他自己的发现而名誉扫地是错误的或盲信的。然而，他很快引出了这一真正的问题：他告诉我们，"巴斯德过着简朴的家庭生活，把他毕生的精力献给了研究事业。"佩鲁茨紧接着赋予了巴斯德"一位无私的、旨在利用他的科学造福于全人类的真理探索者"的形象。 然而，根据佩鲁茨的观点，盖森却声称"发现他犯有欺骗、剽窃他人思想的恶行，还有过寡廉鲜耻和不道德的行为。"正是对这种评价的愤怒，才促使佩鲁茨后来谴责盖森的这本书。 他抨击盖森的一个基本策略是，指责后者在评述巴斯德的工作时犯了科学上的错误。正是这些错误致使盖森在关于巴斯德的科学道德方面得出了不合适的结论。 在佩鲁茨看来，一旦消除了这些错误，就可以恢复巴斯德的道德纯洁性。

实际上，正像《路易·巴斯德的私人科学》这一书名所暗示的那样，这本书之所以遭到这类批评，是因为它是按照巴斯德在私人科学和公共科学两个层面之间所进行的理论划分展开的。 为了把巴斯德的实验室记录中所记载的研究工作与他在公开场合发表的研究工作进行比较，盖森分析了他的私人实验室记录。 在做这项工作的过程中，盖森特别仔细地分析了这两者之间的差别。 佩鲁茨所批评的也正是这些所谓的差别，因为在他看来，如果这些差别真实存在，它们将暗示着这位"无私的真理探索者"会在道德方面具有令人不能接受的形象。 佩鲁茨断言，盖森不能充分理解这些相关的科学知识，也不可能正确地判断公开材料和私人材料之间的关系；这反过来证明佩鲁茨对盖森的指责是正确的，即盖森本人试图"诋毁巴斯德的光辉形象"也是"不道德的和寡廉鲜耻的行为"。

后来，盖森写了一封信(Geison 1997)对佩鲁茨的上述评论进行了反驳，佩鲁茨在对这封信进行回应(Perutz 1997)时，其上述立场表现得尤为明显。 在许多方面，佩鲁茨似乎忽略了或有意曲解了盖森的解释，因为后者辩解说那篇评论没有准确地反映他书中的论点。 无论如何，这种现象都值得研究，因为它表明在佩鲁茨阅读盖森的著作时，背后隐藏着根深蒂固的受怨恨驱使的种种矛盾倾向。

在佩鲁茨的那篇评论和后来的反驳文章中，除了在形式上闪现着一些讥讽"相对主义"的言辞之外，有一点是非常清楚的。在那封信中，盖森注意到"（他和佩鲁茨）之间真正的不同意见本质上表现在认识论、方法论和伦理方面。"进一步分析后，人们将会发现，前两者从属于第三者。当佩鲁茨把盖森研究工作的知识图方面的性质误解为**认识论**方面的性质时，对于佩鲁茨来说，盖森工作的知识图性质就成了可以在道德上加以反对的了。

佩鲁茨解读盖森的研究工作的逻辑是建立在如下假设的基础之上的：对佩鲁茨来说，巴斯德是在许多方面对现代科学医学做出了重要贡献的先驱者（"现代卫生学之父"等等）。这样，他把道德品质与这些贡献在后来所起的作用联系在一起。这就好比现代医学因其益处而被人格化了，而且其形象至少部分地**等同于**路易斯·巴斯德的形象。后来，当盖森按照巴斯德本人所倡导的、存在着争议的科学方法论规则，把后者的科学研究工作描绘成并非完美时，或者根据某些广为人知的著名成就［对梅斯特（Joseph Meister）的狂犬病治疗或著名的炭疽热试验］将巴斯德描绘成并非一位"无私的真理探索者"时，佩鲁茨觉得有义务反驳盖森所描绘的巴斯德的形象，目的是阻止对巴斯德进行负面的道德评价。推而广之，佩鲁茨是在阻止对现代科学医学本身进行负面的道德评价。因此，佩鲁茨常常借助"我们现在知道的事实"来证明巴斯德的行为是正当的。关于巴斯德本人，佩鲁茨评价说："他的伟大来自这一系列重要的科学发现，这些发现经受了时间的检验并且缓解了人类的巨大痛苦"（Perutz 1997）。

佩鲁茨后来建议对盖森关于巴斯德的一个论断进行修正，进一步说明他的论点注重眼前的利益。盖森曾作出了这样一种知识图式的论断，即巴斯德在使偏振光通过具有左旋和右旋性质的酒石酸晶体溶液来研究所产生的偏振面之间的差别时，他事实上记录了这两个旋转方向相反的测量值之间的微小差别（而不是根据他理论上的需要，认为这些相反方向上偏离程度相同）。盖森认为，正像巴斯德在发表的实验报告中没有对这种差别进行讨论所表明的那样，他没有考虑这种差别是因为他将其看作是可忽略的[11]。由于佩鲁茨觉察到这种描述暗示着巴斯德有欺骗行为，他对盖森的这一描述进行了猛烈批评。在这一问题上，佩鲁茨的论断自始至终存在着某种不一致[12]，但是，他明确地提出了另一种表述证据的方式，即不从支持盖森论点的那些实验室记录出发："如果盖森对巴斯德实验的报道是真实的，他应该代之以这样的表达方式：'巴斯德发现了这两种测量结果之间的微小差别，他正确地将其归结为难以区分这两种晶体'"（Perutz 1997）。

因此，这种知识图式的观点变得非常清楚。无论针对当时的情况存在多么不同的说法，佩鲁茨最终将其论据建立在巴斯德的主张的**正确性**这一基础上。当然，有关情境正好是这样一些情境，即它们妨碍了巴斯德理解"后来的实验"[13]结果将会揭示什么；也就是说，随着研究工作的进行，它们成了巴斯德研究工作中时间维度的一部分。当然，盖森是在进行一项知识图式的研究，而在这类研究中这些因素是必不可少的。

最后，值得注意的是佩鲁茨在回应中的另一论点："我接受巴斯德工作的有效性不只是由于他在实践上的成功，而且是由于他的实验结果从未被证伪过，它们的有效性一直在得到巩固，并且现代分子生物学为它们提供了坚实的理论基础。他是一位科学天才发现正确答案的榜样，即使在解释这些答案的原理还没有明确地提出来之前，他就发现了这一正确的答案。"[14]再清楚不过的是，佩鲁茨没有理解盖森所做的工作。盖森之所以遭到批评不是由于他说了与这样一种信念有丝毫不一致的想法，即巴斯德在某种程度上与当今的科学信念一致的答案是"正确的答案"。 在这里，正确或错误无关紧要。 这一点为什么佩鲁茨看不到呢？ 因为对他来说，自然真理方面的"正确性"倒向了道德诚实方面的"正确性"，他利用后者的正确性来暗示前者的论证方式的正确性。

10.3 知识图与"纯描述"

针对科学论研究项目有一个公认的知识图式的核心这种观念，一个显而易见的批评来自这样一种不断被表露出的信念，即在科学论工作中总是暗示着一些规范性的元素——这种信念本身与科学哲学中广为人们接受的论点，即观察渗透着理论相呼应[15]。 作为一个原则性的基点，这无疑被很好地确立起来；然而，从实用主义的观点来看，这一问题还很不清楚。

几年前，在《科学、技术与人类价值》（*Science，Technology，and Human Values*）杂志上发生了一场著名的论战，这场论战分析了这样一个问题：当科学论研究者分析科学争论时，他们是否超越了这些争论。 试图"公正"地研究当代科学争论的三个实例表现出了这一种现象，即研究者成了争论双方中某一方的俘虏，尽管他们极力保持中立（Scott，Richards， and Martin 1990）。 柯林斯不赞成斯科特（Pam Scott）、理查兹（Eveleen Richards）和马丁（Brian Martin）得出的怀疑性的结论，他试图把"无私利性"这一理想作为研究科学争论的一个有价值的（以及可能的）方法论进路来坚持，无论争论的参与者是否试图出于他们自己的需要引用这些"公正"的研究者的工作（Collins 1991）。 柯林斯的立场要求研究者在一开始就能确保科学论研究方法在原则上具有中立性，只有在这一层次上争论，才能将观察渗透着理论的论点作为对立论点加以引用：在研究科学争论时，引用某些特定观点本身就意味着倾向于赞成争论中的某一方[典型的是在斯科特、理查兹和马丁所研究的案例中的那些"弱者"（Martin, Richards, and Scott 1991）]。由于这些原因，主张在科学争论的研究中采用一种知识图式的说明似乎是不现实的。

然而，最终由于柯林斯所提出的基本问题，这种结论走得太远了。在许多情况下，研究的语用学轻易胜过了对所采用的研究方法在认识论上的批评。在当今的形势下，我们必须研究知识图的方法论，即分析一个人应该如何给出关于科学知识及其形成过程的可靠描述性说明。但是，面对眼前的明显倒退或循环，没有理由悲观失望，因为（正像柯林斯在回应斯科特、理查兹和马丁时有效地指出的那样）这类研究的**过程**与研究的**结果**完全不是一回事。研究过程或研究方法论的确是一个道德问题，它关系到一个人应该如何提出问题和寻找答案；它不是声称真理有价值这种命题方面的问题。人们在波普尔的著作中可以找到这种把方法论当作道德来看待的一个最明显的例子。

根据合理的科学命题只是那些可被证伪的命题这一观点，波普尔的科学划界标准这些年来在技术上遭到了许多批评，并且得到了所谓的修正或完善。在波普尔本专业的默许下，大多数哲学评论家把波普尔的立场当作这样一个目标来对待，即目的在于为最有效地产生普适性的、可靠的（看似真实的）科学知识提供一些论证的技术规则[16]。然而，或许一个更重要的回应是要注意，波普尔的认识论和方法论的前提假设等同于道德规则，这些道德规则涉及人们应该如何以一种诚实的和负责任的方式提出知识主张。在一篇题为"科学：猜想与反驳"（*Science : Conjectures and Refutations*, Popper 1972）的文章中，波普尔对他的哲学立场进行了最精炼的表述，并且描绘了他的一个重要思想的形成过程，这一重要思想是知识主张的科学地位在于它们在经验上的可检验性——它们被证伪的可能性。

波普尔回忆说，他的思想可以追溯到 1919 年下半年，当时阿瑟·爱丁顿爵士刚刚通过日全食期间的观察证实了爱因斯坦广义相对论关于在强引力场中光线弯曲的预言，这件事给他留下了深刻的印象。他扪心自问：为什么这种理论似乎与当时流行的其他三个理论——马克思（Karl Marx）的历史理论和弗洛伊德（Freud）与阿德勒（Adler）的心理学理论——的状况正好相反。在后面这三个理论中，人们可以在任何地方找到证实这些理论的证据："一位马克思主义者只要翻开报纸就可以在任何一版中找到支持他的历史解释的证据……弗洛伊德精神分析学家强调他们的'临床观察'总是证实他们的理论……这使我渐渐认识到，这种表面上有力的支持实际上正是他们的弱点。"（35页）爱因斯坦的理论是非常不同的，因为它可能与不同于这些预言的观察或实验结果相冲突——实际上，如果没有发现那些与预言相抵触的结果，就存在一个好理论的标志。坏的、非科学的理论**不能够**被证伪。神话就属于这样一类，它们也许是在观察的基础上提出的，但不容易被证伪。然而，这种逻辑论证也明显地等同于一个道德判断。

"存在着许许多多具有这种前科学或伪科学特征的其他理论，不幸的是，它们中的一些与马克思主义的这种历史解释一样颇有影响；例如，种族主义的历史解释就是一种可解释一切的很有影响的理论，这样的理论像上帝的启示般影响着智力欠缺的人们。"[17]

在自传中，波普尔提到他在 17 岁时开始意识到马克思主义的危险："我认识到这一信条所具有的教条主义式的特征以及它令人难以置信的学术上的傲慢"（Popper 1976，34）。这些道德评价是波普尔科学哲学的重要支撑点，因为他的科学哲学强调这样一种探究方法，即保持探究者的诚实。

对于波普尔来说，这些考虑可以化解许多针对他的科学证伪标准所进行的最具有颠覆性的哲学批评。的确，最主要的批评是那些他本人预见到并且在他的主要哲学声明《科学发现的逻辑》（*The Logic of Scientific Discovery*，首次在 1932 年以德文出版）一书中所提到的那些批评。他认识到，根据一个理论作出的预言可证伪这种形式的任何经验决定论都很容易遇到挑战，而从理论上来说这一理论始终得到保护。这样做的策略被称为"约定主义"。对一位持证伪主义科学观的人来说，潜在的毁灭性的后果来自法国物理学家、哲学家迪昂（Pierre Duhem）在 20 世纪初提出的一种论点。迪昂曾指出，根本不存在真正的可以在逻辑上必然地否定某个理论是正确的这种"判决性"实验。聪明的科学家总是把一个推理体系的失败归结为这个体系的某些辅助部分出现错误——或者说不是所检验的理论被证明是错误的，而是原有的实验误以为是正确的那个不相关的辅助性理论是错误的。例如，或许对实验设备功能的理解是错误的，而不是利用这一仪器进行检验的理论是错误的[18]。因此，对一个理论的明显证伪很可能总是转向其他方面，或许围绕着一个无关紧要的现象在这一过程中产生一个新假说，而这一现象本身就成了一个有待证伪的对象……然而，对波普尔思想的这种反对并不会使他失去信心。以下是他在《科学发现的逻辑》中对待这种反对意见的方式："避免约定主义的唯一办法是作出一项**决定**：这项决定是不采用它的方法。我认为，如果我们的理论体系受到威胁，我们绝不能采用任何形式的**约定主义策略**保护它"（Popper 1959，82）。因此，是**道德**实践而不是简单的逻辑程序，成了波普尔正当的科学方法思想的关键。

或许，有可能以同样的方式提出标准的哲学"方法"来检验和评价科学理论——目的是要论证在其核心的所有方面都是一种道德实践，这种实践之所以被接受不是因为它在逻辑上具有**必然性**，而是因为从某种意义上来说，它是继续进行下去的最**可信**的方式（令人想起了波普尔对那些坚信不可证伪的理论——例如马克思主义——的人的蔑视；对于他来说，不可证伪性与拒绝采纳他的"决定"以避免约定主义是分不开的，这种拒绝在道德上得不到支持。）[19]

就算如此，波普尔对科学方法的看法在这方面也是教导式的：与任何所谓的描述性活动一样，知识图也总是认识到从某种意义上来说不能做到价值中立，陷入了它的程序性评价和解释，这样的评价和解释将把经验研究看作研究者的偏见。与指责证伪主义科学观利用"约定主义策略"一样，这样一种指责也会一直瞄准着科学论的知识图方面的工作。波普尔想使约定主义策略不再具有合理地位，但这当然是说起来容易做起来难，因为即使在理论上也不清楚是否可能完全避开它们[20]。因此，人们应该把波普尔的工作理解为他是在极力劝告人们应该不断地**努力**避免约定主义策略，但不一定会获得**成功**。他的哲学研究在本质上具有道德性质是很清楚的，否则它将会表现出明显的技术缺陷——波普尔作为一位著名的哲学家不会认识不到这些缺陷。因此，研究科学争论的社会研究者们的"价值中立"，或绘制知识图的人们的"纯描述"，它们本身同样必须被理解为**道德上的努力**，而不是已经达到的目标。当然，这些目标在严格意义上的非现实性并没有降低这种努力的价值[21]。

知识图研究的叙事理想并不意味着科学论本身没有道德规范的地位，而是它确实意味着即使科学论研究者希望包含的那些规范性的目标也不能限制各种不同形式的努力。科学论的知识图核心可以用于各种各样的目的，甚至包括政治目的，但是，这些目的没有限制科学论本身的内容。的确，潜在的格局是这个领域本身就是一个生机勃勃的争论领域[22]。枯燥乏味的平铺直叙明显是需要的，这一清醒的认识越来越重要，在这种认识之下存在着一种努力，即试着在描述人们做什么或已经做了什么，与描述我们应该如何**评价**他们的行为之间进行区分。盖森的书坚持认为巴斯德做了一些佩鲁茨（以盖森自己的某种语气）认为不合适的或虚假的事情。佩鲁茨不希望看到巴斯德做了那些人们认为不值得做的事情。在为巴斯德的辩护中，佩鲁茨将"科学"后来证明是正确的观点作为反驳盖森的主要武器。容易理解的是，现代科学的信念实际上与对巴斯德工作的知识图式表述是不相关的，同样的观点也适用于对科学论中的其他工作所进行的许多更为愤怒的批评（例如对柯林斯和平奇的著作《勾勒姆》的批评）[23]。

需要强调的是，知识图式的记述并非不会遭到批评。它们和所有关于非科学和科学的主题所进行的历史描述一样容易犯错误。然而，人们应该认识到，它们不应该遭到这样的批评，即认为它们是在以某种方式**攻击**科学。毫无疑问，的确有一些学者有时试图把这些知识图式的说明当作对一种流行的科学实践或知识主张进行攻击的依据。如果有人这样做了，利用拙劣的证据来建立他们的叙述，这些人理所当然地应该受到批评，但是，批评他们的人必须提防以有关科学的令人不快的推论作为基础来进行批评。当一位历史学家或社会学家由于讲述了有损于科学形象的故事而遭受攻击时，这位批评家实际上已经接受了这样一种主张，即知识图确实能够提供判断科学的知识主张有效或无效的论点。如果承认接受了这样的观点，顽固的科学卫士将会在未来缠上无尽的麻烦。相反，另一类学者可能发现这些知识图式的主张是非常成熟的，但是会拒绝可能让原作者得出关于科学的知识图式结论的推理步骤。 聪明的反对者通常会更好地批评那些把知识图与这种评价联系在一起的推理步骤，而不是去批评知识图本身，因为要是推理步骤被证明是无效的，知识图也将失去地位。 对于科学大战中的科学卫士来说，科学论中知识图方面的内容应该是（与他们）完全不相关的。 相反，对于科学论的研究者来说，知识图方面的内容代表着这一领域中必不可少的核心内容[24]。

11　从社会建构到研究问题：
　　科学社会学的承诺

肯尼思·G·威尔逊　康斯坦丝·K·巴斯基

11.1　引言

　　"科学大战"有时被描述为一场"非此即彼"的冲突：科学知识要么是独特的文化（如一些社会科学家所宣称的），要么是与文化无关的真理（如一些自然科学家所宣称的）。但我们坚持一种中间立场，因为科学知识的基础实际上既包括真理，也包括文化上的独特要素。在科学探究的较早阶段，当某种现象的存在仍然构成挑战时，独特文化要素的影响是显而易见的。但是我们认为，即使是高度精确的科学知识（例如关于行星运动的知识），它也包含独特的文化要素，只不过仅表现在对那种精确性的限制上。例如，对于一些行星数据的误差，法国天文学家很可能持有某些不同于英国天文学家的看法，尤其是对于那些由于太小而未被消除的误差来源。然而，有一个问题我们必须提到：作为科学家，我们所指的"真理"包含了一些未详加说明的假设，这些假设困扰着某些社会学家[1]。通过提出一些令科学家和科学社会学家关心的关于科学真理本性的新观点，我们将解决这个问题。

要深入讨论文化的独特性和社会建构的问题，我们认为真正重要的是找出引发社会建构争论的根本原因。我们认为，这场争论应该追溯到科学社会学内部的一个问题，即社会学家被他们对库恩的《科学革命的结构》(Kuhn 1996)的解读误导了。只是到了现在，以后见之明认识库恩著作中那些引起误导的缺陷才成为可能。我们将对库恩著作提出一种新的解释，它将开启科学社会学未来研究的新方向。

不过，我们从与科学家使用的"真理"形式有关的问题开始，这个问题是由科学社会学家提出来的，它对社会建构在科学中合理而有限的作用给出了说明。这个问题为讨论库恩的著作以及它如何使科学社会学家从对社会学的一些基本问题的考察发生转向提供了平台。下一节略为深入地概述了这个问题和本章的主旨。

11.2　科学判断和科学研究的重复

科学不只是支配着精确逻辑实体(例如行星的位置和速度)的数学定律。除了数学计算或实验操作，科学家经常要对自己的研究以及其他科学家的研究作出判断。他们用判断来评估实验误差或复杂理论计算中出错的可能性。他们在很大程度上根据其他科学家的声望来判断他们的观点。但是，科学判断和声望不是通过严格的数学定律获得的明晰的逻辑实体。因此，社会学家合理地提出问题：难道科学判断和声望不会成为科学知识本身受社会或文化因素影响——至少在某种程度上——的通道吗？

科学家的现成答案是，即便如此，那种影响也不会长久，因为其他科学家在重复他的实验和理论计算时，任何科学家的错误判断都会被发现。但是，实验和理论计算几乎从未被精确地重复过。事实上，科学家始终处于创新的巨大压力之下。他们通过改进他们正在重复的实验和计算来实现创新，他们不断地寻求着比以往任何实验精度更高或更细致的实验结果。然而，一旦这些科学家宣称获得了前所未有的结果，他们的实验或计算照例必须得到重复。这就设定了一个对实验或理论计算进行重复的无穷过程：在一些案例中，重复持续了若干**世纪**[2]。例如，对行星运动的持续预测和观察使内行星[*]位置的精度现在达到了大约一亿分之一。

在接下来的几节我们将论证，长达几个世纪的科学研究中的重复所取得的成就(如行星运动的案例)将显著地改变关于科学真理是什么和文化决定了什么的既往讨论。我们将提出一系列有待解决的问题。最重要的是，我们希望为社会学家和科学家之间的争论找到一个新的坐标，它将凸显近年来整体上发展起来的社会史和过去得到发展的科学史在关于真实性方面的根本分歧，因为一般而言，许多社会学家把社会史理解为社会组织的复杂性不断增加的历史(特别是1850年以后)，而正像许多科学家对科学史的描述一样，它依旧颂扬科学家个体(从牛顿到爱因斯坦)的成就，低估了机构的发展及其扮演的角色在当代科学中比在牛顿时代结束时对科学发展产生了更大的影响。

与侧重于个人发现的科学史相比，科学机构的发展和变化的历史有十分不同的时间尺度。在从几十年到几个世纪的时间跨度上，科学机构的变化影响深远。而这样的时间跨度对大多数科学家来说就像是永远。与之形成对照的是，有时获得单个实验或计算结果则要快捷得多。我们相信，合理地担心某些个人的科学成果(或技术装置)在它们的局限或危险未得到充分认识之前就被草率应用的社会学

---

[*] 指水星、金星、地球、火星四颗行星。——译者

家，可能希望去研究那些需要几十年或几百年才能取得科学或技术进步的问题。类似地，我们相信科学家需要反躬自问：对科学和技术中需要几十年或几百年才取得的组织机构的发展，他们是否应该比现在给予更多的信任和关注？

此外，我们主张重新审视科学社会学的历史，并对库恩的《科学革命的结构》在其中发挥的作用给予特别的关注。我们认为，考虑到该书出版以来科学社会学和科学史研究领域又出现了许多新的案例研究，需要对它进行再解释。由于与这些案例研究发现的细节相冲突，除非对该书进行重新解释，否则它的结论现在已不合适了。

11.3 从"发展中的科学"到"作为知识的科学"

关于科学家的判断，使社会学家特别困惑的是他们所作出的从"发展中的科学"到"作为已确立的知识的科学"的貌似武断的转换。当科学知识的一个领域处于发展中时，它仍是有争议的。柯林斯和平奇(Collins and Pinch 1993)及其文章所附参考文献中引证的其他人已经描述了一些科学家深入参与得出不同实验结果的那些实验过程，其他未参与其中的科学家在相信哪一位科学家作出的判断时发生了混乱[15]。然而，几年以后，所有的争论似乎都被遗忘了。保留下来的是科学家认为有助于发现"真理"的一系列实验，做这些实验的科学家的声望得到提升，而那些实验"失败"的科学家则可能面临质疑。

以社会学的视角看，我们认为从"发展中的科学"到"作为知识的科学"的转换过程在许多案例中由于重复实验的持续要求而从未结束。然而，社会学家和科学家都没有充分研究这一过程的本质。实际上，我们认为关于相信哪一个实验或科学家的争论从未完全消失过；当精确性不断提高成为持续争论的根本原因时，针对问题的实验也在变化（在几十年到几百年的时间跨度上——长于大多数像柯林斯和平奇所做的那类案例研究）。

例如，内行星位置的不确定性现在以亿分之一的精度计。由于在精度上的这些限制，那些直接参与其中的实验家和理论家为决定相信哪些实验和计算而大伤脑筋，正如他们在对有关重大发现的报告进行评估时大伤脑筋一样[3]。这样，如果科学家在毫秒的尺度上围绕着月亮遮掩恒星的时间进行争论，那么他们在不超过一秒的精度上确定那些时间就可能没有争议。但引人注目的是在精度的限度内，研究行星运动的科学和探索重大新发现的科学同样令人兴奋（也同样是有争议的）。经典案例是水星的近日点进动——1850年仍几乎无法观测的一个微小效应，在观测的精度提高后成为爱因斯坦广义相对论的一个关键检验证据。即使在今天，关于行星的观测仍令人沮丧的是，由于天文学家称之为"暗物质"的阴影，它仍然没有达到探测作用于行星的引力效应所需的精度。整个星系被认为受到了暗物质的巨大影响，而由粗略估计得到的暗物质密度则太小，以至仍无法在行星运动中观测到。

我们曾说过，错误的科学判断将会在对实验或理论计算的重复中被发现。但是，判断不是数学上明晰的实体，这意味着即便是具有最高技巧的科学家有时也会作出错误的判断。这就产生了一个问题：科学判断事实上发生错误的频率有多高？**我们强调我们这里讨论的不是欺骗，而是任何一个科学家都可能作出的有偏差的诚实判断。**据我们所知，还没有就此问题搜集的统计资料[4]。我们认为，行星运动预测精度提高的长期记录，为确定那些宣称成功的实验和计算的哪些部分后来受到了质疑提供了一笔统计学的财富。

一个便于研究的有趣实例是，1750年以来关于火星的历史观测档案和关于预测火星位置的历史资料档案（天文学家称之为"星历表"）。这些观测资料中的大部分已经结集出版（Laubscher 1981，第4部分）。行星运动的预测资料已在同时期的天文历中公布了，那些天文历据以形成的星历表也可以获得（Laubscher 1981，第2部分，第189页；Wilson 1980）。1750年以来预测和观察之间的差异是稳步地缩小了，还是在那些已被接受的精度又被公然放弃的地方偶尔有倒退？如果有倒退，发生过多少次？发生的原因是什么？科学家个体判断失误的频率是多少？声望的作用被夸大的频率是多少？

11.4 对照社会学家和科学家的预期

社会学家知道真实的实验室生活在社会方面和文化方面的混乱。如果我们和他们的知识背景一样，就会发现很难相信那种复杂性不会经常导致接受尚未证实的说法。确实，他们可以坚持认为科学家用来支持或拒绝特定科学发现的判断常常被证明是不准确的。因而，关于星历表预测的精度，我们可以预见过度的乐观主义广为蔓延。

在研究社会学文献之前，我们曾断定同行科学家由于知道他们关于精度的主张将经受重复的详细审查而谨慎地持有那些主张。我们因而预期至少在那些有很高声望的科学家中间，过分乐观的案例会很少。

只有对历史记录进行实际考察才能确定那些被确认夸大了的主张出现的频率，以及是否在作出了错误估计的科学家中，有很高声望的比具有一般声望的或没有声望的科学家在后来对他们的研究进行重复方面得到了更多的信任。**我们不知道**这样一项考察结果**能够预示什么**。然而，清楚的是，确定预测行星运动的误差一直是一项复杂的工作，其中存在许多忽略小的效应的情况（Wilson 1980）。

社会学家用心研究行星预测的历史有一个更重要的原因。 我们已经大范围地搜寻了能够解释科学事业在预测行星运动中一再取得进展的社会学理论。 就我们所知，**根本就不存在那样的理论。** 按照社会学目前的状况，行星预测中现在能普遍达到的精度显然是不可理解的，正如行星运动的复杂性对于牛顿运动定律出现以前的物理学家和天文学家来说是无法理解的那样，或正如太阳数十亿年产生的能量在发现核反应及其释放的巨大能量之前是无法理解的那样。

但是，我们必须解释在行星运动方面已经达到的精度对于目前的社会学来说为什么似乎是不可理解的，我们为什么认为这种不可理解性是极端重要的。 在我们看来，它不是一个无足轻重的疏忽，当然也不是故意的含糊其辞。

11.5　机构混乱和科学进步

在解释精确的预测时，社会学研究的困难之一是这些成就属于整个科学事业但分散在许多独立的研究机构中。 在国内和国外的许多大学里有天文系，有许多天文台和望远镜制造厂，有许多制定标准——如时间测量标准——的国际组织，有科学刊物和基金会。 最重要的是，现在一些最精确的天体位置表是由喷气推进实验室［在帕萨迪那（Pasadena）附近］给出的，该实验室实际上是美国航空航天局（一个复杂的联邦机构）的一部分。

长期以来，所有这些独立机构的发展是把现代社会跟中世纪区别开来的组织复杂性和科层化的总体发展的一部分。 这一社会变化所带来的问题是社会学家关注的焦点。 我们相信，社会学家有非常合理的理由提出：这一变化过程中的困难如何影响了科学知识的产生和验证。

社会学家非常了解复杂的人类机构的运作，例如科学家身处其中的那些机构。他们知道复杂的机构和科层体系并不总是像所宣称的那样运行。这些机构被权力斗争、潜在的议程和财政危机严重左右。它们可能在关键的职位上雇用或提拔不适当的人。他们经常避免和其他机构合作，部分理由是"我最行"综合征。此外，机构行为经常有意料之外的后果[5]。更糟的是，没有人指导科学事业；用商业用语来说，它没有在企业整体的运作上发号施令和指示的首席执行官。

以社会学的视角，我们将预期由许多独立的机构组成的天文学事业在很久以前就会因为意见分歧而使科学进步成为不可能。按照我们的社会学分析，今天行星运动预测中的真实误差应该比1750年时的误差小不了多少，因为那时天文学事业由机构的混乱和意料之外的结果带来的复杂性已足以阻碍预测精度的进一步提高。

我们认为社会学家应该问一些具体的问题，例如，为什么像哈勃空间望远镜最初的失误那样不同寻常的问题，要通过彻底的替换才能克服？他们应该问，为什么当保守的大学院系阻碍为顺应科学进步而必须进行的课程改革时，年轻科学家的培养并不经常落伍？他们应该问，为什么对科学的资助没有更经常地被政治（"猪肉桶"*）原因误导？作为回应，科学家可能声称，这些失误大部分发生在科学事业中不太成功的部分，例如级别较低的大学里的院系。但真是这样吗？

---

* "猪肉桶"（pork barrel）是美国政界经常使用的一个词。南北战争前，南方种植园主家里都有几个大木桶，把日后要分给奴隶的一块块猪肉腌在里面。"猪肉桶"喻指人人都有一块。后来，政界把议员在国会制订拨款法时将钱拨给自己的州（选区）或自己特别热心的某个具体项目的做法，叫作"猪肉桶"。——译者

我们认为，关于天文学事业给出的精确预测是否构成了一个依据目前的社会学知识无法理解的悖论，或者社会学家是否有说明这些成功的有效办法，科学家和科学社会学家需要进行广泛的讨论。

11.6　一个关键主题：行星研究的持续进步

我们认为，行星天文学另一个有待研究的方面对科学家和社会学家都是有益的。随着对行星的预测和观察被重复，观察技巧、望远镜、其他仪器和理论计算方法不断得到改进，预测和观察的精度更高了。例如，在伽利略的手持望远镜（比小型望远镜还小）和今天的哈勃或凯克(Keck)望远镜之间有许多连续改进的阶段。甚至还发生过理论革命，例如爱因斯坦的相对论，这些理论对于达到当前的精度是必不可少的（特别是爱因斯坦关于光线会由于太阳引力而弯曲的预言)[6]。

产生或利用这些改进的机构也发生了变化：它们增设更多的系或增加雇员，这些新系或新雇员带来新的角色（例如天文学或物理学的新分支学科，新技术或新管理的角色）。对一些最关键角色的教育要求一再提高。现在帮助建造望远镜的公司和部门比帮助建造早期望远镜的机构的能力大得多。

连续的改进，尤其是相伴随的机构变化在科学进步中的关键作用几乎未被认识到。但是这产生了新的需要研究的问题。例如：当持续的改进需要资助时，不断增加的资助是如何获得的？连续的改进稳定地提高了该项研究的用处，它超越了对行星运动的集中研究，例如用望远镜能够看到更深远的太空，牛顿定律运用于地球的同时能够应用于太空中更复杂的情形，这是有用的吗？

11.7 科学社会学的持续改进？

我们相信，社会学家面临着重复和改进先前研究的社会压力，正如其他科学家所面临的一样。作为对这种压力的回应，类似于自然科学的许多分支，他们的案例研究和理论分析文献不断增加[7]。笔者之一可以用个人经历证明其中最优秀的文献有很高的品质：皮克林对基本粒子物理学中夸克假说的建立进行了跟踪式的案例研究（Pickering 1984）。在皮克林所研究的那段时期，笔者之一（肯尼思·威尔逊）也从事该领域的研究。

科学社会学仍是一个年轻的研究领域：与在牛顿时代就有两千多年历史的行星天文学相比，它的创立只能追溯到 20 世纪早期。谁能期望科学社会学达到行星天文学那样的精确水平呢？本着不断改进的精神，皮克林试图澄清伴随库恩的《科学革命的结构》而来的争论。在其著作的最后一章，这一点体现得很明显，他提到库恩关于范式转换的概念，并为库恩将冲突的范式表征为"不可通约"找到了证据[8]。但他也发现，库恩预期随范式转换而来的争论在 1972 年前后高能物理学向现在的"量子色动力学"夸克理论的转变过程中可能不存在。

后面我们将回到皮克林的著作。在此之前，我们将强调在库恩本人的著作中现在可以识别的其他一些重要然而不十分明显的缺陷。

11.8 重新解释库恩

我们认为，库恩的书在若干方面是不完整的。第一，它没有包含书中给出的社会学观点的全面论述。人们必须挖掘书中的观点，但这不是件容易的事。第二，虽然库恩提出了许多科学社会学的新假说，但他提供的证据不足以表明这些假说是正确的。他为许多假说提供了轶闻式的证据，这在某些情况下足以提供对假说进行深入研究的理由，但是作为证据则不完整。库恩的一些假说似乎太不合理，经不起细致的推敲。在经受更为彻底的检验之前，我们主张库恩的所有假说都应该被看作是尝试性的、不完善的。另一个主要问题是，这些假说过于刻板，库恩假说几乎没有给历史学家和社会学家在具体案例研究中获得发现的空间。

以社会学的视角来看，库恩著作的实质是什么？我们认为，它关注的是对科学的学科文化或亚学科文化的考察，它包括人工物质产品（例如书籍、文章和实验室笔记）、社会角色（例如倡导者——新范式的提倡者或支持者，怀疑者——现存范式的捍卫者）、新成员的社会化过程（正规课程和博士培养）和信念系统（范式本身）。库恩进路（Kuhn's approach）的关键价值是，这些文化可能采取极为不同的形式，并且他开始提出一种分类法（有人称之为类型或分类）。他提倡的分类法的基础是科学的四个不同阶段，他称之为"通往常规科学之路"、"常规科学"、"反常科学"、"科学革命"，每一个阶段的文化表现为不同的形式。

为支持他的进路，库恩提出了一套独特的社会学特征以识别每个阶段，但如果他将那些特征概括为四张清单或许更有益。事实上，要确定那些清单的内容就必须逐段查阅库恩的著作。例如，"通向常规科学之路"的一系列特征全部在四个段落（两个在第 12 和 13 页，另外两个在第 15 和 16 页）中提出：许多事实从"现有的大量资料"获得；结果很难被解释并且有时候是错误的；多个学派在完善思想，每一学派选择所声称的事实的不同子集进行解释；研究者的著作建立在对资料的一个子集的仓促分析之上，对任何一个事实或理论都没有充分的把握。

　一种文化？

一旦汇集在一起，这些清单所具有的明显特征是它们之间巨大的差异。例如，相对于通向常规科学之路，常规科学阶段有一个源自教科书的共享范式。研究论文把教科书的内容看作理所当然的。现在的研究不是随机搜集资料，而是被限制在"较小范围内的较深奥的问题"上，并且"范式迫使科学家以一定的细致性和深度研究自然的一部分，否则是不可想像的"。（这些是库恩为常规科学提出的特征的一部分，见第23到43页。）

库恩提出的一些特征引发了怀疑，至少是我们的怀疑。例如，他把常规科学描绘成"扫尾工作"（24页）。当用来描述牛顿的《原理》*出版之后的行星研究的复杂性时，这一说法似乎十分乏力。我们担心，正是这一说法和他给出的辩护，使科学社会学家偏离了对常规科学的科学和组织复杂性的长期发展的研究。作为库恩提出的新特征带来的结果，科学革命比常规科学的长期发展吸引了科学社会学家的更多注意力。

例如，皮克林从未提到库恩关于常规科学或通向常规科学之路的讨论，尽管可以在他的书中发现这两个阶段的痕迹。特别是在结尾的概括中，他评论说他所描述的1960年代以来的研究聚焦于"［高能物理实验室中］面对的最普通的过程"（410页），即搜集现已掌握的事实。夸克理论出现之后，焦点变成了"反常的现象"（410页）——对应于库恩的"较小范围的较深奥的问题"。

皮克林也没有明确说明，对于他的案例研究（夸克假说的第一次提出）中出现的范式转换，什么（对我们来说）是可能的候选范式。1964年，盖尔曼（Murray Gell-Mann）和研究生茨威格（George Zweig）

---

* 即《自然哲学的数学原理》。——译者

各自独立地提出了夸克假说。正如人们可以从库恩对范式转换的描述中可以预期的那样，皮克林报告了1964年到1970年代初期关于夸克假说的激烈争论。第一批有关夸克的论文发表之后的工作不能被称为"扫尾工作"，因为在皮克林的案例研究中，最核心和最复杂的研究进展发生在第一批夸克论文发表之后，并导致了1972年一个正式的夸克理论（前述量子色动力学）的提出。然而，除了这些例证，我们认为皮克林比他的社会学或历史学同行给予库恩以更多的关注是没有理由的。

我们认为，要做的是问一问，库恩的分析在应用于现在已经积累起来的大量包含技术细节和历史细节的案例研究时如何取得进展。库恩的哪些假说有助于搞清数量相当大的案例研究的意义？哪些不能马上予以信任？哪些仅需修改就行得通？

即便对于库恩的一些崇奉者来说，尤其困难的是使库恩刻板的清单与案例研究所揭示的混乱背景相符合。在把清单应用于具体案例时，库恩没有为专家判断留下余地。因此，为了确定一个特征是在每一个案例中都是不可避免的还是可能仅在某些案例中出现，应该对每一个假说的基本原理进行澄清。

以"通向常规科学之路"阶段的著作对什么都没有把握这一观点为例，这一观点似乎走到了极端。尽管存在相互竞争的思想学派，但也可能存在该领域的所有人共享的一些未明确表述的假说，虽然这些假说不足以构成一本教科书。在皮克林的案例中，情形更为复杂。如果不把教科书中包含的更加确定的物理学领域——从电动力学到量子力学——看作理所当然的，物理学家就不能在高能物理实验室中成功地开展工作。然而，针对质子和中子的亚结构的细节，在1960年代存在相互竞争的思想学派；这又是库恩描绘的"通向常规科学之路"的特征。

基于我们已经概述的这些问题，我们认为已经是把库恩的著作重新理解为初步的、具有很强的尝试性建议的时候了：构想科学文化(scientific cultures)的一种可能的分类法。我们认为，应该为分类法中给出的每一种文化建立社会学清单(它们在应用中有很大的灵活性)。我们认为在最终的分类法中应该有四个以上的条目。(具有讽刺意味的是，库恩的一个疏忽是在他的分类法构建阶段，许多科学学科已经过了这一阶段。)我们主张，分析那些对充分关注技术细节和历史细节的科学事件所进行的日益增多的案例研究(例如皮克林的研究)，以确定库恩最初的假说需要怎样的修改才能接近成为一个有成效的分类法，也许可以部分地以为自然科学构建其主要分类法的历史作为行动的向导。我们认为，库恩对常规科学的描述需要经过重大修改才能符合科学的精确性在几十年中持续改进的现象。最后，我们认为他所提出的分类法不可能很快形成，而要经过连续的近似，很大程度上类似于行星预测主要通过连续的改进取得进步[9]。

11.9 结论

我们相信，目前关于科学知识的社会建构的争论暗含着更加有趣的前景：科学知识社会学有望成为令人兴奋的研究机会的主要来源。从目前对争论的关注中可能产生其他问题：从科学组织复杂程度的增加到对库恩著作的全新兴趣。但是，由于科学中的兴奋点常常从人们期望很小的地方产生，尤其是像科学社会学这样年轻的研究领域，我们不能宣称自己已经有很大把握找到了科学家和科学社会学家进行合作，以发现有价值的工作的未来方向。

11.10　致谢

　　我们感谢近来所有参与科学大战的人士：感谢科学社会学家及其对科学真理性主张所进行的批评，同时感谢捍卫真理的科学家。由于戈特弗里德（Kurt Gottfried）[10]、乔治·史密斯（George Smith）[11]、布赫瓦尔德（Jed Buchwald）、施威伯（Sylvan Schweber）、伯恩汉姆（John Burnham）、平奇、皮克林和萨拉森（Seymour Sarason）的讨论和帮助，我们特别感谢他们。笔者之一（肯尼思·威尔逊）从与艾伦斯（Arnold Arons）长达几十年的讨论中受益。

12　一个火星人邮回一张明信片

哈里·柯林斯

卡克斯顿是机械鸟

长着许多翅膀

有些鸟是珍贵的

由于它们的斑点

这些斑点使眼睛熔铄

身体尖叫而没有痛苦

我从没有看到过一只在飞

尽管有时它们落在我的手中

——雷恩(Craig Raine),《一个火星人邮回一张明信片》

(A Martian Sends a Postcard Home)

12.1　陌生与敌意

上面这首诗描述了一个火星人第一次看到地球上的事物时的看法,它表达了一个陌生人的观点。 社会学家对科学的看法也一定有点陌生。 使自己疏远熟悉的环境是社会学家的工作,目的是使那些在原来的社会环境中被认为是理所当然的事物——那些看上去不过是常识的事物——变成需要作出解释的事物。

从一个局外人的视角对社会日常生活中的现象进行种种解释看上去有可能具有威胁性。 让我们来看一下社会学家可能怎样谈论宗教信仰。 我们想像一下社会学家试图怎样理解这样一种现象:在某一个国家,位于某一分界线以南的人一般相信某种宗教仪式能够把葡萄酒变成血,而在此分界线以北的人通常不相信这种事情会发生。 社会学家所作解释的根据是：他们各自的信仰历史；那里的年轻人接受这种信仰的社会化过程；那些强化各自信仰的不同社会人际网络；渗透着各自信仰的不同概念结构；体现这种概念结构的日常行为；分化这两种不同信仰的支持者们的经济和政治利益；或许还有文化上两极分化的社会心理因素。

社会学家**不予**考虑的事情是这些葡萄酒是否真的变成了血。社会学家不会接受这些现象的表面价值，而是使这些信仰"相对化"——证明它们是怎样与它们各自的社会背景相联系的。这就是为什么社会学解释看上去可能具有威胁性的原因。对于这个国家南部的那些信徒来说，提出"为什么你们认为葡萄酒变成了血？"这个问题，或通过告诉这些南方人一种不同的教养方式或使其经历不同的社会或政治环境，建议他们相信不同的东西，这本身就似乎与他们的信仰相抵触。这些信徒是因为葡萄酒变成了血而相信葡萄酒变成血的，这就是信仰对一名信徒的含义[14]。

然而，不能总是把对一系列信仰和行为作出某种社会学解释当作一种攻击。假设在第二次世界大战之前和这次大战期间，我试图对纳粹的信仰和行为进行某种社会学解释；假设我和某些（犹太）分析家[1]认为，在纳粹统治时期，个体德国人所受到的影响是如此之大，以至于他们几乎不可能不把某些阶层的人看作劣等人；更进一步说，假设我同意这些分析家的观点，认为德国人在人性方面的野蛮、把犹太人当成劣等人是庸俗的官僚政治的合理结果，那么在这种情况下，这种社会学解释看起来似乎是在为纳粹的野蛮行为进行辩护，为他们的野蛮行为找借口。它似乎是纽伦堡辩护的一个翻版（"我只是服从命令"）——在这里的托辞是："我无意识地扮演了我们社会中普通一员的角色。"

这样一来，一种社会学解释是被当作对某些信念和行为的攻击还是捍卫，似乎与考察这种解释的群体内对这些信念和行为的评价相关。社会学的解释被看作对某些人的攻击，是因为他们肯定这些信念的价值，并且表现在相应的行为上；反之，社会学的解释被当作对某些人的捍卫，是因为这些人否认这些信念的价值，并且也表现在相应的行为上[2]。

　　因为观点随着观察者的变化而发生变化，所以对这种相对性可以看得更加清楚了。对一位狂热地拥护纳粹政策的教条主义信徒来说，对纳粹的观念和行为进行分析看上去是一种侮辱；在他看来，利用种族主义和犹太人的金融阴谋理论攻击犹太人是正当的，不需要再解释了。类似的情况也发生在科学上：对于一位科学家来说，尽管关于"非主流科学"（fringe science）或"病态科学"（pathological science）的社会学解释看上去是合理的，但是，关于主流科学理论的类似解释则似乎是一种误解。因此，对社会学的看法将随着它所试图解释的这门学科的命运的改变而改变。

　　对社会学解释的敌意程度的这种相对性，暗示着两种东西。首先，它意味着分析不一定是敌意的，只因为它是社会学的。从事科学知识社会学（SSK）研究的人认为，他们所做的在本质上并不是挑战科学。尽管他们的观点可能怪模怪样，尽管他们的工作可能普遍被认为带有敌意，但实际上，在社会学进路的逻辑中，根本没有什么东西让科学知识社会学带有敌意。这并不是说不存在带有敌意的社会分析和故意敌视科学的分析者；也不是说科学家的行为当中不存在几乎所有的社会分析者都抱有敌意的方面。然而，总的说来，社会学分析在多大程度上被视作挑战，与分析者的动机没有必然联系；动机和认识有时一致，有时不一致。有时，动机与认识之间的良好一致状态会随着地点、时间的改变而改变，而改变的原因与分析者无关。

其次，社会学分析与社会学评价也是互不相关的。关于这一点，人们很容易从一些严厉的道德指责的例子中看出来。例如，尽管人们可能同意那些分析家的观点，认为德国人在人性方面的野蛮、把犹太人当成劣等人是庸俗的官僚政治的合理结果，但是，这些行为仍然是可耻的、不可原谅的；这种否定性的评价仍然同样强烈。在科学方面，同样的原则支持着相对立的结果：社会学解释与蔑视不是一回事；至于研究者，他们对科学的评价（在大多数情况下）仍然以它本来的面目存在着。

不幸的是，如果人们广泛地认为一项分析是有敌意的，尽管这与其研究者的动机完全不相干，但是，这样的分析的确会对它的目标造成伤害。人们应该如何对待这种情况呢？人们可以停止这类分析，也可以试着改变这种广为流传的认识。我相信，无论是社会学家还是相关的科学家，都应该朝着后者的方向努力。

12.2 社会学家就像火星人吗？

社会学家并非来自火星，只不过是来自一个相邻的社会或文化群体。理解也并非意味着服从。即使我的合作者曾经是一位天主教徒，而且我直到11岁还在上一所英格兰教会学校，每天早晨我周围的人都要进行祈祷，我还是不理解天主教或英国国教的教义[“请赐予我们今天的面包”（正像我所听到的）。“远处有一座没有城墙的绿葱葱的山。”它们是什么意思？]我也不能理解“文雅、谦恭和善良的耶稣”是什么意思，也不理解“圣父、圣子和圣灵”是什么意思。什么是“圣灵”？为了进行能为大多数SSK研究者认可的社会学分析，我将不得不尝试在更深层的含义上来理解这些宗教仪式，并且去感受这些箴言和圣像给信徒们带来的启示。 社会学家要比雷恩笔下的火星人知道更多的事情。 社会学家首先要设身处地地理解他们所要研究的对象，然后再使他们自己摆脱后者的影响[3]。 科学社会学家的任务是尽其所能去深入地了解科学的方方面面，但是，他们完成了这项工作之后，又必须使自己摆脱研究对象的影响，以便能从社会学这一特殊视角来分析这些对象。 这就是社会学家不同于他们所研究的科学家的地方。 科学家之**作为科学家**，是没有理由要疏远他们的科学实践的，除非这样做富有启发性，就像艺术与日常生活的关系一样。

一些科学论的批评家认为，科学论学者**除了**像火星人那样看待科学之外，与科学从来没有任何关系。 这就是"索卡尔事件"（Alan Sokal's hoax）和对科学知识社会学的批评带来的后果，例如，杜克大学的科学家埃文斯（Lawrence Evans）曾愤怒地抱怨《勾勒姆》一书的作者"从未近距离地接近过实验"（Evans 1996）。科学论领域已取得了如此多的研究成果，以至于我只能针对乐意把他们自己描述为 SSK 学者的那个小群体的研究工作来估量这种看法的有效性。 这个小群体的成员们**的确**通过各种途径熟悉科学，他们中的大多数在社会科学方面受过科学的训练：他们在假说和验证的语言方面受过训练，并且了解一个理论不符合实验数据意味着什么。 有些人按照与自然科学研究非常接近的社会科学研究模式做过实验性或经验性的研究。 有些人受过自然科学训练，有一位达到了高能物理学博士后研究人员的水平，另一位曾在一个著名的射电天文学研究中心工作期间发表过专业论著。 那位博士后研究人员在与我一起工作期间，一方面对天体物理学进行社会学研究，一方面也在理论天体物理学领域不断地发表专业研究论文。 毫无疑问，尽管科学家对这些科学论者理解所研究内容的能力提出质疑，但是，所有进行过经验研究的科学论研究者都有足够的能力理解他们所要研究的特定内容。所有这些 SSK 学者都以某种方式熟悉科学，就像我要了解天主教或英国国教的方式一样，尽管我不理解天主教或英国国教教义的含义，但是我将尝试着理解这些宗教仪式的深层含义，并且去感受这些箴言和圣像给信徒们带来的启示。更进一步说，这些进行 SSK 研究的人通过其工作在经验上的可靠性和可重复性来保证其工作站得住脚；他们完全是科学共同体的成员。如果不是这样，SSK 学者将会由于他们没有能力与他们的反驳者进行有意义的对话而不能进行他们的经验研究。因此，SSK 学者是按照他们自己处理问题的方式来理解科学的，他们不是理解不了科学家的观点——他们时刻关注着科学家的观点——而是从不同的观点出发来研究科学。这些社会科学家的看家本领之一就是要有能力以这种方式来关注各种各样的观点。

这种观点上的差别在默明、平奇和我之间在《今日物理》上所进行的争论中明显地表现出来（Mermin 1996a，1996b；Collins and Pinch 1996；Mermin 1996c；Collins and Pinch 1997；Mermin 1997）。默明抱怨我们对事物的物理真理不感兴趣。他说的没错：当我们以社会学家的身份开展研究时，我们不关心事物的物理真理。但是，我们知道科学真理对于科学家来说意味着什么；我们也是科学家，正像我们希望物理科学家谨慎地捍卫他们的真理一样，我们也在谨慎地捍卫着我们的真理。

12.3 一个例子：关于引力辐射的研究

我将通过我目前在引力辐射探测领域的研究来说明上面的某些论点[4]。自 1960 年代以来，科学家们进行了种种尝试，试图通过观察引力波对共振体的效应来探测引力波的存在。1970 年代初，人们曾一度认为似乎观察到了引力波。 然而，把引力波的表观强度与探测器的表观灵敏度联系起来考虑，能量大约是 9 个数量级，这个值太高了，不符合当代天体物理学理论。 到 1975 年，科学家们又进行了多项观察，并且做了一些巧妙的统计分析，到这时世界上不再相信这种肯定结果的人已不止一两位了。 基于我在 1972 年和 1975 年进行的采访，我从社会学的角度撰写了几篇分析这一有趣事件的论文。 我认为，如果没有一位具有卓越领导能力的科学家，这一系列实验不会被当作是判决性的证据；他几乎使每一位科学家相信他们应该把他们的否定性结果解释为证明引力波不存在，而不是他们自己没有能力证实它的存在[5]。 在我的分析中，在关于"高流量"的引力波是否存在这一问题上，我自始至终尽可能地保持中立。

20 年后的今天，我正在重涉引力辐射研究这一领域，并且尽我的最大努力重新回到我的中立立场上——当我中断了对引力辐射的社会学研究时，我曾把这一立场抛到了一边。

自从我离开引力波探测领域以来，这一领域发生了一些变化。虽然最先进的探测器仍然是共振棒（resonant bars），但是它们现在被冷却到了液氦温度或更低的温度[6]。 然而，根据敏感度的标准理论，除了那些有可能在一个世纪内发生的少数几次重大天文事件之外，由可预见的天文事件发出的微弱的引力辐射意味着这些共振棒灵敏度仍差两三个数量级，观察不到任何东西。 然而，时不时还有研究组报道说似乎观察到引力辐射信号。

要建造一个最先进的典型共振棒天线可能要花 50 万美元。 自1980 年代中期以来，人们发展了一项探测引力辐射的新技术。 这种技术是以庞大的激光干涉仪为基础的。 1992 年，美国国会同意资助所谓的激光干涉引力波观测站（Laser-Interferometry Gravitational-

Wave Observatory）——LIGO。它由一个在华盛顿州、另一个在路易斯安那州的干涉仪组成，每个干涉仪拥有数条 4 英里长的"臂"。这一研究项目很可能要耗资 3 亿美元。（欧洲正在建一些类似的较小的观测站。）

我刚刚完成了一篇有关该领域一个小侧面的长文草稿——研究自从共振天线出现以来，美国的研究组与美国之外的研究组在发表推测性结果的倾向上存在着什么差异，以及 LIGO 的资助是如何影响这种倾向的（Collins 1998a）[7]。自从我重新回到这一领域以来，我几次参观有关的实验，针对科学家们的讨论录制了许多音像资料；我还参加了许多有关的物理学会议，记录了科学家之间以及科学家与我进行的讨论。国外的研究组倾向于发表这样一种结果，即可能存在引力辐射但不能肯定它存在；而美国人则不愿意这么做。

我的论文大约有密密麻麻 40 页，文中有许多内容用于解释探测技术和数据分析，以及技术上的观点对于什么可能是信号以及什么可能是噪声的不同解释是如何给予支持的。

在这篇论文的一个小节里，我转向了对不同研究组的社会学分析。我首先分析了美国以外的研究者在发表包括具有推测成分的关键性测量结果时所表现出来的愿望，然后将其同在应该如何解释科学发现上所表现出来的与个人主义正好相反的集体主义精神气质联系起来。我发现，美国之外的科学家认为确定一项主张的意义是科学家共同体的责任而不是某一个实验室的责任；在美国科学家看来，任何一个独立的实验室发表了某些研究结论，而这些结论最终又被认为是正确的、重要的，这对该实验室来说是一种荣誉。

然后，我分析了这些研究小组所经受的不同压力。我试图说明这些差别在不同国家的资助环境下是如何起作用的。LIGO 由于担心在引力辐射研究上得出错误结论而得到坏名声，所以一直提心吊胆。 资助 LIGO 的美国国家科学基金会同样资助了美国的共振天线研究。 这个美国研究组需要不断地从国家科学基金会得到资助。 因此，由于承受着来自资助来源方面的压力，美国研究组变得趋向于保守。 作为民间机构的雇员而得到资助的美国之外的研究人员就没有承受这种压力；相反，他们似乎觉得需要发表研究成果，以证明他们的工作有价值。

在我的论文中，所有这些都被记录了下来，并加了引文。 我也给出了一些重要的告诫，指出我所讨论的这种保守倾向不应该被看作是由资助的压力直接引起的；我解释说，我的论文不是要解释人们实际上所进行的选择，而是要揭示他们的工作中存在的压力。 我解释道，我的任务不是研究不同研究小组的动机，而是研究它们的社会和文化模式。 在这篇文章中，我说明这是一项从社会学视角对这一问题所进行的研究，我也没有指望它一定会得到物理学家的赞同。

我将这篇文章的草稿分送给了有关的重要科学家当事人，请求他们允许我引用采访的内容，并且就我的分析是否准确和公正征求他们的意见。 我将重点介绍一位在该领域居于核心地位的科学家给我的答复。

在这位科学家写给我的答复中，他对我从采访中摘录的那些引述表示满意。 他还说：

> 总的说来，这篇文章是有趣的，并且对这个共同体中的观点分歧进行了准确理解。

但是，

恐怕在"冒险"—"保守"的措词方面，我们正好相反。正像你所预料的那样，我要说更精确的表达应当是"不正确"—"正确"，或"不负责任"—"负责任"，或"不计后果"—"符合职业标准"，或"坏科学"—"好科学"。这与地理或我属于哪个研究机构没有关系，而是科学研究的标准正经受考验。一流的实验科学家不能把一些古怪的结果留给他人分析。这是他的实验，只有他才享有使用这些设备和数据的特权，才能在充分理解的基础上完成这项工作。继续做下去，直到完全剔除那些靠不住的结果，或从根本上理解这个结果，并且有非常强的证据支持它的真实性（比如达到 7σ 水平），这是他的责任。直到那时，人们就无话可说。

我想说，这对我所描述的典型的美国式个人主义规范来说就等于一个精心的辩护："在向共同体发表任何结果之前，尽最大可能确立事实是每个实验室自己的工作。"我没有误解这一点——我对它比对天主教弥撒理解得更好——但我要指出的是，它是一种文化价值观，是一个人在他所成长的科学家共同体内学会的某种东西。如果我的分析是正确的，假定一个人在其他科学家共同体成长起来，那么他可能学会一种不同的价值观。但是，我们也能看到，指出在价值观上存在不同看起来像是对这种价值观的攻击；根据这一事实，一种较不普遍的价值观似乎具有较少的价值。普遍性赋予了价值观以绝对的地位，它不具有受寻常环境和临时环境影响的性质。正像我们在关于大多数天主教徒对教义有不同解释的例子中所看到的那样，讨论不同群体之间价值观的区别似乎抹煞了价值观的绝对性。

我要再一次强调：作为一名科学家，我在自己所描述的评价维度上的立场不能脱离我的分析来解读。 我也许有某种偏好，但这不是这场争论的关键[8]。 从专业角度来说，在关于引力辐射研究的物理学问题上，我都尽我所能保持中立，无论是在发现上还是在实践活动规范上。 然而，如上所述，这种中立看起来像偏见。 我的美国反驳者通过下述警告触及了这个问题的核心："当心你的客观性，你将遭到许多猛烈的批评。 正像在讨论阿蒂拉（Attila）的方法论时需要某些道德视角一样，在这种方法论的分歧上不存在任何与道德无关的分析。"科学社会学和科学史方法论的核心恰恰是描述"与道德无关的分析"，也就是说，研究者不偏不倚地记述这场争论，把是否正确留给科学家来判断。 如果不能进行与道德无关的分析，那么科学知识社会学就是死路一条。

12.4 写一封家书

当火星人向他们在火星上的基地发回明信片的时候，问题要简单得多。 在 SSK 最初的 20 年中，除了历史学家和社会学家之外，没有人对他们写的东西给予过多关注；在这种情况下，火星人可以在相对平静的环境下做他们的工作。 但是，SSK 一定会成长起来，并且加入一个更大的共同体。 事实是，作为科学共同体的成员，SSK 研究者们仍认地球为天经地义的家。 这些争论是 SSK 经历了一次远航之后回家的前兆。 在我们的远航中，我们学会了外星人的怪癖和说话方式；更糟的是，我们没有放弃它们。

那么，我们怎样学会再次与居住在地球上的科学家们交流呢？例如，当我的专业领域中的朋友们正在阅读《今日物理》上对我的攻击时，我怎样继续与他们进行交流呢？ 正像我的反驳者模仿施瓦辛格在电影《终结者》中的口吻："我们可以更多地争论啤酒，但是把你的笑柄藏起来，否则，默明就会回来"，并且在后来的评论中进一步发挥，"我的警告是你如果坚持现在强调的观点，你将再次成为一枚避雷针……你要当心你的信誉……这是实验家同样面临的问题。一个科学家把他的荣誉钉在了他的结论上。如果他们犯傻、未深思熟虑或不正确，人们将不会再听他的，要挽回一个好名声几乎是不可能的。"简单的解决办法是使自己变得圆滑并隐藏自己的观点。我可以拿掉我的文章中的"社会学"部分，对几处进行乔装打扮，这篇文章将变成纯粹的描述。我实际上可以这样做，但这不是长久之计。归根结蒂，这些理由是关涉道德的。要对物理学进行与道德无关的分析，我必须进行一项道德高尚的社会学研究——但这种社会学中恰恰存在着对学术自由（academic freedom）的肯定，不管这对研究者来说是多么不愉快。这是一个古老的故事：一旦一个人面对攻击时采取自卫的姿态，人们就将清除异己（witchhunt）的行为合法化[9]。

无论如何，尽管 SSK 要回到家中来，并且也需要回到家中来，但是，如果回家意味着丢弃所有在外地养成的习惯，那么，SSK 的发现历程将变成浪费时间。SSK 的目的是为了丰富我们看待科学的方式。与有些作者的观点相反，SSK 不是要在关于物理实在的主张方面与科学竞争；其超道德分析方法（method of amoral analysis）的核心是把物理实在留给物理学家来确定。但是，这与作为对物理学的被动反映或作为历史的侍女并不是一回事[10]。

从长远来看，我们必须做的是以我们在本书中正在谈论的方式进行对话，以便消除怀疑，并减少对社会学家以局外人的视角得出的基本观点的误解。在不久的将来，或许最有效的讨论方式是正确对待历史，无论是研究历史上的事件还是研究当代发生的事件。如果 SSK 要保持其自身的正确性，它不应该按照科学家对待科学史的方式来对待科学史，这就需要深入的对话。 但是，即使从最长远考虑，社会学家的观点既不是要取代物理学家的观点，也不是对他们的观点的简单反映；它只是一种不同的观点。 人们可能会说，尽管地球是家，但是，其景色将总是映着火星的红晕。

13 唤醒沉睡的巨人？

杰伊·A·拉宾格尔

构成后来以科学大战而闻名的那些分歧，已被来自不同立场的斗士热烈地讨论过了。 然而，有一点没有多少分歧：除非被卷入，很少有科学家对科学大战感兴趣。 在那些有兴趣的科学家中，格罗斯是最著名的人物之一，他知道在他这一方活跃的科学家不足一打（Gross 1998a，114）。 如果我们把以各种观点参与其中的科学家都包括进来，科学家的数量可能增加几成，但不会增加更多。 类似地，索卡尔把科学大战的主战场置于科学家的生活世界之外："最后，在学院派和左派**内部**，这一事件触发了人文学科和社会科学中的非后现代主义学院派人士早已郁积的惊愕与怨恨（作为一名科学家，我基本不知情）。 正是后者使这一事件以无数的讨论会、座谈会和辩论会的形式在学院派中延续。"[1]

如索卡尔的评论所暗示的，绝大多数科学家不仅不参与，而且不知道科学大战。 事实上，当我碰到的科学家问我在做什么时，如果我提到"科学大战"，他们的反应几乎总是茫然不解。 尽管正在讨论的事件和问题至少偶尔**确实**会在大多数科学家经常阅读的"商业"期刊〔例如，《科学》、《自然》、《今日物理》、《化学与工程通讯》（*Chemical and Engineering News*）〕上出现，更不要说他们在《纽约时报》和《新闻周刊》（*Newsweek*）这样的大众喉舌上占据了相当显著的位置，尤其是在1996年索卡尔事件爆发后的几个月里。

这种状况是否会有一定程度的改变仍不确定。大多数职业科学家既没有意向也没有动机从他们的主要工作中抽出一小部分时间和精力。但是应该尝试吗？有人要求科学家对科学论有更多的了解，以便他们能够更好地反击"反科学阵营"（antiscience brigades）造成的危险。与此形成对照的是，甚至科学论学者这一边也很少为**积极的**合作发出呼吁，人们或许认为他们有强烈的兴趣寻求与科学界结盟。我将先论证采取防御性的姿态不能解决问题，然后尝试通过一个例子说明：如果（至少一些）科学家更加严肃地注意科学论，科学论的潜在益处就能够被认识。

13.1 清除路障？

许多作者断言科学论对科学造成了威胁，例如："科学家也应该正视在他们的机构中正在攻击科学基础的社会学家和哲学家。可以假定，大学中的任期决定和提升建立在学识的基础上，学院科学家必须关注校园中其他系的学术决定。这不是一个学术自由的问题，而是一个资格问题。我们应该揭露政治正当性和基要主义（fundamentalism），它们给科学带来错误信息"（Bard 1996）。这一看法本身似乎就有很多基要主义的味道。实际上存在不可侵犯的"科学基础"吗？即使没有提出带有敌意的或没有水准的问题，也不允许对"科学基础"进行检验吗？

认为广义的科学论**蓄意**反对科学事业——有意识地以破坏科学的权威和降低公众对科学的热情为目标——在我看来是很没道理的，相当重要的原因是这种明白无误的说法与许多更著名的科学论学者提出的观点正好相反。本书中的几篇文章对这一点已有详尽的分析，因此这里我不再赘言。

然而，或许可以认为存在**无意**的敌意；也就是说那些著作营造了一种氛围，使得前述那种破坏和贬低作用得以显现，虽然作者们的意图未必如此："在'科学论'的名义下提出的愚见本身并不特别危险。我不能想像一群后现代主义者以认识论相对主义的名义上街游行。反倒是，这种现象的长期危险……是它加剧对抵制轻信的力量（这种力量很薄弱）的腐蚀，因为轻信已经存在于文化中。换句话说，福曼（Paul Forman）和哈丁这一类人，不论他们知不知道，实质上正在保护 P·E·约翰逊（P. E. Johnson）和吉什（Duane Gish）这一类人。"[2] 我认为，那样的论证在哲学上或许是可辩护的，但在实践上呢？多数相信创世论（或占星术，或不明飞行物，诸如此类）的人会有哪怕一点可能性对科学论有最起码的了解吗？如果约翰逊和吉什之流利用科学论支持他们的立场，哪些人更容易受影响？即使全世界的科学家都大声反对"有害的"科学论，哪些人又会受到一丁点的影响？

曾经受到关注的一个具体领域是科学教育。一些人认为，科学论不断增加的影响是有害的（Koertge 1998a）；其他人认为，科学论已经造成美国幼儿园到 12 年级的科学教育状况令人沮丧。物理学家克罗默（Alan Cromer）在近作中把对后者的主要批评归结为建构主义进路（constructivist approach）在教育中的流行。按照他的看法，建构主义进路主要诉诸科学论过去几十年中发生的社会建构主义的转向：

"建构主义是一种后现代的反科学的哲学"（Cromer 1997，10）。 尽管无法否认美国的科学教育很糟糕，但我看不出怎样可以将其合理地归咎于科学论。 克罗默提到的极糟的教学实践，并不是建构主义的必然后果：遵循**任何一种**教育哲学都可能有糟糕的教学。

至于他把建构主义描述为"反科学"的哲学，则让人想起在科学被指责为超道德的时候他为科学所作的辩护："对人类行为进行科学研究的目的，不是削弱道德，也不是控制人们的行为，而是扩大讨论这些问题的范围。 它只会冒犯那些对自己的宗派、教派或党派的特殊世界观感到十分满意的人"（79 页）。 如果我们换一些词会怎么样？ "对科学实践进行社会学研究的目的，不是削弱权威，也不是控制人们的行为，而是扩大讨论这些问题的范围。 它只会冒犯那些对自己的宗派、教派或党派的世界观感到十分满意的人。"如果认为科学家组成了一个宗派（sect）或教派（cult），或者"特殊"这个词（不论在何种意义上）可用来形容科学的世界观，或许会使许多科学家感到不快。 但是许多科学家或许会赞同这样的看法：他们应该以他们期望局外人对待他们那样的宽容态度来评价他们似乎不熟悉的研究计划。

这绝不是否认科学家在科学论的结论和他们自己的观点之间发现了深刻的哲学分歧，也不是否认科学家应该为他们自己的观点进行有力的辩护——我自己就曾那样做过（Labinger 1995）。 但如果这些是哲学争论，而不是反对异教徒的战争，就需要以适当的讨论方式进行。 近来极为盛行的做法似乎是简单地罗列**明显**含糊其辞或稀奇古怪的陈述，以作嘲笑的材料——一副让事实说话（res ipso loquitor）的论证。

例如，在近来一个关于科学大战的网络论坛上[3]，一个参与者写道："如果《今日物理》肯刊登顶尖的后现代主义者哈丁的那句话(一整句!),让我们看看会怎么样。我敢说,它比该杂志迄今为止愿意讨论的任何内容更能表明后现代主义者对科学的态度和对科学的理解。"当然,那句话就是哈丁有(臭)名的[(in)famous]《牛顿强奸手册》中的言论。这位参与者显然认为这样做是"公正的":一方面,用一个作者的一个句子代表一个既大且多样化的群体;另一方面,把这句话抛出来作为宏论,而不做任何努力去分析或解释她可能用它表达什么。很难判别哪一种态度更令人沮丧。

当然,很容易看出为什么这是一种有诱惑力的策略;就像伏尔泰(Voltaire)这样的权威也大为赞赏嘲笑的修辞力量:"嘲笑几乎可以战胜一切。它是最有力的武器。"(引自 Hellman, 1998, 63)但它是一种有害的武器,用它来反对科学和用它支持科学一样容易。这也是我对诸如著名的索卡尔欺诈那样的介入方式的担心。索卡尔的文章从一开始就吸引了我,一是因为它幽默,二是因为(作者自称)它是一次实验,检验人们面对一篇明显含糊其辞的文章,是否有能力看出它究竟隐含深意还是仅仅含糊其辞。我仍相信这两个方面都是它的优点。(应该指出,我没有把索卡尔包括在那些满足于让"荒谬"的陈述继续下去的人中;在他后来的论著中,他尝试挖掘其中可能有的意义。)

然而,最近发生在 1998 年政治选举中的一些事情促使我重新进行了思考。一位美国参议员的候选人重复播放广告,指责他的现任参议员对手浪费纳税人的钱,其中包括支持一个关于"奶牛屁"(cow gas)的研究项目。(广告中当然伴随着适当的背景音效。)根据一些分析家的看法,挑战者从先前民意调查中落后很多的第二名到选举日以微小差距失利,很大程度上归功于那个广告以及与之相关的其他广告。 但最令人震惊的是，我发现现任参议员的竞选主管**仅仅**在程序性的基础上为他们的候选人展开辩护：他们指出参议员对那项研究的"支持"仅仅是投票反对削减一大笔给环保局的拨款的一个组成部分，对整个事件来说讨论中的项目只是一件小事。 他们根本没有试图根据新闻报道和候选人网页上的其他信息，论证所讨论的研究项目（它涉及母牛把摄入的热量转移到牛奶中而不是形成无用的——并且对环境有害的——甲烷的效率，以及是否能够取得进展）在科学上可能是有根据的，甚至可能是重要的。 一旦不顾内容就认定一项研究是荒谬的，任何试图从事实入手，阐述研究的益处的行动显然都被视为风险太大。

我当然不是反对把幽默作为一种修辞（或政治）策略；我憎恨的是通过使科学大战变得令人厌烦从而没有人再对它发生兴趣来结束科学大战！ 但是，上述事件表明，作为一种策略，嘲笑可能对整个讨论的氛围带来危害。 或许人们期望，如果要用的话，也应明智地使用。

13.2 入伙?

如果科学家不必带着防犯心理关注科学论，那么什么是值得他们关注的呢？ 难道善意的忽视是正确的态度吗？ 我有许多理由证明事情并非如此。 最直截了当地说，一些科学家将会发现科学论本身是有趣的，正如许多科学家对"传统的"科学史感兴趣一样。 显然，仅仅凭这一点还不会使任何没有被上面这一点打动的科学家发生转变，但我相信有更具说服力的理由。

科学家和科学论学者在兴趣和专业上有许多交叉的领域，这些领域很容易确定，宽泛地说，包括科学政策、政治决策、公众理解科学等。 大多数科学家会欣然承认他们不能要求在这些问题上作为唯一的权威，但他们同样不愿意把这个权威让与其他任何集团。协调科学共同体和国家的其他部分以求得共识的机制似乎尚未形成。多数科学家无疑偏爱以下模式：让我们搞科学，然后你们在我们可靠的科学结论的基础上作出政治判断。

但是，我们确实不需要科学论学者为我们指出（虽然他们一再那样做）这种模式在实践中经常（通常？总是？）行不通。要使它成功，我们需要科学共识，尽管为数不少的科学家可能仍坚持相反的观点。经验告诉我们这**很**难达到。另一个甚至更重要的问题是，决策经常必须在达成任何科学共识之前作出。

全球气候变暖可能是后者的一个恰当例证。现有的证据使许多——很可能是大多数——专家确信全球气候正在变暖，但也有相当多的科学家，包括许多有声望的科学家则不以为然。那么，难道我们应该"理所当然地"推迟作出任何决策，直到我们获得确定此事必须做的更多证据吗？但是，像许多人所相信的，如果积重难返，要想改变为时已晚，那该怎么办？如果到那时，我们原谅自己说：是的，回头去看，要是当初我们立即采取行动，情况也许会好一些，但是作为科学家，我们等待确定性知识的行为是负责任的——我们能这样吗？（对这样的辩解，谁会比科学家的印象更深刻？）

我们迫切需要解决这类问题的更好机制。如果科学家不能独自为它们提供答案，也不愿意把权威让与其他部门，唯一的选择是促进积极的合作。这反过来要求科学家开始关注其他领域正在做什么。

科学家关注科学论的一个最有力的可能理由，当然是看看科学论能否对科学家的实践产生影响。在这方面还没有令人信服的例证；事实上，一些从事科学论研究的学者含蓄地否认它。但是我相信至少存在那种可能性。长期以来，科学家怀疑科学哲学是否有任何东西提供给他们，就像本书导言提到的温伯格引用的那句话一样，但是近来科学论的一个特点是它对实践而不是理论的强调，例如，皮克林指出："1970 年代，学院科学论发生了一次自然主义的转向。 在几个社会学家的带领下，人们开始考察科学家靠什么过日子，结果发现他们做实验。 事实证明，科学实验不是理论的微不足道的附属物"（Pickering 1998）。 我必须承认，"科学家的实验"不像一个发现那样令我震撼，我怀疑是否有许多化学家至少曾经把实验想像成理论的无足轻重的附属物。 但有一点是真的：越来越多的研究至少试图更加贴近日常的科学实践，对此不了解的科学家（大多数？）或许会发现一些事情是冲着他们说的。

一个经常听到的反对意见是，这些研究怎么说也是不完整的：集中关注社会因素而排除自然世界，他们给出的图景是严重歪曲的，甚至完全不得要领。 我同意不完整的说法，但我们又何曾经常奢望科学研究在它所研究的问题上得出最后的定论呢？ 事实上，科学实验的一种典型策略是分离变量：其他变量保持恒定，改变一个变量以确定它的作用。 我们清楚这种方法的局限性——变量之间的相互作用可能影响我们得到的结论——但我们还是把它作为有用的策略来使用。 社会学家在完成其案例研究时，"列出""正确"结果的做法可以被合理地看作十分接近上述做法[14]。 我注意到麦金尼（William McKinney）针对柯林斯和平奇的《勾勒姆》（1993）的反对意见："柯林斯、平奇和他们的同事对科学论做出了巨大贡献，他们选择更受广泛关注的、方法论色彩更少的问题，科学家关于科学进步的朴素说法被完全忽略。 但是，如果柯林斯和平奇仍忠实于他们的书名《勾勒姆——关于科学你应该知道什么》，他们必须讲述完整的故事，而不是只讲曾被忽略的部分。 用一个不完整的故事替代另一个，不符合任何人的利益。"（McKinney 1998, 147）但这种抱怨在我看来是不合理的：谁能讲述一个完整的故事？ 补充而不是取代另一个故事不是一个有价值的目标吗？

此外，那些认为科学论**确实**做出了贡献但对它的做法持保留意见的人（例如麦金尼），可能发现冷静、理性的批评会激励他们重新作一些思考。 最近出版了上文提到的《勾勒姆》的第二版（Collins and Pinch 1998），其中包括一个有实质内容的后记和一些重要修改，这些修改是由科学家对第一版中令他们讨厌的语言的回应促成的。 也许在许多其他案例中，可以期待更多观点的融合（至少部分地）！

为了说明我的信念——科学论有益于躬行科学家，我希望在这里把一个案例扩充为一项丰满的研究，即所谓的键伸长同分异构研究（Parkin 1992）。 这个案例在 1970 年代初期的文献中第一次出现，一种化合物被发现以颜色不同的两种同分异构形式存在。 这种现象本身很常见，但是 X 射线结晶学研究揭示的精细分子结构显示，两种形式的区别**仅仅**在于**一个**键的长度。 其他所有方面——所有其他键的长度和角度，以及分子构成晶体整体结构的堆积形式——事实上无法区分。 这种情形是绝无仅有的，而且似乎是极不可能的。 接下来的20 年中，又有许多实例见诸报道，支持那种同分异构体形式可能存在的理论研究也在同时进行，但是 90 年代早期重新做的研究令人信服地表明原来的关键证据——晶体学证据——有人为因素，它是样品不纯的结果。

这跟科学论有什么关系？ 很容易看出，开始的错误解释和这种错误解释延续 20 年，主要归因于 X 射线晶体学两个方面的问题——它们对应于科学论中的两个重要概念（Latour 1987）。 第一，它是一个高度"黑箱化"的技术：大部分数据的收集、分析甚至解释工作都是自动完成的。第二，它是一个"享有特权"的技术。在分子结构测定领域，所有其他的方法，如各种形式的光谱学，都成为次要的了。（在讨论会上，几乎总是听到这样的话："为了彻底解决结构问题，我们转向 X 射线晶体学……"）事实上，关于键伸长的争论中，更令人震惊的一面是，来自光谱学甚至传统化学分析方面的警告——有些东西可能搞错了——在"不容置疑"的晶体学面前基本上被忽略了。

现在，人们当然可以说那不过是科学论的一个微不足道的应用，科学家无需任何外界帮助，完全清楚并有能力处理那些问题。诚然如此，但在我看来，促使人们以局外人的视野注意那些问题对于提高对类似情形的敏感性和警觉性也许会特别有效。当然，键伸长问题解决后，我自己的最初反应（在我对科学论文献有相当了解之前）非常接近于"哦，很好，他们已经消除了一个错误"，而不是尝试把它放在一个更广阔（并且更适当）的背景中。这项工作对其他案例是否有借鉴意义？尝试作一番探寻必定十分有趣。

我们可以超越具体案例去讨论更大的问题。正如许多人指出的，如果科学花费太多的时间老是质疑它的基本信条[4]，那么科学就不可能进步。但是，如果**没有**那样的反思和修正，产生进步同样是不可能的。科学家似乎确信内部产生的反思是充分的，但其他人则对此未必那么有信心。

例如，罗宾斯（Bruce Robbins）认为真理可能是强迫性的，索卡尔对他的回应是："'不久以前'，罗宾斯解释说，'科学家以充分的权威性解释妇女和非洲裔美国人为什么……是天生下等的。'但**那**不是真理——它是佯装真理的意识形态，客观的科学证明它是虚假的。这一错误重复出现，贯穿罗宾斯的全文：他完全混淆了真理和对真理的**断言，事实和对事实的**断定**，知识和对知识的**表述**。"（Sokal 1996c）毫无疑问，索卡尔所作的区分——在真理和断言、事实和断定等之间——以哲学观点看是合理的。但他对罗宾斯观点的反驳，在我看来**太**表面化了。20 世纪早期，正是"客观的"科学被用来说明索卡尔现在所称的意识形态。我们今天怎么知道，我们的一些"真理"是否在某一天可能被发现事实上是错误的"断言"？但是显然，要产生这样的疑问，必须先有对信念进行怀疑的意愿，并且下面的判断似乎仍然是合理的：在某些情况下，外来的冲击对产生这种意愿可能更有效。说到种族劣等，纳粹德国是明显的例子，它的所作所为所引发的对公认的科学智慧的挑战远远大于科学共同体自身发起的类似挑战。

本质上，我只是建议我们偶尔需要来自完全不同的视角的新鲜看法——即使它看起来是明显错误的——以促使我们摆脱过于习惯的思维模式。在这点上，索卡尔和布里克蒙对隐喻的评论在我看来是有局限性的："毫无疑问，一些人认为我们对这些作者的解释太拘泥于文字，我们引用的那些段落应该作为隐喻而不是明确的逻辑论证来理解。确实，在某些情况下，'科学'无疑以隐喻的方式被说道，但隐喻的目的是什么？毕竟，隐喻通常被用于把一个不熟悉的概念联系于一个较为熟悉的概念来澄清它，而不是相反"（Sokal and Bricmont 1998, 10）。那当然是隐喻的**一种**作用，但不是唯一的一种，甚至也不是最重要的一种。我将关注的是"联系"而不是"澄清"方面：隐喻能够建立新的联系，即便大多数没有什么结果，但谁知道哪一个会引发新颖的、建设性的洞见？

因此，科学论——甚至受许多批评者质疑的"反科学，后现代"研究——恰好处在具有那种功能的位置上。即使像 E·O·威尔逊那样的非同情者也承认那种作用："作为不受限制的浪漫主义的当代支持者，后现代主义者丰富了文化。 他们对我们其余的人说，也许，仅仅是也许，你们是错的。 他们的思想像烟花引燃后迸出的火花，四下流溢……其中一些将长久持续，直至照亮意外之地。 这是认真对待后现代主义的一个原因……还有另一个原因，它被提及得最多，即后现代主义对传统学术不屈不挠的批判。 我们永远需要后现代主义者或他们的反叛。 对于巩固系统的知识，难道还有比持续地抨击敌对势力更好的方式来保卫它吗？"5

历史告诉我们，乘坐战车凯旋的罗马将军总有后面的奴隶相伴，奴隶们不断悄声说着世界瞬息万变的本性：三十年河东，三十年河西。 据我所知，历史没有告诉我们，当奴隶变得十分暴躁时，一直沉浸在无法摆脱的欲念中的将军是否转过身去对奴隶们痛施拳脚。 决不要过于按照字面上的意思来引申这一类比，我仅指出科学家不耐烦地对怀疑的声音作出回应过于迫不及待。 如果我们转而把这些声音看作一种建议，要求重新检验我们看作理所当然的事情，即便只是偶尔这样做，我们也会从中受到有益的启发，促使我们以新的方式思考问题。

第二部分

评　　论

14 关于方法论相对主义与 "反科学" 的评述

让·布里克蒙　阿兰·索卡尔

本书收入的社会科学家的论文似乎有两个主题，我们想对两者都作简要的讨论。首先，他们称站在"科学大战中科学一方"的人（不必说，我们不接受这样的标签，但他们就这样看待我们）批评 SSK 时不得要领：搞 SSK 的人依靠的仅仅是方法论相对主义[2, 8,10,12]，而不是主张哲学相对主义。其次，科学家认为 SSK 成员是反科学者或非理性主义者，这是不对的。而关于这点有两种说法：要么强调在我们的社会里还有比这更为强烈、更为危险的非理性主义；要么认为对科学是怎么回事如果有一个更好的（社会学的）理解，就会引导公众对科学有更为积极的看法[2, 5,13]。让我们逐一讨论这些观点。

在相对主义问题上，那些认为被误解了的社会科学家事实上误解了我们的意思（不管别的"科学的科学斗士们"可能说过什么）。我们尽量（在本书收入的我们的论文中以及在我们的书中）把哲学相对主义与方法论相对主义加以区别，而且我们认识到，"强纲领"的支持者想要辩护的只是后者[1]。但是，我们的批评分两个方面进行：一方面，我们认为，科学家（无论是自然科学家还是社会科学家）持有极端怀疑论或极端相对主义的哲学观是不明智的；但是另一方面，我们认为，**如果一个人不坚持某种极端的怀疑论，方法论相对主义同样是站不住脚的**[2]。

由于后一个方面的观点似乎特别难以理解，所以让我们再用本书中柯林斯所举的一个例子来阐明它[12]。"在某一个国家，位于某一分界线以南的人一般相信某种宗教仪式能把葡萄酒变成血，而在此分界线以北的人通常不相信这种事情会发生。"通过解释一个社会学家如何对这样一个说法作出反应，柯林斯阐明了方法论相对主义。他在解释中强调指出，社会学家**不应该**考虑葡萄酒是否确实能变成血这件事[12]。

但是，为什么这是真的？虽然我们知道这样的看法在社会学家中很普遍，但是，我们看不到持这种看法的任何根据。假设葡萄酒真的变成了血（当然，我们知道它不会，但为了便于讨论，让我们姑且这样认为），并进一步假设这条分界线以南的人已经发现了可靠的经验证据支持他们的（正确的）观点。在这种情况下，这条分界线以南的人持有这样的看法自然是理性的[3]。当然，社会学家仍不得不解释说，他们如何发现了葡萄酒变成血的过程，而且许多社会因素显而易见在那里起作用。但是，如果有人假设（正如我们的假设一样）葡萄酒事实上并没有变成血，社会学家的解释就会与本来的面目大相径庭[4,5]。

社会学家经常坦言，他们没有专业背景来评价科学家的观点（特别是关于当代研究的观点）是否得到合理的证明，但他们声称他们也没有义务作出这样的评价：他们关心的是社会现象，不是物理学或生物学现象，所以他们忽略后者完全顺理成章。如果说他们的目的与强纲领的目的相比不那么极端，那么也许还好：例如，他们宣称只列出影响人们接受科学信念的**若干**因素，而无意评判这些因素的相对重要性。但是，假如是这样的话，当原因当中的重要部分——按照我们的观点，常常是占主导地位的部分——事先被排除在考虑之外时，他们就不应该宣称要对科学信念的被接受情况给出一个因果性的分析[6]。

拉宾格尔明确地讲了这个问题[13]："一个经常听到的反对意见是，这些研究怎么说也是不完整的：集中关注社会因素而排除自然世界，他们给出的图景是严重歪曲的……[但是]科学实验的一种典型策略是分离变量：其他变量保持恒定，改变一个变量以确定它的作用。"讲到这里还不算错，但是拉宾格尔继续写道："社会学家在完成其案例研究时，'列出''正确'结果的做法可以被合理地看作十分接近上述做法。"这就完全不对了！社会学家的做法是**忽略**一些相关变量（即经验证据的作用），而不是把它们看作常量。一个人不可能把不愿测量的变量看成常量[28][7]。

当然，如果说没有什么信念比另一种信念在客观上更为合理（我们在这里所说的合理性是指实在的合理性，而不仅仅是"与社会约定的某些规则相关的合理性"），那么我们对强纲领的方法论相对主义的反对就能避免[8]。但是这会把我们带回到激进的哲学怀疑论或者相对主义。这就是为什么我们说，如果一个人不坚持哲学相对主义，方法论相对主义也是站不住脚的。

说到底，如果强纲领被称作弱纲领——强调社会学视角的内在局限性——我们就决不可能对它产生任何争议[28]。

让我们转到 SSK 是否"反科学"或损害大众对科学的看法这个问题上来，下面仅作一些简要评述。首先，我们对任何思想作出判断不会依据它们产生的真实"结果"或声称的"结果"，也不会依据它们的支持者或诋毁者的真实动机或声称的动机，同样不会依据流行或不流行这些思想的社会群体的真实或声称的道德价值观。我们反对强纲领不是因为它损害大众对科学的看法，而是因为它在哲学上和方法论上产生了误导[9]。

当然，读者可能奇怪，两位普通的物理学家为什么对工作在所谓的 SSK 这样一个社会学分支中的一小部分人的观点感到忧虑？正如我们在文章导言中所说明的，我们逐渐接触到流行于某些学术圈中的相对主义者的时代精神，在那里人们想当然地认为，在许多别的领域中，科学只不过是一种"陈述"，没有所谓客观的真实性。事实上，这种思想被认为是如此正确，以至于没有再争论的必要[10]。当我们问及这个惊人发现的根据时，他们就让我们去找我们所称的"惯常的嫌疑分子"：库恩、费耶阿本德、罗蒂和强纲领学派（当然，还有许多别的来源）。所以，我们就回去看这些（所谓的）来源。我们看到的是一个大杂烩：一些说法明显错误，一些说法含糊不清，还有一些虽然有道理却陈腐不堪，甚至还有许多我们无法评判的具体的经验工作[30]。

搞 SSK 的人常常强调，他们事实上是爱科学的，只不过是想让公众更好地理解科学究竟是怎么回事罢了。我们欢迎这样的目的，但是我们认为 SSK 的社会学简化论提供了一个十分扭曲的科学观。当然，不能认为 SSK 要为整个社会上的非理性主义的泛滥负责，非理性主义从宗教的原教旨主义一直延续到"新时代"[11]，情况明显比我们对 SSK 的抱怨要糟糕得多。此外，SSK 的影响也许没有过多地扩散到学术圈之外（尽管它确实对小学和中学教育有一些影响）。不过，从方法论来说，把科学看作宗教或神话一样，发起一场声称对科学理论的内容给出因果解释的智识运动，（客气地讲）不可能指望在与泛滥于我们社会的非理性主义的斗争中发挥多大的作用[29]。

我们对 SSK 的反应可能受到批判，我们的观点可能被说成是带有精英主义者倾向的过时观点，即大学应该成为科学理性主义的堡垒，矗立在罗素在另一种背景下（Russell 1949）所说的"人类理性之舟漂摇不定的狂野之海"中央。但是，果真有人批判的话，也只好由他去了。

15   关于相对主义的又一回合

哈里·柯林斯

15.1   主要议题

认识论相对主义（epistemological relativism）暗示，一个社会群体证明自己的知识体系完全合理的方式与其他社会群体的证明方式是一样的，而且从外部也找不到有利的视角分出它们的高下。只需根据一个或者另一个社会群体的观点，就能够知道所有能够知道的东西。本体论相对主义（ontological relativism）看起来是上述社会群体的内部观点，然而实际又有区别。我们把任何认识论相对主义和本体论相对主义的结合称为"哲学相对主义"（philosophical relativism）。

方法论相对主义（methodological relativism）并未对知识本体或者其合理性作任何直接评论。方法论相对主义是值得推荐给社会科学研究者的一种思想：社会学家或者历史学家在研究时应该假定，被研究的各竞争群体对于实在的信念并非由实在自身所引起[1]。

哲学相对主义并没有对科学知识社会学的实践造成任何影响。许多SSK的实践者对"科学大战"等场合中关于哲学相对主义的讨论高潮迭起感到失望，原因之一就是，他们意识到争论的结果并未使正在进行中的工作或者其详细结论有多大改变。

那么，为什么科学大战中的大部分"指责"都是针对哲学相对主义而非其发现的细节呢？ 部分解释是，进行抽象的争论比写下具体的案例要来得容易。 但是另外一部分解释可能就与"言辞的力量"有关了。 似乎有人相信哲学相对主义的传播有损科学的威望，会使得它对资助者来说不那么有吸引力，会使得它不那么有能力抵挡神创论者和李森科主义者等等的攻击。 有人认为认识论相对主义会导致一场新的"黑暗年代"[2]。 然而我所认识的相对主义者没有一个支持降低教育标准和传播迷信，我也没有看到任何证据证明 SSK 的邪恶影响；哲学的辩护倾向于迎合学术和政策上的不满，而不是引导它们[3]。

但是，即使相对主义的确与一些阴暗的倾向有着广泛联系，解决方案也不应该是哲学审查。 就像我在本书导言里努力阐释的，解决方案应该是更加清晰地表明，（任何）相对主义与置于科学以及人们非严格所指的"理性思维"之上的价值之间并没有联系[4]。 与正确性相反，哲学相对主义的持久性似乎仍然值得为之辩护，以防止那些别有用心和有政治目的的攻击，因为如果不这样做的话，实际上就是默许党同伐异：怎能想象与量子物理学的多世界理论相联系就突然间被视为可怕的罪行！ 那么，哲学相对主义是值得捍卫的，因为学术自由是值得捍卫的！ 无论如何，哲学的立场，比如相对主义，都是自由的。哲学相对主义、唯我论之类，都有助于人们摆脱常识世界观。 社会学家和历史学家需要"交换"（Berger 1963）他们所研究的群体的观念，使他们呈现出一个行为者所应该呈现出的新的个性特征。 科学社会学家和科学史家在面对现代科学巨大的统一力量时，需要他们能够得到的所有帮助。 大部分"科学知识社会学者"（SSKers）都希望关于哲学相对主义的争论能够消失，但是只要这个争论存在，我就仍然持应该保护坚持哲学立场的学术权利这样的观点。关于哲学相对主义本身，我就说这么多。

15.2 方法论相对主义和哲学相对主义之间有联系吗：布里克蒙和索卡尔

布里克蒙和索卡尔认为SSK的方法论很"自负"，"偏离了那些曾经启发了科学论研究的重要问题"，并且，SSK的"实践者没有必要在这种错误的认识论上纠缠不清，而是要把它放弃，进而对科学进行更严肃认真的研究"[3]。关于这个结论的怪事是他们介绍自己的论文时说，他们并未打算讨论那些已经在SSK名义下进行的案例研究的细节。他们更进一步说："我们并不否认在这些研究中可能已经完成了一些有趣的工作。"[5]一方面，布里克蒙和索卡尔认为，科学论承担着重要的任务，之所以重要并不是因为科学论因其方法论和认识论上的自负而发生偏离；另一方面，他们认为他们所评判的案例研究可能已经做了不少有价值的工作，但是他们并不打算再花时间来回顾这些工作。这让人有些失望。这等于说，尽管量子理论已经得出了许多有价值的结论，但是潜在的不确定性仍然不可接受，那么他们就劝诫大家立即放弃量子理论——"量子理论家应回去研究有意义的经典物理学"，他们大概会这样说。

让我们来反驳布里克蒙和索卡尔的核心观点——方法论相对主义和哲学相对主义不可能截然分开[25]。如果学术自由早就得到保护，为何还要费神去反驳这个观点呢？因为这个观点是错误的，因为令人遗憾的是，这个观点可能减少充分讨论的可能性。对方法论相对主义和对哲学相对主义的辩护，对那些很在乎它们的人来说，在语气和风格上都是很不相同的，应该在不同的地方展开。方法论相对主义是技术上的问题。

布里克蒙和索卡尔在一个反事实的危险平台上开始他们的论证。反事实（counterfactual）是讨论假如我们能够改变过去的一些因素，事情将会怎样。布里克蒙和索卡尔试图想像，如果没有关于行星运动的信息可用，如何解释我们的社会相信行星运动的平方反比定律，而不是（例如）立方反比定律？于是他们将此与占星术对照，他们说解释整个信仰系统可以不涉及行星的运动。但是他们补充道，如果你认为占星术实际上得到了证据支持，那么行星运动将不得不进入我们占星术信仰的因果解释。还要注意，他们的观点乍看貌似有理，那是因为他们捡起了早有定论的事例，在这些事例中，他们可以期望他们的受众在科学事实上几乎完全保持一致意见。换句话说，他们为了自己的目的，舍"难"而取"易"。如果他们选取一个当前发生公开论战的较难的事例，将会更有趣[25]。

不过，我们还是尽量跟着他们的思路来总结一下他们说的话：他们说，如果你认为自然界影响了你对它的信仰（也就是说，如果你不是一个哲学相对主义者），那么每次讨论我们对自然界的信仰的来源时，都必须加上一个自然界"术语"。遵从方法论相对主义并且不包括那样一种术语的讨论，则被指为鼓吹哲学相对主义。布里克蒙和索卡尔看来支持一种"双因"模式：至少在尚未平息的争论下，社会因素和自然因素都要考虑，并且社会因素和自然因素都应因此而进入这些争论的结果的合理解释当中[6]。

循着布里克蒙和索卡尔的思路，我们可以总结出三类科学：类型1，在当前的共识中，自然界占有绝对支配地位——万有引力平方反比定律是这一类型的范例。类型2，结论受人类社会绝对支配——占星术是这一类型的公认范例；类型 3，可能尚处于争议之中，自然和社会两种原因都有。根据他们的观点，如果我没有理解错的话，即使在类型 3 的科学中，方法论相对主义也是站不住脚的，因为如果你知道自然界起一些作用的话，你就必须把它考虑在内。那就表明，从严格意义上来说，方法论相对主义只不过是哲学相对主义的面具。也就是说，如果严格相信两类原因都在构成某个信仰 p 的过程中起了作用，那么任何对该信仰 p 的严肃解释就必须用到这两类原因。

可以看到，布里克蒙和索卡尔的观点并不十分正确，因为当它被对称地加以应用时，便显得荒谬。因此，在类型 3 的情况下有两类原因。这样，在第 3 种类型的科学文章中，如果解释性文章是严肃的和正确的，那么它们就必须提到这两类原因。这意味着，由科学家撰写的、发表在科学期刊上的第 3 种类型的科学文章是有瑕疵的，因为没有提到对科学家的信念有所影响的社会因素。因此，在任何科学争论过程中发表的几乎所有的科学文章都表现出了不真实和错误。这些只考虑科学因素的文章必定缺乏完整性，或者盲目相信不存在社会因素和效果[25]。

必然存在很多导致这些谬误的途径，就像在科学争论中往往会有许多原因在起作用一样，而且任何一篇关于科学争论的文章最后产生影响也有许许多多的原因。我们可以将布里克蒙和索卡尔的反事实方法用在它们当中的任何一篇上。因此，我不能设想平方反比定律将会被接受，除非人类有特定大小的头脑，除非在这个定律被发现之前人类文明未被流星撞毁过。然而，对平方反比定律的信念来源的研究并不一定涉及人类解剖学或者地球上的灾变。

以上是对拉宾格尔在他的论文[13]中所表述内容的冗长阐述：科学中的一个好方法是仅集中研究一类原因，尽管其他原因也在起作用。 但也许还是值得走这样一段弯路，以表明基于反事实的观点是错误的——它们几乎可以用来证明任何事情。 关于在任何类型的历史解释中运用反事实方法的危险性，我这里只讨论了科学中的情况。方法论相对主义的建议是社会科学家集中探讨社会原因[7]。

我在这里试图做的是要表明，做一名方法论相对主义者而非哲学相对主义者还是可能的。 尽管我曾讨论过哲学相对主义的持久性，但是，通过考虑方法论相对主义，连同它所取得的、布里克蒙和索卡尔决定不予检验的具体成就，所有在实践上重要的科学争论都会取得进展。

只要对案例研究再稍稍严肃一些，布里克蒙和索卡尔也不会在他们的文章末尾讨论休谟关于奇迹的观点时陷入迷茫[25]。 面对专家各不相同的说法，普通民众该怎么办？ 这是 SSK 试图解决的问题。布里克蒙和索卡尔认为，休谟对待奇迹的观点给我们提供了一些启示：不要相信任何"不可思议的"事情，除非亲眼所见。 然而，我们几乎都是从二手或者三手材料获得"现代科学奇迹"的证据的。 布里克蒙和索卡尔自己讨论了一个 19 世纪的印度居民面对有关固态水的说法这样一个案例，但是它或多或少地适用于任何现代实验——举个例子，所有那些证明量子论或相对论的实验[8]。

布里克蒙和索卡尔似乎认为重复观察是关键。 他们相信，在他们对宾文尼斯特认为水有记忆力的讨论中，他们已经展示出了正确的进路。 他们说"没有人宣称重复过实验，至少没有与宾文尼斯特完全无关的人这样宣称过。"为了使这个观点没有限定条件，他们必须忽略过去 25 年间 SSK 的主要工作[9]。 我们可能会同意他们关于普通民众应如何看待宾文尼斯特的看法，但他们所提供的是一类如果不非常小心就不能采用的理由；这类理由只会误导民众，而且时间长了，会把科学描绘成机械地解决问题的技巧，这是错误的，会有损于科学。要超越科学观点从零乱达成一致的正常过程，以快速得到结论，SSK认为并无捷径，比如援引休谟的观点、数支持者的人数、揭穿骗局或给某个对象贴上"病态科学"的标签，这些都行不通。奇怪的是，在这点上，SSK比布里克蒙和索卡尔更看重科学专家的价值；我们更加欣赏的是科学界内部慢慢地、慎重地形成的专家观点，而不是外行都能利用的速成观点，比如休谟的观点。

不过，SSK也认为，如果一定要在专家之间作出判断，普通民众会作一些社会估量，而不是技术决定[10]。同判断政客一样，普通民众要作出复杂的估计：谁过去最诚实正直？谁最有资格？谁愿意毫无畏惧地把自己袒露于批判之下？谁能够使自己充满自信而毫无搪塞？这一点应该是没有疑义的，因为科学家发现当面对并非他们自己的发现时，他们也要作出同样的判断。在这方面，布里克蒙和索卡尔可以从默明对知识的社会本质的论述[7]中得到点启示。注意，只有分析"容易"的案例，比如顺势疗法，他们可以指望他们的目标受众的同情心，而非难的案例，比如转基因食品对健康的危害，才能使布里克蒙和索卡尔的立场看上去不那么似是而非[11]。

15.3 方法论相对主义令人讨厌而且漏洞百出吗：温伯格

温伯格的论文[9]的第二部分似乎是重申科学家的信条，并且针对的是哲学相对主义，而第一部分则触及一些直接影响科学分析实践的问题。温伯格认为，科学史家应该利用对科学的当代理解来分析当代一致性的形成，我却认为他们不应该这样。温伯格强调"避免方法论相对主义——如果你因后见之明而知道真理，那就用吧！"然而这是不同的，这是一种实践，而非信条。

正如温伯格自己说的，我们已经就这个话题通过电子邮件交换了看法。我认为在交换的思想中，有些东西还是值得重申的[12]。温伯格以军事史为例争辩道，将军对敌军力量的估计是他决定是否进攻、如何进攻的重要依据，尽管这个估计正确与否我们只有事后才知道，但对此毫不关心是不可能的。我想我没有理解错，温伯格认为，是将军当时是否根据正确的情报作出决定这一事实，使人们增加了对有关这个事件的历史的兴趣。更进一步说，只有事后知道真相，人们才会问出有趣的问题。比如，如果确实情报不准的话，他们为何没有获得正确的信息呢？

我回应道：军事史和科学史是不同的。我认为，战争史家和将军之间的关系不同于科学史家和科学家之间的关系。这是因为在事情发生之后，关于战争实情的权威从将军手里转移到了历史学家手里。（至少在民主政治中，我们希望如此，因为将军对他自己参与的战争的解释非常自私，有些声名狼藉。）历史学家可以像调查自己的军队一样，打开敌军将领和军需官的档案。更进一步，历史学家可以讨论胜利的原因——甚至有时候还讨论关于谁取胜的军事判断。

相反，有关科学事实的权威并未转移到科学史家手里，而仍在科学家这一边。因此，我们倾向于认为科学史等价于"将军的历史"[13]。至于科学史家所关心的与战斗结果相对应的科学事实，他们是从科学家那里获取的。在我看来，这就导致军事史家具有清晰而有价值的专业角色，而科学史家的专业角色却模糊得多。事实上，大量科学史争论的根源看来就是关于科学史家是否或者何时应该将"科学将军"所撰写的历史视为"真理"[33]。

当然，一个区别并不必然导致另一个区别。因此，现在我们需要进入讨论的细节。有许多类型的科学史不能离开后见之明开展工作。我们已经在《勾勒姆》(Collins and Pinch 1998)第二版的编后记中尽量对科学史作了分类。只有诠释性的历史应该远离后见之明、拥抱方法论相对主义。在这类历史中，人们试图把自己放在科学家的位置上，致力于探索什么是科学意义上的真理。为了获得这种视角，就必须忘记自己所知道的那一时期科学实践的结果。也就是说，必须忽略正在分析的那段时期的科学研究中，我们现在视为科学真理的内容。简而言之，必须成为一个方法论相对主义者。

温伯格认为免于后见之明是不可能的，或者是不必要的，或者既不可能也无必要。他似乎认为对当代的争议进行研究是有缺陷的，因为研究者不具备后见之明的优势。相反，这在我看来正是很大的优势——不需要费力去避免后见之明。

在对方法论相对主义的攻击中，温伯格首先认为不可能重建过去发生的任何事情。比如，不可能知道为何汤姆孙偏爱他所测的特定光谱中高端部分的结果。但是，温伯格认为我们肯定知道正确的测量在今天和在汤姆孙时代是一样的，并且光谱低端也包含正确测量值。因此，他认为汤姆孙引用这些高端值更可能是出于偏见，而不是因为他知道他在测高端值时更仔细。

我并不理解这一点。所有的历史(以及任何当代研究)都苦于无法知道全部真相，尤其是在当事人的意图方面——这是一个常识。但是从汤姆孙测量光谱值的信息中，我们看不出他的任何内心想法，因为他可能认为他非常仔细，但实际上他犯了错误而没有意识到——这就是问题所在。行为并不能昭示意图[33]。

温伯格的第二个观点认为远离后见之明有可能导致历史枯燥单调，因为我们必须知道事情是如何发生的，以明了什么具有历史意义。在很多类型的科学史中，这无疑是正确的，但是把它作为一个笼统的看法却是错误的。举个例子，任何当代论战史都很有意义，即使我们不知道它是如何发生的。许多论战中失利的一方的历史也很有意义。如果论战因为建立了一门新科学而变得重要起来，那么关于这段科学历史的书就会销量上升。但是我相信我们都在另一种意义上使用"有意义"这个词——在这个意义上，对电话交谈的前5分钟或者婴儿的第一声啼哭进行分析是有意义的。也就是说，我们在谈论学术上的有意义，在这个意义下，温伯格错了。

他的最后一个观点是方法论相对主义"没有抓住"科学史的"本质"，因为科学观点的一致与文化无关并且是持久的。这正好避开了辉格主义，是科学史不同于政治史和其他历史的关键。温伯格认为，文化的影响和科学定律的社会一致认同性只有"当这些定律被发现时"才能看出。从一个方面来看，这个说法只是复述了物理学家的信条，与科学史的方法论毫无关系。但是，即使最后确立的科学定律的永久真理性确实是对历史造成了影响，那也远不能说明我们只有在永久真理建立起来后才能够研究历史。更进一步，有着实际重要性的问题被提了出来：什么时候我们知道科学定律最终已被确立？什么时候我们应该相信"科学将军"发现的科学真理？举例来说，历史学家应该怎样对待超心理学？我们只要接受一致意见并跟着它跑，而将超心理学家所做的任何事情都归为不是一类错误就是另一类错误？我无法设想爱惜名誉的专业历史学家会这样做。如果你不喜欢超心理学，那么在相对论取得一致意见所花费的大约40年里，请回答同样的问题。

我认为正是温伯格没有抓住科学史的本质——至少对诠释性科学史是这样。科学史的本质是，作为普通民众，我们所面对的大部分科学和技术问题是没有达成一致看法的问题——英国牛排或转基因食品的安全性，法庭辩论涉及的法医学，全球变暖等等[14]。 在这些案例中，政治机构在科学界达成共识前就要作出决定，而科学被应用的模式是科学家向民众提供可以运用的真理。 要理解科学对于这一类问题有什么贡献，我们需要一部审视科学的科学史——特别是最完善、最难的科学——但它仍在形成之中。 当我们研究一场还在发生的争论时，这必然是唯一的一类历史，但是如果我们的兴趣在于民众对科学的理解，我们应该采取的立场是我们研究过时的争论时的立场。要理解科学对还在发生的事件起作用的方式，永恒真理领域内的科学史恰恰是一种错误的模式。

15.4 其他观点

像这样谈论一致意见比谈论分歧少的情况很有讽刺意味。 肯尼思·威尔逊和巴斯基[11]重复了一个普通但是严重的错误。 像我这样的社会学家并不担心错误会悄悄渗入科学工作，或者科学上的众说纷纭突然间取得了一致。 他们担心当科学与其他机构接触时，对科学的错误描述会被这些机构用来作决定。 把科学当作远离人类干扰的事实发生机（fact-generating machine），这种模式是一种危险的模式。 无论是对科学的长期声誉，还是对民众而言，都是危险的。 它同样不利于刚入道的科学家。

索尔森[6]和默明[7]都谈到语言问题，这可以解释对肯尼思·威尔逊和巴斯基的广泛误解。 对社会科学家而言，像"协商"这样的词是中性的。 实际上，它们的用法已经得到了许多社会科学家的批判，因为它们太虚。 这样的词表明的是人类之间的相互作用，它在本质上不同于机械测量、计算、搞出一套运算法则等，后面这些活动的特征是结果的确定性和过程的必然性。 人们可以"协商"，或者我应该说必须"协商"，即便是在以最大的自信追求真理的过程当中，即便是当完全处于应该被视为"科学的"行为范围内。因此，当科学家想方设法摆脱实验者的退化*这一境地时，这并不是表明他们会或者能够做得更好，除非他们在科学上更具诚信（虽然缺乏诚信的情形仍然可以通过其他的标准得到辨认）。

默明的前面几段文字表明两种文化的代表在学习互相对话。当他说"科学知识的建构应被视为发现自然如何运行的过程，还是科学家之间达成一致的过程"这两者之间的区别并不大的时候，他是正确的。他的正确之处在于说出了看待事物的不同方式实际上取决于所提出的问题，以及答案的不同侧面所强调的重点。至于相对论的早期历史，那可能就该留给历史学家了。索尔森指出，在绳与线或者挂毯与丝的问题上，我们之间的差别不大。

我非常感谢索尔森教给我大量的引力波物理学知识。在物理学家的职业生涯中让我最羡慕的方面，他是表率之一——他具有他那个群体共有的强烈的、虔诚的好奇心，通常远离弥漫在社会科学界的玩世不恭和悲观情绪。自然科学家，当他们以开放的好奇心投入实践，便仍然是我们的行为榜样。索尔森做错的一件事就是他宣称，当科学的成功到来时，像我这样的社会学家必然会失去研究兴趣[6]。他的话中最正确的地方是这样一个事实，当人们不能达成一致时，通过社会学方法来解决要容易得多，因为意见不统一使得大量的社会过程都摆在台面上，这样易于观察。但是，如果引力波已经被发现了，并在这个世纪的最初几年达成共识，我将会和大家一样欣喜。一个原因是，如果这样的成功被新科学的燕尾服罩上，它可能使我的工作更

---

*　　关于"实验者的退化"，参见第 84、91、92 页。——译者

加引人注目。但更重要的是，我可以在达成一致的环境下和以前原本未达成一致的环境下，比较"同样"的科学，从而结束我的案例研究。

16 超决定性与偶然性

彼得·迪尔

在某些方面，我觉得默明的文章[7]是这次收录的所有文章中最为引人注目的，因为他在文章中清楚地（而且公允地）指出与柯林斯、巴恩斯等人讨论的症结所在。他的"挂毯"隐喻（在维度上，柯林斯和平奇把它简化成一维"绳子"式的隐喻）在这里更加有助于凸显这个利害攸关的核心问题：在对科学创新和科学发现的表述中，主张 **SSK** 的许多人强调**偶然性**（明显与迪昂—奎因的不完全决定论有关），而这就说明他们以损害这样的认识为代价，即就经验（知识图式）事实而论，事物之所以如此这般地出现也可能存在很大程度上的**超决定性**。在默明的挂毯中，许多纵横交织的丝线是理解这种观点的一种有效方式。

当科学史家和科学社会学家声称事情的结局可能会是另一个样子，从而强调历史结果的偶然性时，他们要说的观点既是方法论上的，又是描述的准确程度上的。在所讲的科学历史事件中强调一种假定的不确定性，其方法论上的重要性在于它反驳了温伯格所影射的辉格主义的谬论[9]。 不过，值得回顾这种谬论究竟是什么。 温伯格把它说成是有关**理论**是绝对的还是具有历史相对性的问题：因此，他说，由于与 16 世纪的（比如说）马丁·路德时代相比，我们不可能确切地说我们今天拥有绝对更好的司法理论，所以在假定我们现在有正确答案的背景下描写司法理论自路德时代以来的发展是明显不合适的。 他接着说道，相比之下，既然现在我们**能**断言我们比过去的人对自然界有更多的了解，那么我们在做科学史研究时，利用这种更先进的知识就不应该有任何障碍了[33]。

不管别人怎样看待这种说法（温伯格所用的特例本身就很有趣），在我看来，这样的观点并没有触及巴特菲尔德的反"辉格史"观的本质。 人们假想在我们的信仰（不论是政治信仰、宗教信仰还是科学信仰）中缺乏"进步"（不论是何种进步），但辉格主义固有的荒谬性与缺乏"进步"无关。 辉格谬论是一种关于历史**诠释**的谬论。 巴特菲尔德反对在历史研究中盲目地利用目的论诠释，而把 19 世纪英国自由主义注定要胜利的趋势看作"标准叙事"的政治史，则是他采用的关键例证。 用这样的图画为背景来解释历史过程中发生的事件，实际上是把历史事件的结局看成具有一种目的论的必然性，据此，它就可能被认为在一定程度上是**诱发先前**一连串事件的原因。 照此说来，就目前而言，对辉格主义的批判看起来仍然有效，而且这种批判既适用于科学史，也适用于其他历史。

温伯格在文章结尾很清晰地表达了自己的信条，大意是说，在他的粒子物理方面的研究工作中，他追求某种终极的、绝对的真理。 作为一种信条，它当然无懈可击。 但它作为一个论点却没有什么价值。 相比之下，默明所关切之事有把问题集中于一点，进而在这一点上展开严肃讨论的价值，而且这种观点也基本上是一种历史观。 在众多可能的诠释形式中,这种观点也可以利用反事实历史来阐明:无论是清楚还是隐晦,历史的诠释在何种程度上会诉诸理解**可能发生过的事**?如果达尔文没有提出把自然选择作为支配物种转变的基本原理,我们还会相信物种不变的特别创世说吗?我们有充分的理由假定,至少对某些这样的反事实论点,尽管可以发问,但是我们应该明确做出否定的回答;考虑华莱士(Alfred Russel Wallace)这些人,即使没有达尔文,不仅进化思想,而且包括自然选择思想本身也都会最终凸显出来,这是确凿无疑的。如果按这样的进路继续下去,并且发挥它,认为默明的"挂毯"隐喻形象不仅适用于科学技术工作自身不断发展的进程,而且也适用于影响科学的更为广泛的历史进程,那么一个人就会把他的看法变成认为科学发展过程通常具有超决定性的观点。即使没有那次非同寻常的实验,诸如此类的这样和那样的实验加在一起也能确保相对论取得成功;即使没有达尔文、华莱士、赫胥黎、虎克(Joseph Dalton Hooker)和(可能包括)欧文(Richard Owen)一起也同样能确保进化论取得成功。

如果赞成这种超决定性的观点,就会愈来愈难以接受这样的思想,即特定的个别历史事件的偶然性是科学行为产生结果的主要影响因素。然而,科学论方面的学者通常把根据经验确立的看法作为一种辩论武器,说(比如)他们正在研究的科学争论的结果就很**可能呈现出另一种样子**。这是一种策略,旨在反对这个省事的假定:因为毕竟自然本就如此,所以争论的结果也必然是预先注定的。如此说来,SSK这么一致地强调偶然性也就完全在情理之中了。不过,可能发生这种情况,用科学结果的极端**社会**偶然论来反驳所谓的"实在主义决定论"也许会演变成这样一种极为似是而非的论调,这种论调的大意是,无论正在研究的科学争论是什么,争论的结果在历史上早已被确定了，未必与"自然究竟如何"这样的问题有关。 也就是说，为了便于讨论，即使一个人想接受独立存在的自然对某种科学争论的结果毫无影响的观点，他也许仍然会说，这种结果的**社会**超决定性胜过争论过程中任何假想的"偶然性"。 因此，不管是默明的"挂毯"隐喻，还是柯林斯和平奇的"绳子"隐喻，仍然是适用的，**即使**设想它们只适用于社会文化层面。

如果把这种观点与最常见的 SSK 的观点结合起来，即常说的（如夏平所言，也是经常被忽略的）自然界连同其他事物一起在终结科学的争论方面确实起着某种因果性的作用[1]，那么默明的观点就变得更为合理，与科学论中当前的许多工作更为一致。 遗憾的是，正如我所提到的，这是一种与通常被用来反驳"实在主义决定论"的"偶然论"的把戏直接相冲突的观点。

受到这样一些措词的激发，一个人也许会说，这里最根本的问题仅仅在于（尽管有让人理解的、策略上有效的理由）SSK 受到了偶然论的困扰[2]。 不管怎样，鉴于似乎有一个相当微妙的理由，这种说法将会减少情况的复杂性。 事实上，对它的微妙之处本就不该惊讶，因为它是基督教最古老、最富有争议的神学争论之一的翻版：自由意志论—宿命论。

纵观整个基督教神学史，实际上已无法否认上帝无所不知的教义，即上帝预先知道谁的灵魂将会被拯救而谁的灵魂不会被拯救（在这种情况下，从上帝的角度看，对我们每个人来说，答案从一开始就定好了）。 但是，同样存在有关个人自由意志的教义，根据这个教义，一个人可以选择自己的行为，无论好与坏，都符合他最终的命运。 在 16 世纪，当加尔文（Jean Calvin）用强调宿命论的真理性来反对强调罗马天主教教义的自由意志论时，他不仅提出了对天主教的轻巧的反驳，而且还涉及一个相当大的**道德**上和神学意义上的问题。一方面，天主教会之所以强调自由意志论是因为它希望人们做善事，要基督教徒们相信这样做（根据他们自己的自由选择）会换来对他们的拯救。但是另一方面，通过强调宿命论，加尔文想从信徒们的心灵中除去这样的负担，因为他们总担心他们的行为是否**足够**好而能确保对他们的拯救：根据他的教义，这是上帝的意志，将来该怎样，就会怎样。换言之，加尔文的教义旨在安慰，尽管它初看起来似乎与基督教行善的教义相悖。16 世纪的天主教神学家们承认宿命论是真的，上帝是无所不知的（这几乎不可能被否认）。只不过他们的做法是不过多地谈论宿命论，除非不得不谈；他们也不向俗人强调宿命论[3]。

在讨论科学的实践时，这场发生在偶然性与超决定性之间的激烈争论也涉及同样的问题。默明的超决定性的挂毯相当于上帝的全知论，而在许多 SSK 的案例研究中所强调的偶然性相当于自由意志论。主张 SSK 的人（例如，在默明讨论相对论的案例中的柯林斯和平奇）可能基本上同意普通的超决定性的论点（他们的绳子对应于默明的挂毯）。但是，如同天主教与自由意志论一样（尽管在本书第 12 章中柯林斯声称并不理解他们！），虽然明显矛盾，但是主张 SSK 的人宁愿强调他们所认定的影响科学结果的偶然性——意在表明事物的出现似乎本就有差别，也可以说意在表明事物不是预先注定的。因此就有这样一个观点，坚持认为从技术角度讲，米勒的以太漂移测量应该受到认真对待，然而，就一般而言，它们并没有受到认真对待[30]。

最后指出，如同在神学的争论中天主教希望强调自由意志论一样，在科学的案例研究中，强调偶然性的愿望源自一个策略性的决定。如果你强调与拯救相关的自由意志论，那么就鼓励人们去行善；如果你强调与方法论相对主义有关的偶然论，那么就鼓励学者们把研究科学实践当作社会活动来做。

那么，这里涉及的哲学问题深深地根植于西方的知识传统之中。如此说来，产生不可调和的矛盾也并不奇怪。就某些对 SSK 纲领的反应和在 19 世纪某些神学家对《德国圣经高等评论》(German Higher Criticism of the Bible)的反应，布鲁尔(Bloor 1988)撰文比较了二者的类似之处。后一种情况是，在为神学教义的渊源提供的将事件与境化、历史化的诠释中，蕴含着明显的异端；评论家们认为，这样的诠释打破了任何一种声称教义有一个神圣的、超自然的来源的说法。不过，主张神学教义的人并不认为他们的历史著作对神学教义的正确性有什么损害；他们反而认为对教义是如何形成的提供了一个更加深刻的理解。不管怎样，上帝仍旧是教义产生的终极原因。在前一种情况中，像柯林斯这些人的观点实质上是说，对使人们相信某些科学真理的社会历史条件展开深入研究，本身并不会有损于真理：真理不需要神秘主义的保护。

17 责任回归

简·格雷戈里

宾文尼斯特关于水的记忆力的工作引起争议，但作为实验需要重复；顺势疗法作为伪科学也需要经验证明。布里克蒙和索卡尔[3]将二者放在一起评论非常有趣，因为这两个主题是联系密切的：水的记忆力被有些人视为顺势疗法所具疗效的来源[1]。对那些借宾文尼斯特来称赞重复性的优点的作者来说，这是个令人惊讶的选择，因为当重复实验产生令人不舒服的结论时，对该理论的拒绝表明重复实验只不过是可有可无的工具。这些实验表明水"记住"了溶质分子，哪怕溶质分子不再存在，水仍然带有这些分子的活性。这些实验在其他国家的几个实验室中被重复出来——实际上，重复性是使实验结果在《自然》杂志上发表的一个条件，13位作者的名单也才会出现在发表的文章上[2]。这项工作除了挑战我们对物理学和化学领域的许多的理解，并可能使制药工业倒闭外，还解释了顺势疗法所提出的亚分子溶液具有生理活性的说法。尽管同行持正面评价，并且重复性工作在《自然》杂志上得到了发表，由《自然》杂志主编马多克斯（John

Maddox)领导的一支调查队还是在宾文尼斯特的实验室亲自重复实验。7个实验完成后,《自然》杂志宣称宾文尼斯特团队宽泛的数据"为他们公布的结论建立了一个不牢固的基础"(Maddox, Randi, and Stewart 1988)。在对水有记忆的工作的拒绝信中,《自然》杂志表示这项工程接受了一些从事顺势疗法的公司的资助,这点令人很沮丧[3]。

在科学中,重复、同行评议和在《自然》杂志上发表通常是足够好的:最终的产物通常能够成为布里克蒙和索卡尔所说的"实在"或"真理"[25,28]。但是公众理解科学的支持者却争辩说,对同行评议和发表程序的理解是公众区分可靠知识与不可靠知识的能力的关键[4]。但是对那些把这些过程理解为产生真理的过程的人来说,发生在宾文尼斯特身上的事情可能会让人迷惑。布里克蒙和索卡尔呼吁来自"独立"科学家的重复,暗指那些使工作得到成功重复的科学家因为成功而自然失去了他们的独立性;这十年来宾文尼斯特自身的边缘化对那些试图成功地实现重复的科学家来说绝对是个威慑[5]。布里克蒙和索卡尔也强烈要求顺势疗法者为他们的言论承担举证责任;毕竟顺势疗法支持者当初赞助宾文尼斯特领导的著名国家实验室以研究顺势疗法中的现象,而这一事实被用来作为怀疑宾文尼斯特的实验结论的证据。

在文章的其他部分,布里克蒙和索卡尔提出,为了确定我们应该相信谁,我们需要知道这个世界到底是如何运行的[25]。他们错了:如果我们知道世界如何运行,那么我们就知道谁对谁错,也就根本不存在相信不相信的问题了[6]。当我们不知道谁对谁错时,我们只能依赖信任——因为我们不知道这个世界究竟是怎样的。就像疯牛病,如果英国公众清楚地看到没有一个人——科学家、农民、政府——知道一旦食用受感染的牛肉会有什么后果时，他们就转而求助于他们最相信的人，通常不管这个人是不是专家，然后要么停止、要么继续购买并食用牛肉（Gregory and Miller 1998，173—180）。

平奇[2]认为，那些停止食用牛肉，或者那些对科学"恐怖事件"采取类似态度的人是在抵制科学。我认为这种观点是错误的。如果两位合格的科学家一个认为牛肉安全，一个认为不安全，那么他们不可能都是正确的——他们当中至少有一个人是错误的，或者没有说真话。当面临选择时，公众不会将他们怀疑没有能力或没有诚信的人看作权威。这与整体上的科学没有关系，在这个特殊案例中，甚至与两位科学家的科学能力和科学信誉也没有关系。这个反应不是反科学，而是反胡说八道：这与我们所期盼的专家的道德操行有很大关系，而这是由公众通过他们的视野来判断的；在这个意义上，科学专家与其他类型的人没有什么不同[7]。这些道德操行当然是科学的问题并且需要去面对；但这并不是对科学本身的攻击。它们与相对主义、建构主义或者后现代主义也没有关系。

对科学家来说，为什么站出来承认（他们本来完全可以采取这种做法）他们对于疯牛病毫无线索会这样困难呢？平奇认为公众能够应对专家意见不统一的情况，但是他们希望得到科学家确定性的意见。我认为这种描述更适用于那些受过正式科学教育的人而不是外行；科学家希望由他们来得出确定性，并且他们自身也希望得到确定性[30]。我不同意平奇的观点，他认为公众不习惯于科学变得像生活中的其他事情一样不确定：公众不会不习惯于科学像生活中的其他事情一样，因为对于公众来说，科学是存在于生活之中的，它就像生活中的其他事情一样是生活中的事情之一。与个人经验中的科学相比，公众对科学确定性的理解是肤浅的。因此，虽然世界上的大部分人对有些含糊却令人敬畏的被称为"科学"的实体大度地持肯定的态度，但他们也知道计算机会瘫痪，避孕药有时也会失效，石油中加铅根本算不上一个多么伟大的构想，红酒对你是好是坏有赖于你喝酒的那天是星期几。 公众眼中的实证科学（医学）都是非常成功的，并且常常包含偶然性，因为实践者在能力和诚信方面的差异就像管道工的差异一样大[8]。 以这样的方式经历科学的人为什么还会将像疯牛病风波这样的事件视为抵制科学的理由？ 将反对疯牛病、支持占星术这些反应视为反科学是那些喜欢探寻何为索尔森所说的总原则（overarching principles）的学者们有兴趣做的。 可是，拒绝食用牛肉的公众却买起了用微波炉热一下就能吃的鸡肉方便食品，他们用手机打电话告诉家人菜单的变化，然后驱车回到开着空调的家里上网。

在本书第 5 章，我和米勒认为，对公众理解科学的调查中最有说服力的结果是那个并不令人吃惊的消息，即公众不会像科学家一样思考（Bauer and Schoon 1993）。 平奇[2]很惋惜只有研究生而没有普通公众去购买《勾勒姆》，但是也许正是那些在实验室和报告厅里受教育并已形成科学确定性哲学观的人需要读这本书。 毕竟，为数更多的公众不会像科学家那样去思考，他们只是在生活中遇到科学，已经基本上被那种认为科学无生命的认识所俘获了。 除了无人喜欢被告知他们"应该"知道什么以外（本科生必须忍受这一点），公众对专家及其知识的判断也许比我们预想的更加明智、更有经验[31]。

平奇认为，正是因为我们希望科学是完美的，社会上才会有那么多的反科学运动（antiscience movements）。 他说，并没有反对管道整修的运动，因为我们从来没有指望管道工有那么完美。 我愿意提出另外一种解释。 如果我们对管道工、律师或者保姆不满意，那他们要么改善自身，要么将职业作为一个整体去进行改变，以此来改进他们的专业组织。 社会公共机构——总统、疗养院、公交公司、超市——一直都在不断地作出反应和调整，以使得他们的职业生活能跟得上社会的步伐。 但是科学并未对公众的怀疑或者道德责难作出同样的反应：当公众对疯牛病、航天飞机爆炸或者污染表示愤慨（或者不对正电子或水星轨道表示谴责）时，科学家却坚持认为公众应该提高他们对科学的认识，社会应该作出改变以容纳和接受科学家，而不是相反。 为保持他们自己的工作井然有序，科学家确实很负责任，比如针对宾文尼斯特，或者比如针对因为提出转基因食品可能有毒而遭解雇的英国科学家采取措施，但所导致的结果总是显得很笨拙，而且很少考虑各方的关切。 过去我们谈论科学家的社会责任，现在我们谈论公众理解科学[27]。 就民主和对公众的影响而言，也许这个重点的转移是积极的，但明显不能以一方替代另一方。 如果有反科学运动（而不是反对管道整修工作），那也许是因为科学并没有太多或太深刻地反省自己。

史蒂夫·米勒的评论

为了支持他的科学的"专家"模式，我担心平奇[2]最终所持的立场会同那些对SSK持建构主义立场的人一样，认为科学"只不过"是一种社会建构物。 我承认，为了社会学的研究，为了公众理解科学，专家模式（expertise model）提供了一种观点，可根据这种观点开展研究工作或者设计如何处理已经得到的信息，但我感觉科学是一种成果，是对受规律控制的宇宙所持理性世界观的驱动力量。 由于科学提供了思考并探索自然界的方式，这种方式可用于几乎所有的情况，不管是熟悉的或者新奇的，所以科学超出专家之外。 比如说，可能存在一种烹饪世界观；实际上，英国很著名的天文学作家库珀（Heather

Couper），曾经把大爆炸理论比作烤蛋糕。但是我不相信，烹饪世界观能够严肃地用于宇宙论或者进化论，比如，就像将物理学、化学和遗传学用于研究烹饪和改进食物那样。

18 分裂的个性或科学大战内部的分歧

杰伊·A·拉宾格尔

    本书的许多作者认为在这里我们根本无法交流，他们为此也提出了许多纠正措施。这些措施的绝大多数大体上可分为：尽量少用有可能误读的语言；努力避免错读文章的内容。（使我颇有感触的是，这么多作者认为读者有意把"仅仅"或类似的短语插入到可能根本无此含义的段落之中。）在业已产生的既有分歧又有一致性的众多主题中，我愿意集中在两个主题上，它们有时好像反映的是某种程度的**内部**分歧，个别评论者似乎利用了一个问题的两个方面。

    在上面我强调了"似乎"和"好像"这两个词：如果我们处理的任何一个问题都是如此黑白分明以至于它能够或应该毫无疑义地归属于此类或彼类，而且所提到的问题又的确是一个一分为二的情况，那么这样的问题几乎没有。但是，那种认为作者正在试图要事物具有这样两个方面的看法，我认为，可能是这种误解和在讨论中彼此各执一词倾向的一个主要来源，在本书的第一部分已有充分的证据说明了这种误解和倾向。

第一个问题：科学是非常像常识，还是很不同于常识？ 关于该主题，可能出过完整的书（已经出版的见 Wolpert 1992；Cromer 1993），我们的几位作者，包括夏平[8]和林奇[4]，也作过论述，主要根据不同科学家的不同意见进行阐述。 我所特别关注的方面是：从常识或者"显而易见"的事例推演出一般意义上的科学观点，在何种程度上是合理的？ 比如说，在信念的确定方面，为了阐述事实的作用，布里克蒙和索卡尔[3]用天是否下雨这种"显而易见"的问题作为出发点。他们的确意识到存在于此的一个问题：一个人可能怀疑"普通"的和"科学"的知识是否应该一视同仁。 是的，他们得出了结论：如果事实对普通的知识有限制，那么它对科学的知识就会有更大的约束，因为实验科学清楚地证明了这一点。 所以，科学似乎只是常识的复杂形式。

另一方面，布里克蒙和索卡尔承认科学不是件容易的事。 因此，意图——上述说法的基础——是否能够确保结果或者确保常识性的观点自然过渡到精确的科学观，这远未可知。 在下雨这个例子中，尽管从观察到信念的过渡可以说是直截了当的，但是，在科学论所考查的案例中，其目的正在于实验活动是否能够证明如布里克蒙和索卡尔所说的"自然本身限制我们的信念"，这时情况就远非如此了。 所以，对常识和科学的要求很可能属于不同的领域，于是从此岸到彼岸的自由飞跃就不那么令人信服。

在熟悉与生疏之间的一个特别有问题的联系类似于科学与法律之间的联系。 布里克蒙和索卡尔认为，下面这种说法听起来非常奇怪："X 有罪是真的……但……这个真相取决于我们决定该怎样认可警察调查的结果……真相产生于……达成一致意见。"果真如此吗？ 如果在上面的说法中用"辛普森无罪"替换"X 有罪"，那么对我来说这种说法听起来似乎仍非常正确!

我期待布里克蒙和索卡尔通过抗议我在此使用"真的"(true)一词来反驳这种观点。一个正式陪审团在直觉上对"真"(truth)的概念很可能与他们的裁决没有多大关系。但是,如果我们没有获得**那**种真相,如同在犯罪调查中必定常常出现的情况一样,基于此的说法就不是特别有用。而且我敢讲,科学论将声称这也同样适于科学调查。在这里,布里克蒙和索卡尔似乎再次改变了争论的方式,从一个不严密的、常识性的对"真"的理解开始,逐渐发展到一个关于方法论相对主义在逻辑上对哲学相对主义是否必要的大概已争论过的观点。这就给了那些没有引起共鸣的读者一个漂亮的借口,他们放弃这种观点,避免更多的实质性的参与。

通常说来,第二个问题是:科学论的基础主要是理论的还是经验的?这显然是一个很大的话题,要充分回答它远远超出了我的知识和能力。我专门集中在科学论常常不论是清楚还是隐晦地诉诸的不完全决定论原则,或者迪昂—奎因命题的一个方面。默明[7]、布里克蒙和索卡尔[3]把这种看法,即总是存在多种方法来解释一系列有限的观察结果,说成逻辑上成立但实践上难行。我所了解(甚至就像科学论中所描述)的科学案例史表明,掌握了大量证据(坦率地说,这是一个模糊的字眼)而存在多种解释的情况是没有的,从这一点看,我赞同上面三位的看法。这种研究表明(也许"声称表明"更合适,取决于谁去理解它们)的是,人们往往在证据逼迫他们得出某个结论之前就已经达成了一致意见。

但是,根据经验主义的观点,这不足以证明任何一种激进的不完全决定论是正确的。如果它证明了什么的话,**超**决定论是更加普遍的情况:我们会发现,有时候**找不到**任何理论与研究共同体已经掌握的资料相符[1]。 这与下面的说法（不是来自本书）直接冲突，并使它们被接受起来相当困难："毋庸置疑，科学家这样描述他们认为可理解的世界：只要给出文化资料，除非极度无能，[高能物理学家]能得出他们历史上任何节点的可理解的现实图景。"[2] 对那些从中看出很大程度的过早的意识形态式许诺的读者来说，如此不留余地的说法使可信度趋于降低。 科学论者们尽管称颂他们的研究纲领的**经验性**实质，但是，他们的经验性工作好像充斥着哲学上的教条，这些教条不受观察结果的支持——甚至与观察结果相矛盾。 即便搜集了牢靠的证据，放弃这样的研究仍十分容易。

布里克蒙和索卡尔号召科学论者们放弃他们"被误导的认识论"[3]。 与他们不同，我不会否认任何人有选择理论框架的权利。 但是，我的确觉得，对理论基础所占权重更加审慎一些可能有助于避免某些认识上的问题。 我注意到夏平关于方法论学科弱势与自然科学胜势之间的联系的评论[8]，但不知道它是否被有效地（和对称地！）应用到科学论中。

读者所能做的一件事是剖析这样一种研究，摒弃其中所有的理论成分，集中研究剩余的部分，这剩余的部分主要是描述性的，常常也是有价值的部分。 例如，不论是否同意佩鲁茨对迪尔[10]讨论盖森的书所作出的反应，难以否认的是，整理巴斯德（极难辨认）的笔记内容是一件很不容易的工作。 同样，索尔森[6]把柯林斯收集听到的材料称为一种创举，而不管人们怎样看待他的结论。

我承认，上面的话听起来很像明褒实贬，它使人联想到皮尼克（Cassandra Pinnick）针对一部作品提出（和拒斥）的阅读"夹板理论"："（这样的书）恰恰需要宽容地去读。 你用极大的耐心接受第一章和最后一章（这些是易被忽略的部分，虽然里面有许多激烈的争论和对知识社会学的鼓吹），然后在中间部分就有要读的好的历史记录。"
（Pinnick 1998,228）。我全力支持这样的"宽容阅读"法，但是我认为这并非意味着皮尼克明显自贬身价。在我的领域内，有许多科学论文对数据既有报告也有解释，我发现这些数据特别有用，虽然我认为那些解释要么难以令人信服，要么胡说八道。但是，这并非意味着这样的努力是徒劳的。

甚至一种基于难以令人信服的前提条件下的尝试，可能也是宝贵的贡献。林奇[4]评价了尽力推行这种明显牵强的思想，如菲什的棒球类比的潜在价值：我们能从失败的地方和方式中汲取教训。由物理学家转变成生物学家的德尔布吕克（Max Delbrück）也说过类似的话。在试图把玻尔的互补概念应用到生物学上方面，他认为概念的转变就如同另一种研究工具。他尽可能地推行它，虽然承认这定将失败——但是它在哪个方面失败告诉了我们一些根本的东西（Roll-Hansen 2000）。也许，正像柯林斯对"陌生"（strangeness）[12]的聚焦所暗示的那样，这种"陌生化"（defamiliarization）就是科学论所作的最有用的贡献。

19 局境知识与共同敌人：
科学大战的医治方法

迈克尔·林奇

在关于科学大战的大量文字中（我对把它们叫作文献感到犹豫），经常能读到对于冲突的历史、社会和个性化解释。建构主义者被指责为 1960 年代的难民，他们改变了受挫的政治理想，转而向学术界同仁泄愤。"科学家"与"科学和理性的捍卫者"也受到指责，因为他们被基础研究预算的削减打击后，不是向削减预算的财政保守主义者而是向"学术左派"泄愤。这些解释是个人偏见的变种，因为它们不是用对话者立场本身的概念来探讨它，而是试图以附加个人和文化缘由的方式损害它。我想，关于科学家被地位降低和资源减少所伤害——比如说粒子物理学界就成了代人受过的"社会学家"——的后果的争论，花一些时间考虑是值得的。位于西伦敦的布鲁内尔大学是以 19 世纪伟大的工程师布鲁内尔（Isambard Kingdom Brunel）的名字命名的，我在那里工作过 6 年。几年前，布鲁内尔大学的行政部门关闭了化学系和物理系。我听到这条消息时惊讶万分。根据我到英格兰以前在美国的经验，我所习惯的情况是，管理者削减预算时首先考虑的是人文学科和社会科学中的"软"目标。那么，为什么一所大学会裁撤硬科学当中两个最"硬"的领域呢？就我所知，科学和技术论研究（这些研究在该校是非常优异的）可能错误地激起行政部门对物理和化学的敌意，而在布鲁内尔大学没有人严肃地怀疑这种可能性。相反，尽管这是一项目光短浅的决定，却是以高度**理智**的态度作出的。学校领导们使用了一种所谓的"模型"来衡量每一个教员和每一个学科部门的投入和产出。按照这个模型，化学系和物理系的教学、科研的收益还不足以抵消其运转的成本，于是无奈之下，行政部门决定裁撤这两个系。（终身职员们被重新分配给了其他单位。）依据同一模型，其他领域诸如体育科学和商业研究是繁荣兴旺的。

我提及这件事不是为了表明自然科学界那些处于困境的领域和院系的成员正在因嫉妒而敌视人文学科和社会科学界的同事。相反，我是说科学大战可能部分地引起所谓冲突各方的不适症。科学和科学理性的当务之急是，使我们不再执着于承认学术生活中的共同环境，科学、人文学科和社会科学的工作成员从中分享欢乐、经历痛苦。无论是被分为自然科学家还是社会科学家，或笼统地说学者，我们都要给学生们授课，出席系科会议和委员会会议，在学术期刊上发表研究成果，参加专业讨论会。我们对由大学行政当局和其他教育权力部门实施的没完没了的评估、审计和评议有着相同的抱怨。在对于共同的生活方式的认同中，特别是在对于这种生活方式的共同威胁的辨识中，可以发现对于安宁的渴望。个别管理人员不是问题的关键所在。〔尽管我曾在波士顿大学呆过好几年，经历了西尔伯（John Silber）的严酷任期，故而对个别管理人员成为不受关注的系科的灾难知之甚切。〕问题是，有时称作大学"商业模型"的东西及其合理性到底是什么？

科学的建构主义研究中，一种显著的倾向是坚决主张科学是一种**工作**。与其他工作形式一样，科学实践被当作一种涉及大量的、往往模糊不清的参与者（包括夏平［1989］所说的"隐身技师"）的具体而物质性的劳动过程。对科学和技术工作的"局部"或"局境"特征的强调与此相关（Suchman 1987）；这种工作包含实践行为和并非机械地服从方法论原则的合理判断（Collins 1992）。在研究主管、全体科学家、技师和参与民众当中，创造性奋斗的时刻和即兴创造的机会在实验室中随处发生。集体劳动过程中的这种偶然性的产物（数据、结果、发表的成果、发明权）比刻意计划的产物更多，而它们正是惊奇和迷惑的根源。

对这种科学工作图景背后意义的理解，可以提供团结的基础而非导致认识上的混乱。不久以前，科学的自治作为一种当时对于科学进步必不可少却难以适应环境的理想得到支持。"新"的后库恩科学社会学系统地攻击这点，并且把理想渲染成一种基于相当模糊、脆弱的科学概念之上的意识形态（这些概念基础并不坚实，故而并不可靠）。对科学的理想化观点的批判激起了对历史学和民族学的许多研究，这些研究记录了科学如何现在是并且过去一直是被其保护者所具体化、有组织地吸纳并襄助的，以及如何呼应政治议程的。作为一种固执己见、愤世嫉俗的行为，毁灭科学自治"神话"和"理想"的联合努力打击了很多评论者，但是关于科学中局境实践的重点，经常被忽略的是，它意味着比由科学进步的主要记述所宣扬的更确切但同样必需的自治方式。如果像建构主义者的研究所经常宣称的那样，科学实践并非绝对由理性的总规范所支配或决定，那么，认为管理和评估科学"生产力"的无所不及的行政行为能够得到期望的结果就是错误的。我在这里没有篇幅追问实际的自治图景的诸多政治含义，但是我深信它们混淆了许多"激进的"和"保守的"政治意图。 至少，它们为反抗评价模型和方案提供了一个可能的支撑点，这些东西允许将当代的学术"生意"合理化。

我目前所说的与科学大战讨论的具体内容或本书中描述的较为平和的观点没有什么直接的联系。 在我为本书撰写的文章中，我强调的是有关科学大战的辩论没有使科学家和反科学者对立，我也说明了在这些争论中的辩驳不应当被误解为科学的争论。 其实，这些辩论在范围和内容上是哲学的，即使它们并不总是（或者并不经常）由专业的哲学家提出。 我使用了一个很不恭敬的棒球类比，像是临时拼凑的队伍一起玩沙滩哲学[1]。 也许每个人都想问，进行这种游戏意义何在，特别是当它似乎干扰了我们的"真正"研究时？ 我们对于这个问题的考察可以通过阅读最近出版的关于社会建构论的专著——哈金的《什么样的社会建构？》（*The Social Construction of What*？ 1999）而得到加深，该书作者是当今研究最精深、最富权威性的科学哲学家之一。 其他哲学家也就科学大战撰文和参与科学大战，但是哈金的著作以一种令人赞赏的超然而有洞察力的方式，成为**严肃**把握经常走极端的争论双方的最佳代表。 当他弄清大量问题时，至多混入了他对几种建构主义的同情，但是他明确地将建构主义同对自然科学的反科学攻击区分开来。 哈金使得问题又回到起点："科学大战除植根于更具政治性和社会性的分歧之外，还植根于深刻而古老的哲学分歧。"但是，他不是去追寻和平的解决之道，而是认识到"不变的观点……哲学的障碍，这些清醒、可敬的思想家永远无法在真正的问题上达成一致。"（68 页）那么，如果达成一致的前景如此渺茫，为何还要以这种争论找麻烦呢？

通过检视"科学"一方的默明与"社会学"一方的柯林斯和平奇

之间正在进行的关于 20 世纪早期物理学界对于相对论的实验支持问题的交流，我们也许可以探讨这一问题（参见默明在本书第 7 章关于这场交流极其详尽的叙述）。很明显，它没有什么火药味，因为双方在回应对方的问题和批评时都已经澄清和确认了自己的立场。于是，在这个意义上，他们所追求的是理解和一致。但是，在哈金的分析中，追问是否能够期望或者应当期望对于更加根本性的事物达成一致认识，是一件很中肯的事情。哈金也许会劝告人们不要抱太大希望。柯林斯、平奇和默明之间争论的焦点在于物理学家们对米勒 1933 年实验的回应。柯林斯和平奇（1993）主张，1933 年以前，"物理学界的生活文化"忠诚于相对论，以至于对米勒的结果的拒斥不是以权威性的驳斥为基石，而是建立在这些结果**不可能正确**的假设之上。默明反对物理学家们在 1905 年至 1933 年已经构建起了支持相对论的全部证据图景的观点，反对把接受"文化"简化为一种无药可救的信仰。当默明娓娓道来之时，柯林斯和平奇回应以"强调当时可以得到的其他证据中相当大的一部分远非清晰无疑"和"各种线索可以不同方法组织起来"。在这点上，我们会因争论可能无休止地进行下去而感到厌倦。现在，我理解了这点，哈金给我们的教导并不是我们应当对达成一致的困难前景感到绝望。这种形而上学的争论已经进行了几百万次，然而早期的这类争论当然不会涉及关于实验在人们接受相对论时的角色的辩论。在反思了同柯林斯和平奇的交流之后，默明说道："我日渐相信在一种话语中能够阐明的问题在另一种话语中有着对应的表述。"此时他在这些方面表现出了洞察力。

然而，这还不足以说在这里我们面对的是形而上学的不一致。这种不一致的内容是牵涉一个较小研究群体的一系列特定事件。争论的形式是历史形式，即便有人怀疑关于历史偶然性与历史必然性的无法改变的假设可以给争论形式注入活力。 正像实验物理学家们有时通过质疑仪器和技术是否完备，或者列出一系列实验与他人争论一样，历史学家们通过在不同的各具深意的叙述次序中安插引用的档案或引语来与人争辩。 对话者们接下来的所作所为可以在戏剧角色身上看到：撤退、投降、厌恶地抽身或者提出些新证据。 对于各方争论的终极目标，说他们是在重复其形而上学的立场几乎不对，因为他们在争论中必须采取行动，并以文献证据反击，而提供这些证据要花费工夫，并且将是惊奇、恐慌乃至知识的来源。

但是，如果我们认为最终不可能明辨是非，谁也驳不倒谁，也没有人退出，那么任由这样争论下去又有什么意义呢？ 一种意义与辩识有关：某种形式的幻觉，"我们再来一次吧！"这种辩识使我们察觉到这一事实：我们身处智慧的先人和当代人都包容于其中的周期性戏剧之中。 哈金指出，在从对具体的实验、定律和事实的描述，到关于真理、事实的本质和本质的独立性的更广泛的论争中，科学大战中关于麦克斯韦方程和热力学第二定律可靠性的论争经常在迅速而又不为人察觉地进行着。 这些更普遍的争论，借用哈金入木三分的表述来说，是关于诸如"真理"、"真实"和"事实"这类"电梯式词语"的使用和含义的，而非特殊的事实、实体和方程（Hacking 1999，21—23）。 这可能表明，无论何时我们承认了自己已经在砸破形而上学的桌子，踢开形而上学的石头，我们都会感觉到愚蠢。 可是这种反应会把辩论的传统变得琐碎，这种辩论已经在思想史中走过了很长的一段历程。 即便我们认为现在没有，也永远不会有一种科学的方法来解决这些争论，也不意味着我们可以忽略这些争论。 循着古老的争论途径，我们现在能够意识到我们过去思考的是一个传奇或者一个刺激的冒险故事。 看出我们的争论的历史背景和熟悉的形式，将会对这种感觉有所匡正。 尽管我们可能已经相信深入进行一项经验研究的计划或者对手头证据的理性审视会保证我们论点的真实性，但是我们现在可以承认，我们产生的每一个（表面看来新鲜、新颖的）观点都有已经充分形成的反向观点。

我并不是提倡类似于"太阳之下没有新东西"的哲学式简化，因为一场特定争论的前景是高度不确定的，而具体案例的细节可能是至关重要的。 如同在法律中，传统的原则和先前的案例并不决定个别案件如何审理。 无论如何，当在争论的高潮中，我们提醒自己我们是在进行形而上学辩论时，这点可以产生"治疗"的效果[2]。 在科学大战的前前后后，这种提示不会提供一种简单的治疗方法。 比起争论的成果，治疗的效果似乎与争论中的道德规范更有关系。 预期和承认对话者可以不断地回到理性和证据中来，可以给自以为正当的怒火降温，正是它给科学大战火上浇油。

20　真正的实质与人类的体验

N·戴维·默明

任何可靠的知识体系都不可能因为被视作人类集体活动的产物而受到贬低。事实上，我将比柯林斯更进一步，认为在这方面，科学家们能从"与他们自己的实践疏离"中获益。爱因斯坦对同时性传统特性的认识有什么额外见解吗？或者，温伯格提出警惕对"过去崇高思想"的"愚忠"同样另有深意吗？我怀疑，困扰量子力学基础的许多解释上的混乱反映出对蹩脚语言的使用还未充分摆脱。

从一开始我就认识到，将"问题的自然真理性"放在一边是社会学家的**方法论**原则。我的"不满"不是他们的这种做法，而是刻板地这样做之后，他们会看不清科学实践的重要方面。这就是我[7]和温伯格[9]在评论"辉格史"时所提出的看法。平奇[2]认为通过真实性标准来解释真理的出现是循环论证的观点（正如布里克蒙和索卡尔所常常讲的[3,25]），但他忽视了这样一个真正的问题：我们当前对真理的认识是否受到如此严重的污染，以至于只有训练有素、防范有度、沉着练达的历史研究者才能审慎使用。当这些信念能够为历史事件的客观背景提供线索时，迪尔[10]认为"现代科学信念事实上与知识图式记录无关"的观点就可能有很大的局限性[27]。

当柯林斯[12]认为戈特弗里德和肯尼思·威尔逊荒唐地坚持 SSK 应该持续更新所有报告以包含当前的理解时，他误解了他们。讨论 1933 年起我们对相对论的理解时应当充分反映 1933 年前所能获得的证据，坚持这一点并无可笑之处。如果你不了解当代知识的特点，最好赶快停下来吸收所有当代对知识的理解。

当林奇[4]把科学大战描绘成"大众形而上学"的一系列操练，或更形象地描绘成"与临时拼凑的队伍玩沙滩哲学"时，他准确指出了双方的许多文字中让我非常气恼的东西。在这种围绕伟大思想随意作出的一知半解的辩护中，你会注意到，就算职业哲学家们在叙述科学知识的特点时也不会十分成功，所以，为什么不让所有人都来参与这场游戏呢？不过，至少专业人员清楚该问题的复杂性和历史深度，尊重对谨慎和准确的要求。

20 世纪从事物理学的人怎能不认识到"语言与世界的关系"存在严重问题，对此我深感困惑。当林奇[4]问及物理学定律是否可能不太像地上的石头，而更像"指导人类行为的准则"时，他引用玻尔的话："在我们对自然的描述中，目的不是揭示现象的真正本质，而是尽可能地捕捉我们多方面经验间的关系"（Bohr 1934，18）。虽然这些说法存在重大差别，但是整理它们是一项有益而不同凡响的任务——不是讲沙滩俏皮话那样的事。对布里克蒙和索卡尔[3]提出的 5 个"令人恼火的"观点与夏平[8]列出的科学机构当权派的 11 个"挑衅性的元科学主张"之间的区别，可以说同样的话。

不管怎样，夏平那篇令人称道的文章对贝勒在《今日物理》上发表的那篇论文（Mara Beller 1998）中的观点并未一语中的。玻尔的智慧如果来自社会学或文化研究，那么它听起来就一文不值，贝勒指出这一点不是要求对物理学家要有一个更为关切的态度。 恰恰相反，因为她强调的是她认为一文不值的东西，所以她谴责的是对量子物理学的伟大崇拜，她还要求科学家们在继续嘲笑别人之前先清理一下自己的行为。

下面显示了这场科学大战中不太显眼的嘲讽性的一面：在物理学队伍中，存在着"玻姆主义者们"（Bohmians）的量子物理学反常亚文化，关于量子物理学的本质，他们不仅认为传统的智慧是社会建构的，而且认为它在本质上是不完善的。 在谢尔登·戈尔茨坦（Sheldon Goldstein）的文章（见 Gross，Levitt， and Lewis 1996，119—125）和格罗斯、莱维特对阿罗诺维茨（Stanley Aronowitz）奇怪的责备中能够找到例子，阿罗诺维茨受到责备是因为"他天真地附和……这种观点，即经典物理学所暗含的事物具有因果性和确定性的观点已经一去不复返了"（Gross and Levitt 1994,52）。

随后，可怜的阿罗诺维茨改变了自己的立场，站到格罗斯和莱维特的玻姆主义阵营中（Aronowitz 1996,18），结果受到戈特弗里德所代表的主流一方的批评："我不知道有哪位理论物理学家正在考虑超越波粒二象性理论……一个简单的理由是，我们没有一丁点违背它或量子力学其他方面的经验证据"（Gottfried 1997）。

显而易见，我的同事布里克蒙和索卡尔为沙滩哲学兴奋不已。因为每个人都可以参与沙滩游戏，所以我不得不指出这种"除了共识之外不存在什么客观性"的观点源于这样的事实，我们每个人都只有自己的感觉印象，我们根据它构建了这个世界，然后有趣地看到，当你我学会如何交流时，我们发现各自主观经验的某些特点是共同的。根据各自主观性中的这种一致性，我们能够导出所谓客观性的东西。

"人们曾经一致认为地球是平的……而我们现在知道他们错了"，这样的事实并不能证明客观性比主体间的一致性更有用。它唯一能说明的是，在这种情况下，从主体间的一致性导出客观性是没有牢固基础的，或者说推理不当[25]。

按照泡利（Wolfgang Pauli）深受尊重的说法，双方关于沙滩哲学的争辩"都不算错"，只不过有点陈腐和缺乏说服力而已。关于一个命题的真实性是否反映了世界的本来面目，或者是否反映了人们一致同意用来探讨世界本来面目的方法，正如2500年来的哲学所确证的那样，对此进行争论是徒劳的。这些描述知识内容的语言是同构的。即使智慧生命在宇宙别的地方被发现，而且发现他们与我们对元素周期表的理解是相同的，关于这是否反映了元素的客观特点，或是否证实了不同社会组织在理解无生命物质方面有着重要的星际间跨文化特点，我们仍会发生争论。

这并不意味着科学家与社会学家之间的分歧空洞无物。但是要处理这些严肃的问题，应该集中关注夏平所说的"可能证明是错的事情，就像专业人员的共识所判断的那样"[8]。因柯林斯和平奇提出在1933年相信相对论的唯一根据是迈克耳孙—莫雷实验和日蚀观测，我对他们提出批评，但我是批评他们关于物理学家信仰的社会根源的说法，还是批评他们没有记录1933年业已发现的物理实在性的根本特点，这无关紧要。当巴恩斯、布鲁尔和亨利声称"不是相似或相像关系能够允许我们判断下一例碳会是什么"，并把它作为对分类可塑性的规范说明，而我抱怨他们在探讨各种能够用来定义碳的性质的过程中从不提原子结构时，我的异议依然是，它是说明他们对无机界微观结构的表征不完善，还是说明他们忽略了化学家如何从事专业研究的一个重要方面。

科学大战的另一个特点是夸大其词。布里克蒙和索卡尔[3]认为巴恩斯、布鲁尔和亨利(巴—布—亨)"对占星术有一种相当宽容(甚至赞成)的态度",并引用我对他们三人利用占星术的评论来反驳巴—布—亨支持占星术的观点。但我所说的是,作为当前处在科学之外、将来很有可能转入科学之内的某个领域的一个典型例子,占星术是一种过于极端的情况。我的"休谟式论证"不是要驳斥支持占星术的观点,而是想展开布鲁尔的评论,即我不愿意花费一两年时间来重复高奎林所公布的数据本身就充分说明了他们的观点。自然,关于巴—布—亨和占星术,巴恩斯认为我言布里克蒙和索卡尔之所言,因此再次证明误解、过于简单化和夸大其词对我们的任何一种文化都无两样。

我虽然赞同温伯格[9]所说的"决定忽略目前的科学知识常常是抛弃了一种珍贵的历史工具",但我对他所说的科学理论"与文化无关并且是永恒的"则不以为然。与沙滩库恩主义观相比,温伯格的后一种看法更接近真理。库恩主义认为,一切事物迟早必定为人人所知,而且我们能以完全不同的方式从头开始认识。不过,对温伯格所实际描绘的东西来说,"永恒"是过火的说法。它低估了他所承认的在"我们对为什么这些理论是真的及其有效范围的理解"中存在的变化。如果粒子理论有一天达到他所说的"不动点",我应该感到吃惊和失望。吃惊是因为我们以前似乎曾多次达到这个状态,失望是因为如果确实达到这个状态,那么正如费恩曼的名言所说,哲学家将能够解释为什么它永远不可能是另外一种样子,而且没有人能反驳他们。

另一方面,我完全赞同 SSK 没有充分强调这种过程的渐进性。如果你不同意温伯格存在终极真理的信念,不管你想把它说成"通向真理的累积进程"，还是说成"从后面推动的"进化过程，对我来说不过是一个好恶问题。肯尼思·威尔逊和巴斯基[11]漂亮地阐述了科学知识的渐进性以及它为新型的社会学分析提供的挑战性的机遇，他们举的例子是天文学的计算和测量历经数百年的发展，越来越精确。学习科学进程的学生似乎对这样的事实并不感兴趣，即尽管经历了过去一个世纪的众多科学革命，但牛顿力学仍然生机盎然，而且在这段时间内，"常规科学"自身也稳步取得了惊人的、事实上也是"革命性的"进步。

在我撰写关于《勾勒姆》的第一篇评论之前，我本打算驱车 50 英里，经 81 号州际公路去会见索尔森。它将加快对我在这里报告的观点达成一致的过程。我和他一开始就认识到在 SSK 的各种科学观上存在同样的缺陷——起初让索尔森[6]惊讶的是，柯林斯"对智识争论的本质一言不发，虽然这种争论伴随着催生科学结论的社会过程"。我们双方都认识到的是——他比我更早一点——多数分歧源自语言的选择。"如果'有关'各方之间的'协商'讨论……表达得更清楚一些，使各方关切的基本**智识**本质更加明了，"那么 SSK 的许多主张实际上将更易为人理解。我甚至应该去掉"基本"一词；就 SSK 的当前状况而言，这种关切似乎太容易被完全忽略。

对格雷戈里和史蒂夫·米勒[5]怀疑科学论和"后现代主义"严重地损害了公众理解科学，我表示赞同。针对这种效应，正在出现各种异乎寻常的说法。格罗斯相信，一代代大学生受到欺骗，误以为他们是通过拉图尔关于普及早期爱因斯坦理论的那篇模糊的评论来理解相对论物理学的（Gross 1998b）。我已经听说，加州学校中科学教学的可悲状况已被归咎于后现代主义在学界的兴起。我感到奇怪，当我 1950 年代早期在康涅狄格州上高中时，为什么它就已经是如此地糟糕。

　　最后回到柯林斯的话题上来。 虽然各方可以尽情谴责那种"捍卫真理"而反对有见地的批判性反思的态度，但科学大战之火热在很大程度上与正当地保护知识体系免受误解和误读有关，社会科学家和自然科学家应当努力避免误解和误读。

21 这才是一场对话！

特雷弗·平奇

通读本书中的文章，一个强烈的印象是不仅语气缓和了，而且越来越让人感到我们是在真正对话。在谈话分析领域有一个尽人皆知的发现，就是参与谈话者都表现出希望最终达成一致的倾向。从第一个回合的文章中我们就发现大家在朝着达成共识的方向前进，这无疑进一步表明一场真正的对话已经开始。

我们不应忘记，对话是一个社会事件。毫不奇怪，默明跟柯林斯和平奇之间富有成效的交流（几位撰稿人曾有评论）是与他们多次面对面的会见分不开的。默明自己注意到他与布鲁尔接触的重要性，因为他由此形成了对布鲁尔的意图的宽容态度[7]。他还对比了与巴恩斯之间所进行的讨论，该讨论成效较少，而他们也从未谋面。索尔森对柯林斯尊敬有加，把他视为社会科学家，也与他们日渐增进的个人关系有关[6]。夏平在他的文章[8]中曾指出，大部分"科学大战"参与者的共识远多于争议。具有讽刺意味的是，科学大战所引起的公开辩论能帮我们想起这一点。索卡尔和我近期参与了一场电台辩论，让我高兴的是听到他在一点上为我辩护，他反驳主持人根本没有理解正在辩论的学术问题。

我以这些看法作为文章的开始，并不是暗示科学大战的解决要通过把激烈的辩论改为设立惬意的俱乐部，在那里科学家和他们从事科学技术论研究的新朋友融为一体，而是指出一个显而易见的社会学事实，就是只要你从无机会与对手共进晚餐或分享面包，恐惧和憎恶很容易转变为"相对主义的清洗"。科学大战之怪现状（如林奇[4]和拉宾格尔[13]所指出的）是一些临时同伙不时发现在这点或那点上彼此相关联。但愿大家现在都清楚默明与索卡尔不站在同一立场上，正如柯林斯与哈丁不在同一立场上一样。

我必须承认，我发现拉宾格尔和柯林斯为我们设计的使这一独特的对话进行下去的形式特别难以操作。这就好像我和许多有魅力的客人去参加一个鸡尾酒会，却限制我和他们呆在一起的时间。像大多数在鸡尾酒会上的学术界人士一样，难道我乐意站在一个角落里和熟识的一两个人深入交谈——如与我的朋友兼同事迪尔争论知识绘图学是否真正抓住了关于科学技术论研究的一切[27]？抑或逮住一个新客人，比如说温伯格，用我所有的时间努力使他明白我们如何看待事物？抑或用我所有的时间在另一个角落里与默明聊天，拾起以前的话题，澄清我们最后剩下的分歧？或者，我该扮作一个优雅的鸡尾酒会的客人，跟尽可能多的人寒暄？最终，我决定做一个好客的主人应该做的——尽量与陌生人交谈，以使他有到家的感觉。冒着得罪索尔森、默明和拉宾格尔的危险，更不用说聚集到这个特别聚会的所有从事科学技术论研究的同行了，我最终与温伯格、肯尼思·威尔逊和巴斯基交谈。我还要同聚会上最喧嚣的客人布里克蒙和索卡尔说上几句话。

我很高兴地听到，温伯格不再认为强纲领的"方法论反实在论"

荒唐，尽管我感觉他说的"它只有一些枝节上的错误"似乎还有些言外之意[9]。还有很重要的一点需要澄清，就是默明和其他人所尽力强调的语言问题。描述讨论中的立场的正确术语不是"方法论反实在论"，而是"方法论相对主义"——就是这些天布里克蒙和索卡尔正学着使用的那个术语[25]。仅举一个例子：巴恩斯明白无误地公开宣称自己持实在论立场。巴恩斯拒绝他称作"双管齐下"的实在论，即假定科学实体和其外部世界是相符的，但他善意的实在论立场也应该被同样地正确承认。迪尔在这一点上做得非常好。对实在的信仰和按与多数科学技术论研究工作相关的方法论基础上的认识论架构行事之间，并无什么矛盾[10]。

我和温伯格之间主要的分歧——尽管我以类似的精神很想称之为"次要的"——在于当前有多少知识应被容许来影响科学史上事件重叙的问题。温伯格指出我们不能在历史的重构中知道所有的事情，这当然是正确的[9]。但是，容许把当前知识看作最后的王牌，其危险也很明显，这可从他自己关于汤姆孙的案例中看出来。温伯格想用我们当前所掌握的电子质荷比的知识来说明，汤姆孙的一些测量结果是受到扭曲的，因为他采用了他所偏向的早期测量值——那个值与现在的值相比实际上太小了。我像温伯格一样，确实不知道汤姆孙在测量中是较细心还是较粗心，但如果根据我们现在所认定的"正确值"来判断其小心或马虎，这样做对于历史学家来说是很危险的，因为这回避了正确值的本质。米洛夫斯基（Philip Mirowski 1994）已在一篇非常有趣的文章中表明，物理学常数的测定在一定时期内是如何千方百计与被认定的"最佳值"相符合，直到新的"最佳值"出现（以"流行效应"著称）。如果我们在其他例子上采用温伯格的立场，我们将会说长期以来近乎所有测量重要数据的人都是马虎的，直到最后我们才细心地测量。因为我们没有他们马虎的证据，我宁愿宽容汤姆孙及其他实验者，并提议我们起码要寻找别的原因，来说明为什么他们偏爱某个特定值。

米洛夫斯基的工作也与肯尼思·威尔逊和巴斯基号召对长期影响科学结论的社会因素进行研究直接相关[11]。米洛夫斯基坚称，"从众效应"意味着"物理常数向某些不变的渐近线不断逼近本身就是一个神话"(Mirowski 1994, 579)。这些问题为度量衡学家所熟知，这又催生新的、更精致的科学制度及其社会构架，以减少定量误差，如元分析(meta-analysis)。简而言之，肯尼思·威尔逊和巴斯基的号召已经成为科学论研究的一个部分[34]。

另一个问题是温伯格提出的，没有后见之明的科学史将有变得无聊的危险。当然，使一个主题无聊还是有趣依赖于你从什么角度处理它。话语分析家发现交谈的最初几秒很有趣，因为他们在寻找轮流发言的系统特点——另一方面，多数历史学家会发现最初几秒无关紧要。科学史家经常利用后见之明挖掘最突出的案例来考察。的确，在我自己关于太阳中微子问题的历史的作品(Pinch 1986)中，我坚称我们应在科学争论业已走向一致的地方挖掘案例。我们需要区别对目前知识的两种不同用法。比较容易的是用当前的知识去寻找有趣的问题做下去。当然，没有这一层次的知识，我们几乎根本不可能进行历史研究(默明也曾指出这一点)。但这与把当前知识用作判断历史上的行为人当时的科学能力还是有区别的。

另一个值得评论的是库恩的工作在科学技术论研究中的地位问题。这可能会令我们科学家评论员感到惊讶，但他们所号召的重新评估[9, 11]已经开始了，库恩也不再具有他曾一度拥有的影响。尽管《科学革命的结构》还在被礼节性地引用，他的特定思想已不是当今所进行的科学论研究纲领的一部分了。 大家一致认为他的范式概念尽管在一些科学巨变研究中被证明有效，但对研究日常科学来说则太过宽泛（如 Collins and Pinch 1982）。 库恩自己在后来的作品中对范式概念的澄清已被证明太模糊而在经验上是无用的，尽管范式作为"范例"继续是一个非常有影响的比喻。 的确，如迪尔所指出的，现代科学论已经从"科学是否进步"等认识论问题转向了更可回答的问题，这些问题与科学技术中特定的知识和特定体制上的安排是如何形成的有关。 宏大的认识论问题已基本上被撇开。 这与从事量子力学工作的物理学家撇开难以回答的物质是由波还是由粒子组成的问题非常类似。 一些领域由于明确了哪些问题是有回答价值的而取得非常大的进步。

还有一个可能会引起麻烦的问题，那就是伪科学问题。 令布里克蒙和索卡尔不安的是，柯林斯和我提及顺势疗法，并表明 SSK 的方法论相对主义导致了"对伪科学持过分宽容（甚至赞成）的态度"[3]。默明似乎被激怒了，巴恩斯、布鲁尔和亨利竟敢以对待其他可接受的科学领域的方式对待占星术的问题[7,30]。 在科学论研究内部真的已经形成了关于"伪"科学和"边缘"科学的研究焦点。 这样做的原因并不是对这些领域有什么特殊的偏好，之所以考察伪科学是因为通过考察反常可以了解到一些正常的东西。 物理学家也使用同样的策略，他们考虑一些罕见或极端的例子来检验他们的思想。 如拉宾格尔所正确指出的，伪科学家不会因这些工作而获得宽慰[13]。 我怀疑这里有一些科学家会发现他们难以排除自己对伪科学的关注。 在我们看来，科学是我们的**研究对象**，而伪科学看起来像一个特别有趣的边缘案例。

带着这些总体上的意见，我开始审视布里克蒙和索卡尔的一些主张。 当我们写下"如果顺势疗法不能用实验证明效果,那就应该让那些知道前沿研究风险的科学家来解释这是为什么"的时候,我们并不是建议那些鼓吹顺势疗法的人推卸提供证据之责任。 所引的那句话的主旨并不在顺势疗法本身,而是如我们所看到的,对科学一知半解的看法被不正当地用来管制那些为非正统理论提出实验证据的科学家的工作。 我们希望引起关注的是,例如,《自然》杂志配合对这样的科学家实施了严厉的揭露,被批判者是宾文尼斯特,他曾在那里发表他的发现。 我们的意见是,这种揭露行为并不能代替正常意义上的科学同行评议或重复实验。 我们对宾文尼斯特的遭遇没有特别偏激的态度——当时许多科学家同样对《自然》杂志的处理方式感到震惊。我们更为广阔的社会学目标是,我们要关注这类问题的判定责任从科学共同体向由舞台魔术师和新闻记者说了算的另一个共同体的转换。

最后,我欢迎拉宾格尔、肯尼思·威尔逊和巴斯基、索尔森的意见,科学社会学应聚焦在科学与更广阔的社会之间的相互关系上。该领域的许多前沿工作的确是这么做的。 格雷戈里和史蒂夫·米勒的文章[5]详尽地阐明了当前的一些主题,但他们的作品只不过是整个工作领域的冰山一角,这些工作指向政治、交流、法律和政策[如贾萨诺夫(Jasanoff)、温(Wynne)、莱温斯坦(Lewenstein)、埃兹拉伊(Ezrahi)的工作]。 事实上,《勾勒姆》等系列著作的写作,也正是因为我们要为这一领域作出贡献。 在今天的英国,大众评论家、政客和科学家都不约而同地为转基因食品问题所造成的政策上的灾难而哀叹。 然而,这正是科学论研究的专业意见最有用的地方,即反击那些对科学能产出什么或不能产出什么的过度简单化的看法。 科学大战的遗憾是他们有脱离这一工作的危险,并忽视从事这一工作的人的专业意见。

22 一个信徒的坦白

彼得·R·索尔森

我相信垒球圣殿。

—— 谢尔顿(Ron Shelton)导演的《百万金臂》

中的主人公萨沃伊(Annie Savoy)

我相信科学圣殿。 柯林斯在科学社会学研究和宗教社会学研究之间所作的类比，比他所揭示的更为恰当。 我们科学家符合忠实信徒的特点，我们相信我们对真理拥有特权，而且对妄图把我们的信仰体系看作一种社会现象的人深感不解与怀疑[25]。

显而易见，我的绝大多数科学家同事都是忠实的信徒。 比如说温伯格，"我无法**证明**成熟的物理学定律与文化无关……[然而]我坚信它是这样的"[9]。 他是如此笃信，以至于把物理终极理论这样的未来奇迹当作事实，旨在表明**科学是道路，科学是明灯，科学是真理**。

这样的类比是有益的，因为它清楚地表明，尽管我们在科学实践活动中有着丰富的基本经验，但我们科学家为什么不应该被我们自己或别人看成通晓科学的最好专家，更不用说是唯一的专家。 显然，科学研究领域外的观察者有着清楚理解社会生活的背景，他们在阐明科学的功能方面发挥着重要作用，因为科学作为一个社会系统是根植于更大的社会背景之中的。用本书中几位作者的话来说，没有这种意识的自然科学家在不具备资格的情况下就从事社会学实践，这实际上是一种犯罪。

对科学及其如何发挥作用感兴趣的每一个人都承认这种状况将是有价值的。许多科学家准备反驳，这个事实反映了科学社会学研究要获得合法地位还要走多远[25]。科学大战前沿是激烈的，也应该是激烈的。在本书的讨论中，它似乎是一个主要特点。

在《勾勒姆无处不在》*（Collins and Pinch 1998b）中也有一个有用的类比，此书是《勾勒姆》（1993）的姊妹篇，柯林斯和平奇在书中讨论了关于技术的问题。他们的案例研究之一是在坎布里亚郡（Cumbria）监测切尔诺贝利灾难产生的核辐射微尘。文章集中在核科学家的专家意见与对那片土地及土地上的生命更为熟悉的牧羊人意见之间的关系上。柯林斯和平奇得出的教训是，如果外面的专家对没有正式文凭的当地人的丰富本土知识有适当的尊重，这件事会被处理得更加成功。

对科学大战而言，这种类比的相关性是，如果自然科学家是牧羊人，那么社会学家就发挥着外面核专家的作用。外地人虽然拥有公认的专业知识，但也需要适当考虑当地人拥有的知识，甚至应该尊重外地人简单地视为地方偏见的东西。（当然，好的科学社会学家已经这样做了。）

在本文中，我其余的话应被看成牧羊人的观点，他虽然知识贫乏，但应当得到专家的关注；或者被看作一个信徒的观点，他受到精

---

　　*　原名为 The Golem at Large：What You Should Know about Technology。——译者

心安排，去见证别人感兴趣的信念。

22.1 怒火从何而来？

科学大战呈现了有关两种文化的问题的一个新阶段。如斯诺所写，人文学者与科学家之间的最大分歧在于对对方所关注之事一无所知和缺乏兴趣，在最坏的情况下甚至导致消极的相互鄙视。现在我们面临一种状况，在此状况下人文学科与社会科学内的几个阵营都把自然科学作为他们活动的中心，有些带有明显的批判意图。一个曾经和平的地区不见了。我们双方很少有人擅长这场已经爆发的战斗。

对发生在科学家与科学论研究者之间的争论，本书中的一些人怀疑战争是否是一个合适的比喻。当然，在许多方面这不是一个好的比喻。但是不得不承认，在交流中有惊人的敌对程度。我作为科学一方的见证人，愿意尝试解释科学家感到愤怒的缘由。这可能有助于把科学大战中一些不太让人称道的方面置于一定的背景中讨论。

人们真的十分在乎形而上学和认识论并为此发火吗？除了一些哲学家外，我的印象是绝大多数人并不在乎。特别是，我的熟人中几乎没有人注意有关科学的哲学问题。

科学家确实关心政治，我们中有些人还很热心。索卡尔在其文章《通用语言》（Sokal 1996a）上解释说，他要恶作剧的目的是挽救左派的理性力量，使之脱离今天把其作为人质的神秘主义者们的魔爪。很少有别的科学卫士是如此明显的左派人士。事实上，一个更普遍的态度是，科学论、后现代主义和在校园里被当作左派的东西是一个大杂烩。即使这样，在科学大战中很少有科学家过于关心他们的政治，以至于无法解释我们行为背后的怒火。

为了说清所谓怒火的来龙去脉，让我讲一下我首次听说《社会文本》上发表索卡尔的诈文时的感受。那时我碰巧不在家，正在担任美国国家自然科学基金评议委员会的委员。从我的一个同事通过电子邮件发给我们部门其余成员的一则消息中，我读到了这条新闻。我认为我没有产生在本条消息中我看到的那种幸灾乐祸。

当索卡尔还是一个大学生时，评议委员会的几个委员就已经认识他（他和我是同班同学）。自从我知道这件事以来，在我们会议的间歇，我都能听到这场骗局的新闻。有不少趣闻，有人对他的出色表演大加赞赏。也有这样的讨论：数年前我们所认识的这个人是否是我们期盼如此这般行事的人？关于他的做法，我们没有人说过可能有些不礼貌、没教养、不太学术的话。我相信我们中绝大多数人认为他已经"为我方得了一分"。

我们本能地聚集在索卡尔一方的阵营中，因为我们早已充分感受到我们校园中的非科学家同事的蔑视，怎么会这样呢？

我们引以自豪的是，我们感到作为科学家，我们参与了一场与我们的非科学家同事的活动迥然有别的活动。在某种真正的意义上，我们认为情况更好。科学进步了，问题解决了，知识增加了，旧的争论平息了。温伯格在本书的文章中生动地论证了这种看法[9]。

这种看法必然导致我们认为人文学者或社会科学家的绝大多数工作并不具备这些特点。我们看到古老的争论从未结束。更糟糕的是，甚至在基本的问题以及回答它们的方法上都缺乏一致意见。结果，学科被分成了彼此无法交流的派别（有时仅是形容，但有时名副其实）。

通常说来，谦恭的外表妨碍科学家告知他们的非科学家同事，他们的行为是多么地让人沮丧。"跨越边界"跨越了这一文明的边界。

在这个过程中，索卡尔发出了我们内心的呼声，让我们同他一样感到兴奋。片刻之间，我们仿佛赢得了我们认为只有我们群体才配的特权地位，就像在一个知识是最高理想的学术文化中，成功的知识发生器具有特权地位一样。

那些冠以"科学论"的领域由一群我们的非科学家同事组成，他们不是忽视我们，而是重新审视我们，而且似乎不打算分享我们自己对我们这个集体的价值评判。这本身就足以引起怀疑和不信任感。可比这更糟糕的是，在我们看来，科学社会学家甚至连他们自己的工作都没做好。我们把科学看作运行极好的机构，而那些研究我们的人与其说把科学活动看成独特的活动，不如说把它看作另类活动。

这种分歧既不像认识论或形而上学那样晦涩抽象，也不像政治那样变幻莫测。它直指绝大多数科学家对他们的工作感觉良好，因而对自己感觉良好的核心原因。我们知道，作为个人，我们并不比别人高明。但不管怎样，我们确实为参与了这样成功的、有价值的活动而深感自豪。

为什么科学论的看法与我们这个集体的自画像有如此大的差别？在以现代眼光看科学时，为什么科学的这种独特性不是核心？换句话说，为什么他们不能正确地理解它呢？突然出现在脑海里的两种可能的解释是无能或恶意。二者均不值得与之斗争，不论是揭露第一点还是打击第二点。在任何一种情况中，正当的愤怒是坚持战斗的有效的动力。

我要赶紧补充一点，关于科学家的自我形象与社会学家画的科学画像之间的差别，我并不同意上面提出的任何一种解释。直到听了夏平[8]介绍他在咖啡馆和酒吧里（主要是与柯林斯）讨论这些问题的情况，我才了解到科学与初看起来相比，事实上不太像一种独特的活动。在我的内心深处，我承认我依然相信它在某些方面既是独一无二的，又是独一无二地好。但弄清和解释这个特点也好像是独一无二地难。至于社会学家无法"正确理解它"的原因，我的猜测是，他们面临着一个真正困难的问题。在这样的情况下，陷入困境也没有什么难为情的。当面临的问题难以解决时，把注意力转移到别的能够解决的问题上来，科学社会学家的做法恰恰是科学家的做法。

也许我在这些段落中坦白了太多的内心活动，而且很可能把自己的个人情感当作了别人的情感。但是，如果我们不知道这样的情感存在何处，我们将继续被它们绊倒。

22.2 关于方法论相对主义的论战

本书中有许多讨论议题涉及这样的问题：方法论相对主义是否只不过是社会学家研究科学的一种手段；或者它体现的是否是关于科学活动本质的一种结论；特别地，是否是社会因素而不是科学因素支配着科学的进步。拉宾格尔说它等同于科学家控制分离变量的方法[13]，与柯林斯[12]和迪尔[10]同样清楚但不大为人熟悉的空洞辩护相比，前者在科学家听来更容易。

温伯格[9]、布里克蒙和索卡尔[3]的文章都攻击方法论相对主义存在着误导。后面两位作者的处理方法令我失望，因为他们退回到经院哲学的做法，重新回到科学教条的老路上来，去关心世界到底怎样，而且根据基本原则来展开论证。他们根据布鲁尔写的科学知识社会学强纲领宣言的精心解读来炮制自己的文章。布里克蒙和索卡尔试图表明，就其本质而言，SSK 建立在社会因素决定科学家的行为与信念这一观点的基础上[25]。

布里克蒙和索卡尔的文本分析的缺点是显而易见的。令人惊讶的是，他们构建案例时仅仅利用布鲁尔的第二和第三条原理，而完全忽略第一条原理，该原理清楚说道："在产生信念方面，除了社会因素外，自然还存在着共同作用的其他因素。"这种说法听起来有点勉强，但是清楚地表明认可这样的事实，即科学进步的发生可能缘于好的科学理由。

公平地说，关于主张 SSK 的人所从事的科学社会学实践，布里克蒙和索卡尔不大可能有太多的机会来搜集经验材料。在柯林斯在我所工作的引力波探测领域开展研究期间，我与柯林斯多次进行过长时间讨论，并且我读过他相当多的文章和书籍，至少从这一点来说，我倒是有机会搜集这样的经验材料。所以，在某种程度上，我能装成科学社会学的一个业余专家。根据我的经验，我能向我的科学家同行保证，柯林斯对方法论相对主义的应用与拉宾格尔的描述几乎一样。如果他的方法论相对主义是魔鬼的面孔，我们大家就该如释重负了。

23 究竟谁野蛮?

史蒂文·夏平

假设科学大战结束了,并且科学卫士们胜利了[1],那么胜利者将会生活在什么样的文化之中呢?

这是一个假想的情景:科学社会学家继续遭到学界同仁的奚落和轻视;在高年级公共教室和教工俱乐部里能听到他们被指责的声音;科学社会学家在他们职业阶梯上的晋升遭到阻挠,获取终身职位也被拒绝;他们的学生找不到合适的研究工作;大学进行了学科精简,最后科学社会学终于从学术领域消失了。

也许有人说这没有什么,甚至那些实际上并不期望看到这种结果的人也会这样认为。我们不过是在谈论大概100位事业面临危机的男人和女人(这个数字也许更多,也许更少);但他们遭遇的苦难不会达到卢旺达或者科索沃的那种程度;没有科学社会学家的贡献,经济照样继续运转。学术界的人都喜欢作预设,他们在目前的情况下记住鲍尔弗(A. J. Balfour)的格言总是有好处的,即"没有什么事情非常重要,大部分事情都无关紧要。"但我认为这是件**重要**的事情,哪怕只有一点点重要——我这么说，可以吗？——但是我不会欺骗自己，以为其他人也这样认为。我得陈述一下我的个人经历，这对我们被卷入这场争论的一些人来说可能有些奇怪，那就是我的科学家朋友们几乎没有一个听说过科学大战，并且，当我告诉我的非学术圈内的朋友们关于这场战争的事情时，他们也会困惑而怀疑地摇头。

但是另一方面，那些声称"讨厌"所谓爱丁堡学派的科学卫士们将在他们做得不错的工作中找到乐趣[2]。假想的科学敌对分子将要被清算干净了，文化对于真正的科学来说也很安全了。然而，反思之后会发现，这样的胜利恐怕得不偿失。这样的胜利将建立在各相邻学术领域的抗议之上，这些领域的学者抗议他们的学术观点被错误表达，因此会产生一个先例，这个先例在大学文化里导致的结果可能让大家驻足不前：一个学科内的成员不仅被允许评价他们从未接受过任何学术训练的另一学科的工作，而且还被批准以这个被批判的学科体系内的成员所拒绝的方式来描述这个学科的观点和动机[32]。一旦社会学家说他们没有理由怀疑今天的物理学定律，那他们说这个话本身就不会被相信；当他们为自己分辩说他们并不仇视科学，他们只是把他们所做的研究视为科学的一部分，这时他们就会被告知别人更知道他们是出于什么动机；当他们坚持他们只是想对科学作自然主义的理解，又会有人说他们不过是在装糊涂。

我并不打算利用这个场合来为我自己或者在这本书中我的社会学家同行进一步声明我们在这些罪责上的清白：这里我只是希望大家注意这种情况在体制上的意味，即一组研究人员不得不反复证明他们在专业学科内的能力（这一点虽然不那么令人愉快，而且也不多见，但是还算公平），以及他们在从事专业工作中思想和动机的纯正性（在我看来，这一点就有失公允了）。更为普遍的情况是，学术意义上的

"反科学"的文化现象将会获得它根本不应得到的合法性，即断定它的存在真实而且连续。学术意义上的"反科学家们"的凄凉命运将会成为那些意欲冒险参加特定形式探究的人的前车之鉴。只要你在很自然的状态下进行研究，少一些声响，少一些出格的行为，那么大学就是自由探究的避难所。这个教训就是：向低处屈就，而不是向高处追求。

如果你认为学术意义上的反科学既不真实，也不连贯，甚至一点也不重要——我对这本书的主要贡献就是给出了我这样认为的一些理由——那么科学卫士们就是在浪费宝贵的时间和精力。但是科学浪费了所有珍贵的时间和精力，因而更加可怜。这里必须提及派松（Monty Python）的杰作《布莱恩的一生》（*Life of Brian*）。在这本书中，犹太人解放阵线（Judean Liberation Front）把它的热情倾注到与犹太解放阵线（Liberation Front of Judea）的尖锐的意识形态之争中：相对于征服罗马而言，这是一个比较容易的目标。集团内部的一些小的区别总是比那些决定内外之分的大的区别要更加让人兴奋。或者，如果你更喜欢通常认为出自基辛格（Henry Kissinger）的说法，那就是说，学术上争论如此激烈的原因就是实际上并没有面临什么重大危机。

如果科学的健康发展和公众对科学的信任真的会因为一些恶毒的科学社会学家的著作而受到威胁，那么很多东西都面临危险。如果在学术思想如何传播、如何影响公众态度方面有真正的专家意见，那么它们很可能就在社会科学之中。然而，我还没有看到任何可信的、能够表明在专业论著和无视这些论著的民众的感情之间，存在有效或者线性因果联系的社会科学纲领或者经验研究[3]。然而，有大量令人尊敬的社会学和历史学方面的工作对学术观点作出回应，广泛传播了文化情感。

当宗派主义者把他们的注意力放在对学术领域的净化之上时，学术领域之外真正而且顽固的问题就被忽视了，或者更糟糕的是，认为宗派主义的净化仪式可以有效解决这些实际问题的幻想弥漫开来。关于"公众对科学的误解"（public misunderstanding of science），一些科学卫士很担心。在我看来，这是合情合理的。那些表示相信占星术和各物种独立产生的美国人的比例——顺便说一下，这是社会学家得出的数字——实在是骇人听闻。在我周围几乎没有人说起维多利亚时代科学战胜了宗教或迷信[4]，也没有人认为这些问题与"未开化"有关。在我所在的那所相当著名的大学里，我教过许多相信创世论的生物系学生，还有很多相信占星术的天文系学生。我可以向你保证，社会学家没有向这些学生传授过这些知识，也没有鼓励他们去相信这些事情。

布里克蒙和索卡尔把人们相信地球是平的或对巫术的信仰归因于"存在一种激进的相对主义学术时代精神"[3,25]。同样，我不能肯定他们是如何建立起这种有趣的因果关系的，但事情也许并不像看上去那么简单。他们如何解释我这些理科学生的非正统信仰（并且就我所知，这也是他们的一些学生的信仰）？我们太严格——我能说太"科学"吗？——以至于在我的社会学观念中，不允许"时代精神"在毫无确实根据的情况下，作为一个因果结构通过检验。当布里克蒙和索卡尔他们这样认为时，我倒十分欣赏1993年诺贝尔化学奖获得者穆利斯（Karry Mullis 1998）对占星术（以及星际旅行）信仰的解释和理论物理学家玻姆（David Bohm）对东方神秘主义的解释（Pleat 1997）[5]。要所有的自然科学家对他们这些同行的非正统信仰负责任，这不能令人满意，也是不公平的。由于同样的原因，我希望不要将集体的责任强加给社会科学和人文学科。（我们也有自己的穆利斯——

这个你们是知道的！）

　　同时，社会学家和相关科学家之间进行建设性对话的机会被错过了。 我要说，我发现对科学的无知是令人震惊的。 我不是作为一名科学社会学家这样说：（在我的学术领域之内）从事日常工作的社会学家对我们所研究的信念的有效性**被迫**采取一种中立的立场，这可能会让我的那些科学家朋友和同事都觉得十分沮丧（或者很困惑）。 这就是说，当我们发现这些信念时，我们只是描述和解释这些信念的可信性，而不管——当我们工作完成的时候——我们是否喜欢它们或者发现它们是对是错，我们把这样做视为有价值而且无害的**方法论的行为准则**。 当我说我认为目前对科学的无知令人震惊时，我是作为一个普通的受过教育的知识分子来说的[6]。 我不希望我的一些学生和邻居是创世论者，正如我不希望他们会认为英国是美国的一个州，或者美国在二战中攻打了苏联一样。 在我看来，这些都是个体无知的信号，也是我们教育制度失败的间接信号。 如果在当前环境下有人敢这样说，那么公众对科学的无知可能就与科学家不愿意花时间与公众进行有效的沟通有关，或者也与年轻的科学家如果这样做就可能影响他们的职业前途有关。

　　尽管社会学家的日常工作或者专业工作的中立性可能会使一些科学家感到困惑，但在我们看来，这正是试图回答**为什么**有些人相信天文学，有些人相信占星术，还有一些人相信达尔文或者《圣经》的必要条件。 这正是我们在做的工作[7]。 如果我们把工作做得再深入一些，就**一定会**发现有关信仰的传播和根源的一些情况。 有人认为，真正关心在什么情况下能够保证或不能保证科学知识的可靠性的科学家，可能会对我们的发现感兴趣。 就这些问题与他们交谈是件好事。让我们寻找一些交谈的方式，毕竟我们共享着文化中的乐趣。

24 最终能和平吗?

史蒂文·温伯格

在读了本书的其他文章后,我失望地发现这些文章中没有多少我能苟同的地方。社会学家、历史学家和哲学家的文章批评搞科学的思想方法,不比科学家的文章反对把研究科学作为一项社会事业所作的批评多。我们似乎在朝全面和解的方向飞奔。但是,在和平的边缘悬崖勒马大概还不算太晚。

对我来说,好像至少还剩下一个重要问题有待争论。虽然科学家认识到他们的理论常常带有社会环境的印记,他们在这样的条件下形成理论,但是我们愿意把这看成是一种杂质,看作金属中的残渣,我们希望最终加以剔除[1]。我们感受到一种强大的吸引力,一种真正的理论施加在我们思想上的吸引力,它似乎与我们研究的社会背景关系不大。我们奇怪,为什么像柯林斯这样的一些科学史家对描绘这种过程不感兴趣。这种过程常常是物理学理论缓缓通向与文化无关的终极形式的不确定的过程。物理学理论的终极形式与文化无关,因为世界本来就是这样。

在 1996 年的一篇文章中（Weinberg 1996），我试图表达这种科学观。我说，当我们与来自另一个星球的人联系时，我们将会发现，他们发现了与我们一样的物理学定律。在本书林奇[4]的文章中，他很恰当地对此给我作了补充，进一步指出直到几个世纪前居住在地球上的智慧生命的科学成就，与今天我们相信的理论相比，并不相似。但是，这仅仅强调了我在此提出的观点，即它未必就是与文化无关的科学理论，而是逼近后者的形式，即最终趋向与文化无关的形式。当我理解这一点时，绝大多数科学社会学家要么否认这种逼近极限的存在，要么决定置之不理。

在对此进行争论时，科学家可能会抱怨"真实性"和"实在性"。我们讨论理论的真实性，讨论它们如何与实在的东西相一致。这是一件危险的事；对真实性或实在性的含义是什么，哲学家一直争论了几个世纪。哈金（Hacking 1999）把这些称为"电梯语言"，他指的是，它们被用来提高我们所讨论的问题的重要性，实际上在处理问题时没有太大的帮助。我本人表达过这种观点，当我们说一件东西是实在的时，我们只不过是表达了一种关注（Weinberg 1992）[32]。库恩更消极地说："当它在科学哲学中起着通常的作用时，根本无法弄清实在性的概念"（Kuhn 1992）。所以，在本书林奇[4]和夏平[8]的文章中，以及罗蒂在别处的文章中（Rorty 1992），当他们对我的这个说法——"对作为物理学家的我来说，自然规律的实在性与地上的石头一样（无论它是什么）"——表示异议时，没有什么大惊小怪的。

当然，我这样讲并不是认为自己解决了实在性概念的本体论问题。这就是为什么我在谈到"石头是实在的"所表达的意思时，插入了附加说明的句子"无论它是什么"。也许我本该直截了当地表达我的谦虚，但夏平认为是心虚。

另一方面，对在讨论科学史和科学社会学时使用诸如"真实性"和"实在性"这样的词，我实在想做一点辩护。在日常生活中大家都用这些词：昨晚梦中的妖怪不是实在的，早晨草坪上的鹿是实在的，那就是真实性。对这些词是什么意思，我们没有一个确切的概念，同样对诸如"原因"、"爱"或"美"这样的词是什么意思，我们也没有一个确切的概念。但是，它们对我们是有用的。当我们说一件东西是实在的时，我们试图表明，我们体验到一种或多种特性，这些特性给我们的印象是有一种独立存在的东西：也许别人也能体验到它；也许当我们情绪变化时它不变化；也许是有可能被搞错的东西；也许当我们比较近地看它时它不会消失。尽管"石头"这个范畴可能不是实在的，但是一块块石头在这种意义上明显具有实在性。我拿自然规律与石头作比不是哲学上的论证，而是一家之言。作为一名物理学家，在我的工作中，我对自然规律的体验有同样的特点，这些特点使我在石头的例子中说出，石头是实在的。

这就提出了一个更大的问题。就像我们通常使用诸如"实在的"和"真实的"这些词所表明的那样，我们大家把一个可称作素朴实在论的工作哲学观用在了我们的日常生活中。据我所知，当我们谈论科学史和科学社会学时，没有人说明为什么我们应该摒弃素朴实在论。虽然哲学家也许能帮助我们准确理解诸如"实在的"、"真实的"和"原因"这些词的用法，但他们无权禁止我们使用它们[29]。

第三部分

反　　驳

25　对我们的批评者的回应

让·布里克蒙　阿兰·索卡尔

在回应针对我们的文章的实质性批评之前，有必要指出评论者们对我们的观点的一些误解[1]。

在夏平看来，"布里克蒙和索卡尔把人们相信地球是平的或对巫术的信仰在文化上归因于'存在一种激进的相对主义学术时代精神'"[23]。但我们没有这样做。相反，我们注意到了"激进的相对主义学术时代精神的存在"，在这种时代精神的指引下，"在其他方面都通情达理的研究人员或大学教授……会声称巫师同原子一样真实"——他们的意图显然是怀疑原子的存在，而不是笃信女巫的存在——"或**假装不知道**地球表面是不是平的，血液是否循环，或十字军东征是否发生过"（黑体强调是引者加的）。因此，我们讨论的是学术界的极端**相对主义或怀疑主义**；我们根本没有论及普通非学术文化中的极端**轻信**（credulity），我们更没有断言轻信是相对主义引起的结果。

格雷戈里说，在我们针对有关科学的公共政策问题进行的简短讨论中，"布里克蒙和索卡尔提出，**为了确定**我们应该相信谁，我们需要知道这个世界到底是如何运行的"[17，黑体强调是引者加的]。 但她正好把我们的观点弄反了。 在制定关于（例如）疯牛病、核能或全球变暖方面的公共政策时，对深层自然现象有尽可能准确的理解（即世界真正是如何运行的）是很必要的[2]。 但由于政治家和民众通常既没有时间也没有专业知识来亲自评价科学证据，因而他们只好**退而求其次**：确定信任哪些专家。 要把这件事做到最好，我们并无灵丹妙药，但我们的确能提出一些建立在认识论和社会学基础上的准则。

现在转向实质性的问题，其中最重要的是方法论相对主义[3]。 柯林斯[15]从极为清晰地阐明"本体论相对主义"和"认识论相对主义"——他把二者的任何结合都称作"哲学相对主义"——以及"方法论相对主义"的定义开始论述，这些定义在用语上几乎与我们相同。 特别是，他把方法论相对主义作为强制性的规则定义成"社会学家或历史学家在研究时应该假定，被研究的各竞争群体对于实在的信念并非由实在本身引起。"[4] 但他接着作出误导性的断言，说我们自己的"核心观点是方法论相对主义和哲学相对主义不可能截然分开。"恰恰相反，我们和柯林斯一样完全**分开**（即区别）了这两个教条。 更确切地说，我们的核心观点是，如果社会学家的目标是对某些个人或集体的信念进行因果说明——例如强纲领所渴望做的——那么，除非一个人也采用了哲学相对主义或激进怀疑论，否则方法论相对主义就不能**被证明**是正确的。 既然我们已经在我们的文章[3]中非常详细地阐述了这一观点的论据，并再次出现在我们对其他作者的文章所进行的评论中[14]，我们就不需要在这里重复。 但需要指出，柯林斯曲解了我们在反驳方法论相对主义时所采用的一个论据，即针对平方反比定律的反证法[5]。 柯林斯把我们的思想实验描绘成反事实的推理训练："讨论假如我们能够改变过去的一些因素，事情将会怎样。"[6] 但我们并**不**主张对过去的任何因素进行改变；相反，我们提出了一个原则上（虽然可能不是实际地）**在今天或将来的什么时候**可以进行的实验。 这里的问题不是如果 17 世纪**没有**可用的关于行星运动的资料，**将**会发生什么事情，而是在不参考 17 世纪的这些**可用**的行星运动资料的情况下，一个人是否能够令人信服地解释当时确实发生了（和确实没有发生）什么事情[7,8]。

我们也不是像柯林斯所说的那样，挑选一个科学争论早已平息的例子，即"拣一个容易的案例"；选取一个当前正在激烈论战的论题，如全球变暖，其论证也将是相同的。 问题在于：不参考**任何**当前关于地球气候的现有**证据**，能否令人信服地解释科学家们关于地球气候的观点[9]？

默明也在这个问题上误解了我们[20]：他声称我们"经常……通过真实性标准来解释真理的出现"。 但这错误地刻画了我们的论证的特点。 我们的论证是要得出这样一些基本的观察结论：（1）至少在某些情况下，人们之所以相信一些陈述，部分原因是有**证据**表明那些陈述至少是近似正确的；（2）这些证据的存在常常与陈述至少近似于正确这一事实有因果关联。 而且，在许多情况下，在人们获得了某个命题的（近似）真理性的有力证据**之后**，他们也能理解，至少部分地理解在（2）中起作用的因果过程[10]。

柯林斯总结了我们的观点，虽然有点粗糙，宣称信念[11]能够被大体分为三类："类型 1，在当前的共识中，自然界占有绝对支配地位……；类型 2，结论受人类社会绝对支配……；以及类型 3，可能尚处于争议之中，自然和社会两种原因都有。"[12]他正确地陈述了我们的这一观点："即使在类型 3 的科学中，方法论相对主义也是站不住脚的(除非也采用哲学相对主义或激进怀疑论),因为如果你知道自然界起一些作用的话,你就必须把它考虑在内。"但接着他又声称通过如下的**反证法**反驳我们的观点:"因此,在类型3的情况下有两类原因。 这样,在第3种类型的科学文章中,如果解释性文章是严肃的和正确的,它们就必须提到这两类原因。 这意味着,由科学家撰写的、发表在科学期刊上的第3种类型的科学文章是有瑕疵的,因为没有提到对科学家的信念有所影响的社会因素。"但是,这显然混淆了两类不同目的的论文,一类的目的是提出证据以支持或反对根本的科学主张,另一类的目的是解释科学家们的信念。 发表在科学杂志上的大多数论文属于前一类,对这些论文来说,插入那些对所研究的科学现象没有因果联系的社会因素是无聊的[13]。

柯林斯对我们的观点提出的第二个所谓的反证是:他认为,"除非人类有一定大小的头脑,除非在这个定律被发现之前人类文明未被流星撞毁过",否则,人类很可能接受不了平方反比定律。"然而,对平方反比定律的信念来源的研究并不一定涉及人体解剖学或地球上的灾变。"但是,柯林斯忘记了我们的思想实验是要求人们解释为什么17世纪英国物理学家相信万有引力的大小与距离的平方成反比,**而不是与立方成反比**。 人种没有灭绝和某一最小体积的人类大脑为人类相信**无论是**平方反比定律**还是**立方反比定律,都提供了前提条件;它们在解释的价值方面没有任何**差别**,因此也不需要将其包括在所要求的解释之中[14]。

最后,柯林斯把休谟关于奇迹的忠告错误地说成是"不要相信任何'不可思议'的事情,除非亲眼所见。"休谟(与我们)的观点的正确表述应该是:不要相信任何"不可思议"的事情,除非你亲眼看见,**或者**支持这种"不可思议"的主张的人给了你相信它的理由,而且这种理由比那些说这样的主张骗人或自欺欺人的解释更令人信服[15]。因此，正如默明在本书[7]的论文中提到的，"我从没去过中国，但我可以使人们相信这个国家的确存在，因为想编一个谎言来骗我相信它不存在是不可能的。"同理，尽管我们都没有亲眼见到对电子磁矩的实验测量——或者亲自对其进行 α^3 幂的理论运算——但理论与实验[16]之间的确"不可思议地"一致：

理论 1.001 159 652 201 ± 0.000 000 000 030

实验 1.001 159 652 188 ± 0.000 000 000 004

这使我们相信量子电动力学一定道出了至少是接近真实世界的**某些东西**[17]；我们认为这种解释要比那些骗人或自欺欺人的解释更可靠，这一判断来自各种交叉的原因，既有科学的（我们**已经**目击了实验，我们**已经**进行了计算），也有社会学的（我们对科学共同体的认识论、方法论和社会结构的理解）[18]。

令索尔森[22]感到失望的是，我们的文章主要谈论（我们在开始时已讲明要谈论）SSK 所宣称的方法论，而不是它的具体案例研究[19]。我们只能说众口难调：两者都是合法的分析对象[20]。尤其是，既然"新"科学社会学由于鼓吹自己的激进方法论（特别体现在对称性原理中）而明显地区别于它的默顿学派前辈，对其宣称的方法论进行批判性分析就具有独特的重要性。

索尔森的确提出了有根据的批评：他注意到我们对强纲领方法论规则的分析是不完善的，因为我们忽略了布鲁尔在原理 1 中的陈述："在产生信念方面，除了社会因素外，自然还存在共同作用的其他因素。"这个问题在我们的书中曾提到，在那里我们写道："问题是他[布鲁尔]没能搞清楚自然原因将**以什么方式**被允许进入对信念的解释，或如果完全去掉自然原因，对称性原理到底会剩下什么。"[21]具有讽刺意味的是，我们注意到布鲁尔关于自然界的因果作用的立场已经受到批评，而且措辞比我们更严厉的是拉图尔，他把这一原则看作仅仅为了逃避理想主义谴责的遁辞："这些客体在我们思考它们的时候被允许**起作用**吗？ 大卫[布鲁尔]给出了回答，并被该传统所有的后继者一再重复——甚至那些有经验有思想的人如夏平、谢弗（Shaffer）和柯林斯等——那是一个响亮的'不'"（Latour 1999a，117，黑体部分为原文所强调）[22]。 最后，尽管布鲁尔对于自然界在社会学家解释科学家信念时应起的作用模糊不清，但其他 SSK 研究者（如柯林斯）明确反对上文所讨论的那种作用。

关于根据主体间的一致性对真理重新进行定义，我们在文章中[3]表明："人们曾经一致认为地球是平的（或血液是静止的，等等），而我们现在知道他们错了。 所以主体间的一致性并不等于（直观理解的）真理。"默明[20]批评这一论点时说："'人们曾经一致认为地球是平的……而我们现在知道他们错了'，这样的事实并不能证明客观性比主体间的一致性更有用，它唯一能说明的是，在这种情况下，从主体间的一致性导出客观性是没有牢固基础的，或者说推理不当。"但默明的表述却暗中承认了我们正要得出的一个观点：如果从 A 有可能得出根据不充分的推论 B，那么 B 显然不能**等同于** A[23]。

默明[20]说，当我们形容巴恩斯、布鲁尔和亨利（巴—布—亨）对占星术有"一种相当宽容（甚至赞成）的态度"时，我们"夸大其词"，但他没有给出这一指控的根据[24]。 他进一步宣称，他为证明高奎林公布的资料是难以置信的而采用休谟式论证，并不是想"驳斥支持占星术的观点，而（只）是想展开布鲁尔的评论，即我不愿意花费一两年时间来重复高奎林所公布的数据本身就充分说明了他们（巴—布—亨）的观点"。 我们接受默明关于他的意图的说法，但是，他的推理仍然表明占星术太不可能是真实的,以至于(1)占星术不值得相信,除非它的支持者提出大量更有说服力的证据;(2)不值得耗费一两年时间去研究它的证据,除非它的支持者提出了大量更有说服力的证据。也许默明只是想强调(2),但相同的"休谟式"推理既得出了(1)又得出了(2)。

关于社会学家对伪科学——这里指顺势疗法——持赞许态度,格雷戈里的描述提供了一个更赤裸裸的例子,她把宾文尼斯特关于水的记忆描述为"令人不舒服的结论"[17]。为了阐明为什么我们(和大多数科学家)对顺势疗法或占星术采取远甚于一些社会学家的怀疑态度,我们将批判性地讨论格雷戈里的某些说法。

格雷戈里的中心主张是"在科学中,重复、同行评议和在《自然》杂志上发表通常是足够好的:最终的产物通常能够成为布里克蒙和索卡尔所称的'实在'或'真理'"。首先,这大大误解了我们所说的"真理"的含义:正如我们在文中详细解释的那样,"真理"对我们来说意味着"与实在的一致性";因此,说某个主张通过重复、同行评议和发表就**变得**正确是毫无道理的。而且更重要地是,尽管"重复、同行评议和在《自然》杂志上发表"能构成一个科学主张是正确的**证据**(有时是强有力的证据),但它们绝不是决定性的,也不是判断一个主张是否是真理的唯一标准。但是,当涉及所谓的"水的记忆"时,即使有几次重复,并得到同行评议和在《自然》上及时发表,却仍不足以阻止我们理性地怀疑。为什么?如格雷戈里似乎想到的,问题的症结不是宾文尼斯特的主张是一个可能造成制药工业倒闭的"令人不舒服的结论";而是我们所具备的所有物理学和化学知识都不可能证明该主张的正确性,除非有大量有质量的证据使它变得可信。这种态度——即"主张越不可信,确证它的证据就越需要加强"——当然只是常识，但它并不因此而降低其有效性[25]。的确，所有人必定是这样的：一两个证人就足以令格雷戈里相信撒切尔夫人(Baroness Thatcher)昨晚与皮诺切特将军(General Pinochet)一起用餐，可是，纵使有100个证人宣称看到过撒切尔夫人在一个飞碟里用餐，格雷戈里也不会相信。同样——尽管在这里要详细解释其原因显得太冗长——一些物质可能具有疗效（不同于安慰剂），但如果说当这些物质被过分稀释到最终单位体积中没有一个原来的物质分子时**仍具有疗效**，那么这种观点与全部的现代物理学和化学知识（建立在物质的原子理论之上）是相违背的。

有人接着会问哪一种可能性更大：是经过同行评议后发表在《自然》上的论文是错误的呢，抑或是现代物理学和化学的整个大厦有严重缺陷？休谟反对相信奇迹的论证提供了明智的回答。我们从直接经验知道，在令人尊敬的科学杂志（如《自然》）上也可能刊出错误的论文。但我们根本没有任何支持顺势疗法的证据[26]，倒有相当有分量的证据反对它（即所有支持现代物理学和化学的实验证据）。

当然，科学不是宗教[27]：它的主张，甚至最具有确定性的那些主张，原则上也是可修正的，因此"水的记忆"完全有可能被证明是一种真实的效果（只是原因迄今未知）。但这一观点也适用于所有的伪科学，甚至占星术[28]。而且，所有的伪科学有时是由它们偏爱的所谓引人入胜的发现所支持的（宾文尼斯特、高奎林等）。但是，如果我们对全部类似的主张采取一视同仁的态度——信仰疗法、新世纪药物，以及抽签——如何设想我们会进步呢？毕竟有太多这样的理论（尤其是，如果按照我们一视同仁的政策，我们还要包括其他文化中的传统信念）。一个人该投入多少时间和精力来检验这些主张？对我们来说，最合理的态度似乎是去做大多数科学家所做的：对那些"不可思议"的主张保持怀疑,看看是否在某一天会出现一些令人信服的证据。 如果出现了,那么就要在标准的科学世界观中找出那些必须进行修改的地方。

正如柯林斯在我们讨论宾文尼斯特的主张时所说的那样,对我们来说,"观察的重复性是关键"并不完全正确。 在观点非常不可信的情况下,如水的记忆之类,即使有一些重复的观察结果也是不充分的;休谟的论证依然适用。 默明说的好:"我们在拒斥这种主张时连任何想重复它们的念头都没有,其背后有一个重要的动机,巴—布—亨虽没有提及,但我们都能清楚地认识到,那就是为拒斥这些铺天盖地的妄论而投入大量的时间和资源是明显的浪费。 出于同样的原因,如果有人要用 5 美元购买布鲁克林大桥,我们当场就会作出回绝,而不必跑到州政府那里去核实这个要求所有权的行为是荒唐的。"(Mermin 1998b, 642)[29]

最后,尽管在此回应中我们已经简要地重点讨论了一些分歧(以及对我们观点的误解),但是,我们还是希望通过扼要指出与其他作者达成的一些重要共识来结束我们的讨论:

- 我们与夏平有同感,无论是对生物学还是对历史的无知(或对经验事实的懵懂),都是同样令人厌恶的。
- 我们欣赏林奇反对从个人偏好出发进行论证的看法。
- 我们支持平奇的结论,这场争论中观点的多样性决不是由人们的专业造成的。
- 我们同意索尔森所说的:"科学研究领域外的观察者有着理解社会生活的背景,他们在阐明科学的功能方面发挥着重要作用,因为科学作为一个社会系统是植根于更大的社会背景之中的。"[30]

- 最后但同样重要的是，我们赞同默明的主张："任何可靠的知识体系都不可能因为被视作人类集体活动的产物而受到贬低。"我们也赞同迪尔的主张："对使人们相信某些科学真理的社会历史条件展开深入研究，本身并不会有损于真理。"

26　皇冠宝石与粗糙钻石：
科学权威的源泉

哈里·柯林斯

26.1　有什么可担心的吗？

我似乎在第二轮的回应中[15]预见了布里克蒙和索卡尔在第二轮的那篇文章中[14]提出的论点，因此，我不需要再回到"完善的解释"这个议题上。我很想知道温伯格对我们关于历史的不同意见将作出什么反应，但是，无论他将来说什么我也没有机会再作出回应了，所以，我也放下这一话题。

但是，在这最后一轮，我的论述将顺着温伯格的观点展开：他担心的是我们的一致意见太多了[24]。 我当然不希望把"没有什么可担心的"理解成社会科学所提供的有价值的信息是如此之少，以至于没有什么东西值得深入思考。 因此，我在这里要做的是试图说明关于SSK的研究什么是新的，什么是"危险的"。 也就是说，我将要论述SSK所做的一些工作，我认为它们对于科学是有益的，但是似乎对某些科学家缺乏吸引力。

如果存在异议的话，主要的一个应该是与科学权威的源泉有关。

我猜测，这也就是温伯格和我在这场争论一开始就意见最不一致的地方，但我不知道我们是否仍然不一致。

我猜测，温伯格在这场争论开始时可能认识到，为科学所作的有力辩护是它在接近客观实在方面有特权，它有能力提供关于世界的"终极"理论，它包含着关于自然界运行方面的众多知识。我将通过讨论科学家的勤奋、经验、技巧和鉴赏力证明科学的有效性。换句话说，温伯格想以科学在过去和将来的成就为基础证明科学的有效性，而我则打算以科学研究者的特殊技能为基础证明科学的有效性。由于即便拥有娴熟技巧的研究者也往往不能取得他们一开始就想取得的成果，我们可以认识到这两种论证方式不是一回事。我推测，我们之间的这种差别将会反映出我们对科学发展的典型阶段的选择：温伯格选择的是这门手艺中已经完成了的最辉煌的范例——他举起那件闪闪发光的产品对它进行检查，并且沿着这种思路说："如果你们给我们提供了理想的环境和有价值的课题，看看我们所能做的。"我所看到的是这一科学过程在一开始的情况，在那里，所有的东西都是模糊的和不确定的，而且我会说："科学家必须在困难的条件下被迫针对一些未成形的问题开展工作，尽管他们不可能取得我们所希望的那样多的成就，但是他们仍然取得了许多成就。"让我们称这两种观点分别为"皇冠宝石视角"和"粗糙钻石视角。"

这两种为科学进行辩护的不同方式并不相互排斥。的确，可能正是皇冠宝石的存在才使人相信粗糙钻石是值得拥有的。但是我认为，正是由于模糊的和未完成的科学具有转变成另外某些东西的可能性，对它们进行评价也就一定要冒风险。有许多类型的科学不能经过抛光放射出耀眼的光芒。考虑一下任何一门具有悠久历史的学科，特别是关系到人类行为，例如关于长期气候变化的学科。其次，我们确切地知道，在许多情况下，甚至在科学家达成某种合理程度的共识之前很长时间，我们必须作出政治和政策决定以启动科学研究。因此，仅仅拿被抛光的宝石作比来证明科学在政治性决策中的合理应用，是要将科学排除在政治性决策之外。我们必须想方设法在决策的过程中利用模糊的和远未成形的科学理论；我们必须学会评价这些理论的价值。终极理论的梦想将会使我们远离这类研究项目。让我赶紧加上一句，我一点也不反对皇冠宝石式的科学——它是我们最美妙的文化成就——但是，它只能在这些方面证明其本身的有效性[1]。

26.2 理论与实验

我在第二轮的那篇文章中已经以更直白的语言提出了一些有关这方面的论点。对于社会公众来说，大多数科学问题是那种模糊的和未成形的问题，这就是这类问题进入政治领域的原因。我一贯的策略是观察这些已经成形的并且可能得出优美答案的问题——诸如有关引力辐射的存在和迹象之类的问题——在最初被提出来的时候发生了什么。我喜欢观察成形的问题，因为在那里科学最好地展现了它的潜力，所以人们获得的有关这一科学过程的结论不会由于这些问题是错误的而被排除掉。在对硬科学的形成阶段的研究中，我们去掉了至少一个复合变量。在我看来，物理学的一个新阶段的初期为研究公众对科学的关注情况提供了一个很好的实验室，因为我们从这一阶段的科学中所了解到的东西，可以用于即便在后来被证明是完美的科学阶段。

如果我们对科学的这些早期阶段进行观察，我们将会发现科学家可能关心许多因素，他们想要保持二战之后不久占据了优势地位并且仍得到一些科学家珍爱的对科学的看法。实验和理论化的阶段看起来不像按照皇冠宝石视角所看到的那样具有决定性。这不仅仅是一个"看"的问题——与未参与其中的科学家和其他人一般所认为的相比，在结束一场科学争论方面，实验和理论确实表现出不那么具有决定性。同样的观点也适用于诸如可重复性、校准和对照组的使用这类科学方法特征。

在这里，我们没有谈论任何深奥的哲学大道理，也没有谈论任何与长远利益有关的话题；我们只是在报告观察到的结果——深深地卷入争论的科学家们将会认同这种观察结果。这种论点不过是，科学研究程序不会为它们自己进行辩护，而是必须对它们进行审查和解释。这些解释——相信谁和相信什么——是借助社会关系来考虑的。这几乎是不言自明的，但仍是与许多科学哲学家曾对理论和实验作出的解释明显相反的一个结论。在那些哲学著作中，理论按照某种逻辑的舞步相互之间进行着较量，而一些像机器一样没有思想的人在舞池的地板做上了标记，其边缘称为实验。不幸的是，这种模型仍然点缀着许多科学代言人的发言。

26.3 科学是怎样为人所知的?

科学知识社会学家有可能激怒科学家的另一个方面，是他们对公众理解科学的分析方式。例如，不久前一位同事(他本人远不是一位皇冠宝石式的科学家)告诉我，尽管他同情科学社会学，但是，任何一位仍相信有可能发生冷聚变的人一定是疯了。我问他这一结论是否适用于诸如阿赞德(Azande)部落之类的非西方文化，他认为不适用。也就是说，一个阿赞德部落的人如果相信冷聚变是可能的，将不会被认为是疯了——仅仅是错了——原因是阿赞德人没有足够的知识作出全面的判断。现在设想一下，如果我对我的朋友说，我仍然相信有可能发生冷聚变，那么从中得出的结论是我疯了[2]。 我，作为相对具有科学素养的西方社会成员，怎么知道阿赞德人不知道冷聚变是不可能的，并且得出似乎愚蠢的判断呢？ 请注意，我从来没有做过任何一项关于冷聚变的实验，我对晶格中的气体吸收理论（我不得不在词典中查这个词）也知之甚少，我几乎不知道库仑力，也不知道聚变过程。然而，我确实知道某个人——弗莱希曼（Martin Fleischmann）——他在这些方面知道的比我多很多，他相信发生了冷聚变，所以他也"疯了"。 由于弗莱希曼在这方面有丰富的知识，这似乎不是出于缺乏科学知识的那种"疯"。 的确，在我看来似乎与我的那位朋友的判断相反，真正的愚蠢行为在于这样认为，我**确实**具有足够多的知识，能对这些有争议的问题作出科学判断：不幸的是，这种判断标准让科学界中很大比例的人成了疯子。 我把这一结论留给读者去思考。

然而，我们的确比阿赞德人知道更多的是在冷聚变问题上如何更好地演戏，就像《卫报》所称的"喋喋不休的阶层"那样——在这个案例中，是喋喋不休的科学阶层。 与许多疯狂的行为一样，我的同事所提到的疯狂行为是指我所表现出的不是我们社会中的正常行为，是指我"离开了正常的轨道"。 如果对我同事的论点更宽容一些，以更肯定的方式来表达它，这种疯狂在于我在应该同意谁的论点上作出了拙劣的**社会**判断，而不是拙劣的**科学**判断。 我对主流科学家共同体达成某种程度的社会认同的时间作出了错误的判断。 这种社会认同是不容反驳的，尽管在科学共同体内部存在着坚决反对的小群体，他们也远比我对科学的了解多得多。

拙劣的社会判断对于那些，比方说，把报纸上宣扬的占星术**当作科学理论**来相信的人来说也是个问题。 他们也在犯社会性的错误——他们不知道我们社会中的定位情况，在我们社会中有关恒星和行星的运动及其对人类生活的影响方面，人们需要找到值得信赖的专业领域；他们不知道正确的社会定位在于天文学家共同体而不是占星术士群体。要求相信占星术的人，或出于争论的考虑，要求像我这样仍然相信冷聚变的人对科学观点给予更多的关注，这不是一个好的做法。因为我们不具备评判它们的专业知识。我们只能让这些人相信他们所能遇到的解释中的一个子集，而这些解释对于他们来说也只是可能的信息来源中的一个子集，我们还要求他们在选择这些解释和信息来源时指出其出处的社会背景。简言之，社会学家有这种惹人烦的习惯，他们指出，在一般公众中，包括在狭窄的研究领域从事研究工作的科学家，对常规科学发现有效性的信念与阿赞德人对巫术有效性的信念具有同样的基础——也就是说，对你们的社会中谁值得相信进行评价。这是一件不光彩的事，但是，这就是它的方式。

够了！难道这不是创世论在学校所要求的平等对待的论点，而且所有其他的事情都会随之而来吗？不！但是，这是令人头疼的论证的出发点。在我们的社会中，我们相信某种特定的专门知识——专门知识来自对问题的勤奋研究。我们不会仅仅因为它是一本书就相信其中的内容；我们坚信，只要作者能够证明他们是对这一问题进行过深入研究之后才写了这本书，其内容就是可信的。我们不相信到我们家门口来的耶和华见证人，因为他们的论证总是求助于一本书——《圣经》——而不是在田野或实验室做的那种勤勤恳恳的研究。我们不相信创世论者，因为他们的信仰跟田野和实验室研究相比，绝大多数是以一本书为基础的。在我们的社会中，在类似的其他事情上，我们相信这样一个群体的集体意见，这个群体的成员所从事的工作是根据所要观察的结果进行应当进行的研究。所以，尽管我认为在学校中不应该平等对待创世论与进化论，我也不再以哲学家们曾一度试图证明是正确的科学"英雄"画像为基础，但是，我的观点仍然建立在这样一种朴素的主张的基础上，即那些相信进化论比创世论拥有更多重要证据的人是更值得相信的人，因为他们拥有所需的技能和正当理由。这就回到了我与温伯格意见不同的地方。相对于皇冠宝石，我更喜欢粗糙的钻石。不幸的是，人们时常会碰到这样的进化论者，他们的眼睛被如此强烈的科学热情灼伤，以至于人们觉得他们不可信；他们相信达尔文的著作而不是科学技能的价值，他们对科学没有多大贡献[3]。

26.4 结论

我已经给出了某些科学家担心 SSK 及类似学科的两个理由：它们降低了科学的准逻辑权威，把公众理解科学变成了社会教育而不是科学教育。我认为前一种担心是多余的，而后一种变化则是不可避免的，也是值得要的。一门由于能产生清晰的和确定的知识而被证明合理的科学，人们将不断发现它在研究中存在的最明显的不足。一门由于其研究者的鉴赏力、经验和勤奋而被证明合理的科学更加可靠。显然，这种证明方式将弱化科学与其他实践之间的界限。现在的困难是把这些含糊的概念——鉴赏力、经验和勤奋——建立在一个更可靠的基础上。在这种思维模式下，我们也需要理解科学家的专业领域与其他专家的研究领域是如何相互作用的，因为尽管其他专家可能没有受过完整的科学训练，但是他很可能正好有某种对于在一些未成熟的领域作出技术上的决策有帮助的经验。我们需要理解作为科学的专业技能究竟是什么——例如，我们需要把像创世论者的观点那样主要基于书本的论点与主要基于观察的论点区分开来。换句话说，我们远不是没有什么可担心的，我们需要找到能够把工业钻石——没有光彩和耀眼光芒的宝石——与裹在它们上面的杂质区分开来的新的划界标准。 这项工作要比识别皇冠宝石困难得多。

27 对知识绘图学的再审视

彼得·迪尔

评论默明第二轮的文章[20]为我提供了进一步澄清我在第一轮的文章中提出的"知识绘图学"概念的机会。默明写道："当这些信念能够为历史事件的客观背景提供线索时，迪尔认为'现代科学信念事实上与知识图式记录无关'的观点就可能有很大的局限性。"关于理论与实践，除了其他观点外，这里还有一个重要观点。对于科学史家的实践来说，毫无疑问，有关当今科学思想的知识往往在处理过去的信念（有时是非常不同的信念）上有不时之用——所研究的历史事件距现今越近就越是如此。然而，这种作用是具有重要的**启发意义的**。在研究一个历史事件时，可能发生的情况是，一个更现代的观念会把一个不同的、或许意想不到的想法加在正在研究的材料上。一般说来，真实的情形可能是，当这种情况发生时，严肃的科学史家所看到的是对历史案例进行全面和审慎的检查后得到的东西；有时利用现代知识正好成了重要的捷径。

然而，长期以来，科学史家所受的训练就是要对这类捷径非常警惕。在《科学革命的结构》和其他地方，库恩曾警告说，理想的情况是历史学家应该忘掉他所知道的现代科学知识，以便不带任何可能造成歪曲的成见来理解历史材料。的确，这种带有夸张的建议在大约十多年前被一位带有敌意的作者讽刺为对无知的颂扬（Harrison 1987）。然而，库恩这位昔日的物理学家当然不会颂扬这类事情。他是在试图指出，对于一位历史学家来说危险的是，从历史人物的科学著作中很容易找到某些明显熟悉的东西，但是仓促地放弃足够认真的研究，没有认识到这种熟悉是虚幻的，它掩盖了一个令人感兴趣的**不同观念**。我自己关于当代科学观念与认识论解释框架不相关的论点，也是以某种我认为在逻辑上（在理论上）合理的方式——尽管如果它被理解为暗示现代科学知识与所研究的历史事件无关则在实践上具有误导作用——重申了这同一种观点。的确，如果不求助于本科生们已经了解的伽利略之后经典力学方面的知识，我几乎不可能向他们讲清楚伽利略的力学思想与后来的经典力学思想的不同点和相似点。然而，这与把伽利略的工作当作只是迈向近代力学的一步，他的"错误"不久以后得到了诸如惠更斯（Christiaan Huygens）和牛顿等人的修正，有很大差距——这种科学发展图景正是库恩所反对的。知识绘图学就其这方面的本质来说，它不能观察到一个水晶球的内部。

我也愿意拾起平奇在第二轮的文章中设想的有争议的话题[21]："知识绘图学是否真正抓住了关于科学技术论研究的一切。"据我的观察，还**没有**；人们在这个领域所做的更多的事情不是知识绘图学。但是，我曾建议把知识绘图学作为科学技术论所要研究的不可分割的、**不可缺少的一部分**——这一领域的重要组成部分。这就是我讨论方法论的道德基础这一问题的原因。正像柯林斯在他的著作《改变秩序》（1992，尤其是第 2 章）中所进行的或许是最清楚的论证那样，所有方法论都不能完全（"在规则系统上"）由研究程序来决定。但是，对某些实践规则在道德上的慎重承诺（即在某些情况下称作依从"规律的精神"的东西）在任何学术共同体都是必不可少的。我想要指出的是，"知识绘图学"把握住了科学技术论研究领域中学者们**共同遵守**的这一核心承诺。

格雷戈里在第二轮的文章[17]中提出的一个有趣的论点与这里所讲的似乎有关："过去我们谈论科学家的社会责任，现在我们谈论公众理解科学。"正像她暗示的那样，如果科学大战是"科学没有太多或太深入地反思自己"的部分结果，或许我们旨在促进"科学和平"的努力，正像林奇所说的那样，对我们所有的人在道德和价值方面都具有疗效。

28　让我们别太一致

杰伊·A·拉宾格尔

平奇[21]和温伯格[24]评论的都是这场"对话"在多大程度上似乎正在达成共识，平奇认为这是"真正"的对话的特征。（对于对话分析我一无所知，但以我的经验，我猜发现"真正"的对话趋向于以共识结束至少与"真正"的对话如何被定义有关。但不用管它。）在本文——我最后的发言机会——中，我想对许多评论者[3,15,17,21]已经提到的宾文尼斯特案例提出一些想法，也以此回应布里克蒙和索卡尔对我第一轮的文章的批评。我期待我的每一位同事在这里至少会发现他们不同意的某些东西。

格雷戈里指出，宾文尼斯特的原初研究在别处被重复，得到了肯定的同行评议，并且发表在《自然》上，这"通常是足够好的"，可以开始把结果作为真理确立起来；任何明白这些过程的人都会对接下来的发展感到沮丧[17]。即使作为一个笼统的描述，我也不知道它有多少合理性。同行评议和发表至多是尝试性的确认。评议过程（几乎不可能包括重复）善于剔除被认为有内在矛盾或与先前已确认的结

　一种文化？

果不一致的主张，但它不善于察觉貌似合理却不正确的主张。因此我们有**许多**研究结果已经发表，后来却被发现是错误的。通常，这类事情发生在为了进一步的研究而需要利用某项发现却未能成功时，而不是因为仅仅想重复那项研究。（至少在我的领域——化学中，这是事实；也许在其他科学领域情况十分不同，但如果是那样我会觉得奇怪。）

然而，把这些一般情形放在一边，我相信了解"真理生产"过程的人也会看到宾文尼斯特案例的细节是多么地不具有典型性（面对认为它是常规科学的全部论证，我拿不定主意是否说它是反常的），并迅速摆脱困惑。真理是否可靠的全部公认的保障——重复、同行评议和在有声望的杂志上发表——至多是折衷的。重复无论如何不能百分之百地说明问题——实验有时成功，有时不成功，即使在最初的研究者自己的实验室也是如此。审稿人（根据最初的论文末尾编辑的注释；他们实际的报告我无法获得）**不**相信宾文尼斯特的结果，但是不能或不愿意在没有证明其错误的确凿证据的情况下阻止它发表。编辑的保留意见在发表该论文的那期杂志出现了**两次**，也出现在由他领导的后续调查的报告中（一时间有更多调查）。

最令人吃惊的是，格雷戈里似乎觉得（我承认在这里可能误读了她）那项研究潜在的巨大价值——"挑战我们对物理学和化学领域的许多理解"——是另一个放弃它的令人惊奇的原因。相反：接受水有记忆力那样的真理将不只是挑战而是要求我们大规模地放弃无数已得到充分证明的科学——有人称之为"教科书科学"，例如液体中分子运动的性质。如果你愿意，称我为保守分子好了，但是如果没有远比已有的证据更具说服力的证据，就我而言，甚至不会**开始**考虑采取行动。反倒是，我会设想什么地方搞错了，即使我不确切地知道错误是什么——这与假定我去看传说中的永动机的演示差不多。实验有时给出了否定的结果而作者又不能说明它为什么发生时，脑筋不用转多少弯就可以判断那种**肯定的**结果是人为的。（近来我已经有所耳闻的类似事件——聚合水、冷聚变——强化了我坚持那种策略的信念。）

我非常同意柯林斯[15]和平奇[21]的看法，《自然》杂志的编辑和他的调查小组对宾文尼斯特的处置是十分不妥当和不公正的。他们的报告（Maddox, Randi, and Stewart 1988）的确识别出那项研究的许多问题——重复不可靠，忽视统计问题，实验方案可能草率，但是所有这些可以而且应该被专家而不是现在实际完成调查的、自己也承认"组成奇怪的小组"检验。事实上，这些应该在《自然》杂志勉强接受并发表该项研究**之前**就完成。实际情况是，包括像把装有样品编码的密封信封贴到天花板上那样的夸张之举（这当然反映了对彻底欺诈的怀疑，虽然事实上没有指控它），完全使这份否定性报告耸人听闻。宾文尼斯特觉得，由于接下来的一系列后续研究结果的发表，人们有意地将其树为靶子（Benveniste 1988），这种看法的确有一定的合理性。然而，在我看来，宾文尼斯特的"边缘化"主要与以下对比所形成的反差有关：他所报告的观察结果的边缘特征以及他基于这些观察结果所提出的主张的重大意义。

接下来转向布里克蒙和索卡尔：他们把我对科学家一次检验一个变量的效果和社会学家排除真实的事实作为信念的可能原因之间的类比看作"完全不对"而加以摒弃[14]。我坦白承认我的类比不完善——类比是什么？他们用来反驳我的例子——社会学家在做类似于调查肺癌的原因却不考虑吸烟这样的事情，至少同样是有缺陷的。显然，后者暗指一项有统计基础的研究，其中变量的效果能被明确地、定量地描述：怎么能把它直接和一项非定量的对单个事例的研究进行对比？ 但这不重要。

　　远为重要的是我[18]和柯林斯[15]在我们的评论中提出的观点：以从"易"到"难"的案例为基础而进行外推的论证，其说服力是成问题的。 是的，我们都知道肺癌和吸烟有关，正像我们知道葡萄酒不会变成血液。 但是，（我所理解的）科学知识社会学家感兴趣的是：我们都知道这些事，**这是怎么发生的**？ 这意味着他们的研究关注的是我们**不**全知道那些事的时候（或者地方，我想在葡萄酒/血液的例子中是如此），因此把它们作为已知的就可能造成曲解。 如柯林斯所指出的那样，对于正在进行的争论的研究，这是显而易见的，因为争论中的"真理"仍是未知的。 我想有人**会**认为，那样的研究是不成熟的、无用的，但我没听说有人坚持那样的观点。 因此，对历史上的案例进行类似的研究，**就像**其仍未得到解决一样，应该也是合理的。 至少，布里克蒙和索卡尔的指责——那样做等于低级的方法论或者对哲学相对主义心照不宣的承诺或二者皆有——在我看来是十分不合理的。 假如我可以作另一个（不恰当的）类比，那就像布里克蒙和索卡尔的肺癌研究会因为未能对一个不知道会发生什么作用的因素——左撇子——进行控制而遭到批评一样。

　　另一方面，许多科学家和传统的科学史家恰恰**会**以布里克蒙和索卡尔喜欢的观点审视历史事件：用对经验证据的理性反应来说明（目前接受的）真理以及它们如何被接受。 他们在从事不同的工作。 当然，这些工作是相互重叠的，这里我同意布里克蒙和索卡尔的看法：SSK 的一些主张几乎没有表现出谦逊的态度，而这种态度在逻辑上似乎是"括除事实"的方法所必需的。

　　很多这类问题无疑与修辞有关——柯林斯称之为语词的力量。布里克蒙和索卡尔认为简单的名称改变就能打消他们的全部顾虑，这似乎又稍稍夸大了语词的力量。 方法论相对主义在"弱纲领"的旗帜下贯彻就不再需要哲学相对主义来确保逻辑的一致性吗？ 本体论简要地重述了语文学吗？

然而，它能够超越修辞问题而成为实质问题。 我将从冷聚变的传奇中引述两个例子（当然，两个都不特别令人吃惊）以结束本文。 在和哲学家麦金尼的对话中，像 SSK 的实践者一直强调的那样，平奇谈到了在一场正在进行的争论中评估认识论和方法论的困难，并用有人声称庞斯(Stanley Pons)和弗莱施曼没有以适当的方式搅动他们的电解槽从而反对他们的实验结果这样的例子进行说明。 他批评麦金尼没有提到对这个及其他类似批评或情形的可能回应，"庞斯和弗莱施曼可以用染色示踪剂**显示**出反应产生的气泡**充分地**搅动了电解槽"（黑体为引者所强调）。 如果那只是想说明科学家在受到批评时通常有办法为自己进行辩护，那很好。 但它似乎恰好是平奇所说的不可能对单个实验所具有的价值进行评价。

正如我们提到的，这也是错误的：事实上，在**一个点**上着色，染色剂在短时间内就会在整个电解槽内均匀分散，与搅动的程度是否足以保证整个电解槽具有同一温度——问题的真正所在——无关，因为热量可以在一个地方**持续**产生而在另一个地方**持续**散失。 这不是说搅动一定是不充分的（我想是这样，但它在这里不重要），只是着色实验与问题无关。 按照这种论点，平奇的做法是言行不一，做的恰恰是他批评麦金尼所做的事。

另一个例子（也是平奇的）来自关于修辞在解决争论中的作用的讨论(Pinch 1995)。 这是个令人愉快的、有趣的例子，但结论中包含这样的句子："在冷聚变的案例中，我认为争论结果的一大部分是由修辞风格决定的。"他是如何得到这种观点的？

当然，我们需要做一些关于这个观点本身的二阶修辞分析。假定庞斯和弗莱施曼在修辞方面更老练一些，我揣测他也**不会**相信我们现在都能用小冷聚变发电机为我们的家庭供电。他是否仅指这一口头争论的确切过程在一些细节上会有所不同——显然是真的，但不重要？或者结果会在一些**实质**方面不同——例如，国会要奖励我们几百万美元以保持我们在竞争中领先，或在美国仍有生命力旺盛的冷聚变研究中心？我不是说这不可能（虽然长远来说我不相信），但如果提出这样的主张就意味着断定有一种**相对**重要的因果力量在起作用。这样一来，如果这些因果力量中的某些不能被检验，人们在什么基础上进行评判呢？

　　这是些极小的案例，但我想它们是有代表性的并支持了布里克蒙和索卡尔的抱怨：如果科学论要坚持对科学家的真理性主张采取不可知论的态度，那么，他们应该更慎重地对待他们自己的一些更广泛的主张，因为后者恰恰包含了评价他们曾说的无法进行评价的那些因素。正如某位对于这场争论的人们来说并非完全不熟悉的哲学家曾说的那样："对不可言说的，必须保持沉默。"

29 因果关系、语法和
工作哲学：最后的一些评论

迈克尔·林奇

本书第二轮的文章令人鼓舞。大多数社会学家和历史学家认为，他们的研究必须考虑科学家自己对于他们的理论和实践的看法。许多科学家似乎也认识到，对历史上和当代的科学家所**进行的**研究的确不总是证实科学家和哲学家关于科学的一般**说法**。我也认为，正在出现的显然不是两个对立的派别之间的停火协议，而是一个包含了交叉往来于两种文化之间的十分多样的共识和分歧的集合。许多实质性的分歧仍然存在，例如，关于方法论相对主义和哲学相对主义之间的关系，但是许多争论的大体过程是询问式的而不是质问式的。撇开我对整个对话的支持，我愿意对由本书带来的可能的和平协议的某些方面表达我的几点保留意见。

第一个保留意见与本书所包括的观点的范围有关。物理学和SSK得到了充分的表现，而自然科学的其他分支和社会与文化研究中其他领域的观点则没有多少体现。物理学家的优势可能鼓励那种过时的观点："纯"科学的实践者大体上理所当然是科学的代言人。关于亚原子粒子的实在性以及围绕着证实爱因斯坦理论的争论是引人入胜的，但我们不该忘记科学的社会和文化研究中的很多（事实上是大多数）重要工作集中在生物学、生物医学和生物技术的独特历史和当代发展上。本书作者中的历史学家和社会学家主要来自英国和美国。提到这点是因为我相信，本书几乎没有索卡尔和布里克蒙所说的法国人、亲法国文化者和女性主义者等批评目标的代言人，而且没有人扛起"后现代主义"的旗帜，这对许多读者来说不会没有引起注意。由此我想，即便不是全部也是大多数科学家已经认识到我们"社会学"这一方的人并非相互之间步调一致，并且我们不是全都对科学和理性持激进相对主义的"后现代"反感态度。虽然我乐意宣扬这一认识，但同时我希望它不会鼓励如下结论：对"文化建构论"和"后现代主义"的轻率的漫画式表现，准确地描绘了我们在巴黎或圣克鲁兹的同事们的观点[1]。

这是一个真正的困境。例如，格罗斯和莱维特（Gross and Levitt 1994）认识到各种社会学的、文化的研究和激进的生态主义者群体之间的重大差别，却把它们堆在文化建构论的标签下，正如霍尔顿（Holton 1993）认识到 SSK 和更具敌意的反现代主义运动之间的重大差别，却把它们堆在"反科学"的旗帜下。然而，这些作者把"我们"（科学的社会历史学家和民族志学者）和"他们"（狂暴而乏味的反科学主义者）堆在一起。格罗斯和莱维特的观点是，"我们"特意不去谴责"他们"，因而我们未能控制我们学术部门中非理性和不负责任的因素。

我们中的大多数人不愿意接受格罗斯和莱维特的建议站出来谴责我们中间的疯子至少有三个原因[2]。第一，虽然我同意夏平[23]的看法，但是我认为它有麦卡锡主义的味道：我们不应该迷惑自己，认为这场游戏包含巨大的政治要求。第二，当他们有发言的机会时，因索卡尔的"戏弄"而出名的那一期《社会文本》的多数作者展现了对他们所研究的学科（在一些案例中是他们从事的科学）进行理性的、谦恭的和有学识的争论的能力[3]。不幸的是，他们的声音被针对索卡尔事件的吵闹声淹没了。第三，我凭多年从事科学论研究的经验知道，那些对激进女性主义者、相对主义者、后现代主义者和各种其他"者"和"主义"有敌意的绝对化的判断，有将严肃、有说服力和有趣的研究与半生不熟、令人厌烦和油腔滑调的辩论术一起清除掉的倾向。当浏览提交给科学论杂志的文章时，在严肃的工作和垃圾之间划出界线通常是必要的，但我完全知道，我的同事和学生经常作出与我截然不同的划分，但我尊重其判断。我不是去更详细地讨论应该在什么地方划定一个界限，以区分负责的和不负责的批评，区分论据充分的研究和胡言乱语的作品，而只是写下了我的担心：对于科学本质的非理性、敌对和无知的讽刺性描述——本书的作者可能会同意它不适用于在场的人——可能被推想到对在这里没有体现他们的观点的那些人的描绘。

第二个保留意见与关于科学的社会和文化研究要做什么的一种流行看法有关。布里克蒙和索卡尔把 SSK 描绘为一种"声称对科学理论的内容给出因果解释的智识运动"[14]。如索尔森在他的评论[22]中指出的那样，布里克蒙和索卡尔把他们对 SSK 的描绘建立在对布鲁尔（Bloor 1991）的纲领性论证的阅读之上。索尔森接着说（描述布里克蒙和索卡尔的观点），SSK "建立在社会因素决定科学家的行为和信念的基础上"。值得指出的是，如索尔森所说，布鲁尔强调"社会原因"不能单独地对科学家的信念起作用。相应地，在这一点上似乎可能解决的主要问题是，"社会因素"（一个包括个人、环境和机构的考虑在内的术语)和"科学因素"(经常被看作客观实在、自然本身或物理世界的种种特征的同义词)是如何相互作用**产生**科学信念的。可以设想,如果在关于产生科学信念的科学和社会因素的适度平衡方面,社会学家和科学家能够达成共识,敌对状态就会结束。 我的保留意见与 SSK 应该甚至能够说明自然或社会"因素"**产生**科学信念这个想法本身有关。 虽然这个想法可能与布鲁尔的看法一致,而布鲁尔的看法对 SSK 来说也往往被看作基础性的,但许多更加广泛的科学社会和文化研究领域的研究不是要给出因果性的解释[4]。 对我们中的大多数人来说,目标不是确定自然或社会"因素"是否单独或非单独地决定科学内容。 事实上,目标是描述客观性、主观性、社会和自然这些概念是如何在科学内容中发挥作用的。 社会因素和自然因素、知识和信念之间的区分[5]是科学**语法**的组成部分:科学家在相互争论时使用了具有客观性和主观性并且历史地发生着变化的词汇表,在"社会因素"未与"科学因素"区分开来的情况下对数据有噪声的领域进行研究时,科学家使用这些词汇。 温奇(Winch 1958)40 多年前指出,对概念及概念间差异的分析是哲学而不是经验社会科学的分内工作。 然而,SSK 的大多数出色工作已经表明,利用案例研究来阐明基本科学概念及其区分在历史、实践和互动情境中的应用是可能的。迪尔的"知识绘图学"——历史学和民族志案例研究,考查认识论概念和区分在不同语境下的应用——或许有助于阐明科学的内容,但不必然产生可以完全归入社会因素或科学因素的因果性命题。

29.1 石头、定律和工作哲学

陈述了我的保留意见之后,现在我将探讨我与温伯格之间可能达成的共识。 在尝试澄清他在物理学定律和田野里的石头之间所作的类比时，温伯格说他不是在做"哲学论证，而是一家之言"，针对的是他作为物理学家的经验。然后他总结道："这就提出了一个更大的问题。就像我们通常使用诸如'实在的'和'真实的'这些词所表明的那样，我们大家把一个可称作素朴实在论的工作哲学观用在了我们的日常生活中。据我所知，当我们谈论科学史和科学社会学时，没有人说明为什么我们应该摒弃素朴实在论。虽然哲学家也许能帮助我们准确理解诸如'实在的'、'真实的'和'原因'这些词的用法，但他们无权禁止我们使用它们"[24]。这段话使我有理由重新思考哲学家哈金的看法，我在第二轮的文章中赞同地引用了它："科学大战除植根于更具政治性和社会性的分歧之外，还植根于深刻而古老的哲学分歧"（Hacking 1999，68）。我的理解是，温伯格不是说他的"素朴实在论"是粗糙的和未经提炼的哲学，而是说它是植根于他作为物理学家的经验中的"工作哲学"。在温伯格所说的物理学定律的实在性和一些古老的（和并非那么古老的）哲学观点之间找出一些十分密切的关联是可能的。但依我对他的理解，温伯格不承认哲学传统的权威。与哈金相反，温伯格没有暗示他对科学的一般观点和他对库恩遗产的批判是**建立**在古代哲学观的**基础上**的。事实上，他声称这些观点植根于科学生活。我相信温伯格是正确的，来自科学生活的一般信念不能简单地贴上哲学观点的标签——不论是古代的还是现代的。然而，我还是认为我们应该探寻他的"工作哲学"的根源和局限。

第一个要探讨的问题与温伯格的"素朴实在论"来自哪里有关。他把它描绘为"我们日常生活中的工作哲学观"，但在他头脑中的是谁的"日常生活"？我想温伯格会同意，21世纪初的著名物理学家的素朴实在论不同于近代早期先驱者或他的非物理学家同代人的素朴实在论。 其差别不是一个哲学诡辩的问题，而是一个历史和实践情境的问题。 职业物理学家的日常生活包括对高等数学、复杂的仪器和描述性术语的熟悉，而我们其他人则发现它们离我们的日常生活极其遥远。 这当然是温伯格巨大权威的一个来源，他和其他物理学家有极好的理由坚持，我们这些把职业生涯的全部或大部分投入到人文或社会科学部门的人应该小心，不要擅自审查或批评专业化的物理学共同体的"文化"，除非我们严肃地考虑了有志于成为物理学家的人花费了许多年才掌握的技术能力。 这对其他文化行为——知识建立在需培养的技能和专业化的理解的基础之上——同样成立。"相对主义"知识社会学的一个论点是，以研究专业化共同体的专业知识为目标的社会学家或人类学家应该让尊重与距离保持微妙结合。 不论作为研究对象的共同体最初的权威和可信度如何，这一方法论要求都适用。 原则上，它适用于占星术、颅相术史和高能萨满教（high-energy shamanism）民族志的研究，同样适用于天体物理学、神经学史和高能物理学民族志的研究。 我倾向于认为，天体物理学的入门要求远高于占星术。 而且，与我的一些同事相反，我不认为方法论取向一开始就应该预见将在研究结束时获得的因果解释的某种具体形式。 然而，我们应该设想物理学家的日常生活在许多方面不同寻常，温伯格则把他的"工作哲学观"与生活和语言这些更广阔和更普通的领域联系起来。 他主张物理学家对诸如"真实的"和"实在的"这些词汇的用法与这些词汇的日常用法之间保持连续性，他也用日常的、广为人知的例子进行了互换说明。（对这些例子的一些批判性评论，见拉宾格尔第二轮的文章[18]。）要合乎逻辑地、符合语法规范地使用像"真理"和"实在"这样的词，或者反思它们在使用中暗含的意思，你不必非得是哲学教授。 哲学教育有其自身的价值，但我们对日常词汇的掌握是以语言的社会化为基础的。

这把我带到了关于温伯格工作哲学观的第二个问题。 即使我们承认他的实在论不是对古老哲学立场的简单附和，并且它产生于日常生活和职业经验的非特定结合，我们必须认为它是物理学家应持有的唯一合理的工作哲学观吗？ 如果一个物理学家赞成极为不同的工作哲学观，或如夏平引述的清单[8]所显示的，如果物理学家由于某种原因表达出关于科学的相异的、逻辑上不一致的一般看法，会产生怎样的差异？ 我想温伯格会同意，他的工作哲学观不是物理学领域的日常生活必须遵循的。 他强调，他对于物理学定律和田间石头的观点是"一家之言。 作为一名物理学家，在我的工作中，我对自然规律的体验有同样的特点，这些特点使我在石头的例子中说出，石头是实在的。"我完全同意温伯格的最后一句话："虽然哲学家也许能帮助我们准确理解诸如'实在的'、'真实的'和'原因'这些词的用法，但他们无权禁止我们使用它们。"事实上，依我对维特根斯坦晚期哲学（相关讨论见平奇为本书写的第一篇文章[2]）的训诫的理解，当**哲学家**使用"实在的"、"真实的"和"原因"这样的词时，他们往往受益于他们没有意识到的这些词的**日常**用法。 关于科学信念的"自然"原因与"社会"原因的争论可能分散我们的注意力，没有认识到科学的社会学和民族志研究在多大程度上是**概念上的**研究。 这样的研究是否产生因果解释尚无定论，但它将阐明，温伯格、其他科学家和他们的前辈在使用"真理"、"实在"、"客观性"、"经验"和其他一般科学词汇时在说什么[6]。 无论我们是否相信我们现在接受的物理学定律从社会学角度看是相对的，我们都将受到启发，去理解物理学家像我们其他人一样，以历史变化的、实用的和有争议的方式使用一般的科学语法。 在我看来，社会学家的工作不是用另一种"社会的"哲学与物理学家的工作哲学进行战斗，而是考察其在科学的集体生产中的地位。

30　解读与误读

N·戴维·默明

第一，占星术。 甚至在阅读了我与巴恩斯关于占星术的争论中的论点之后，平奇[21]继续认为我在这一问题上与巴恩斯非常相似，"巴恩斯、布鲁尔和亨利竟敢以对待其他可接受的科学领域的方式对待占星术的问题。"著名科学家多年来对占星术的公开抨击似乎已经得出了这样的结论，除了表达强烈不满和谴责之外，没有任何一位科学家在任何场合下谈论过占星术。 我不反对巴恩斯、布鲁尔和亨利使用研究占星术那样的工具来研究常规科学。 我的批评是占星术提供了一个坏的典型例子，超越了科学家在科学与伪科学之间划定的界线，因为出于任何似乎有道理的理由要容纳占星术，太多太多的科学知识将不得不被抛弃。

在布鲁尔针对我关于《科学知识》的评论所进行的回应中，似乎表现出同样的倾向，他所理解的是他希望我说的而不是我实际上说的东西。 我在批评他们选择占星术作为例子时强调，科学与非科学之间严格地精确界定的界限与区分这些极端的例子是有区别的："划界的确是很困难的；我说过试图完全将它们区分开来的意义微乎其微，而且潜在的危害很大。撇开这些有严重问题的划界不说，尽管十粒不能成为一堆（即使确定一堆的准确粒数是不可能的，但是，把不是一堆说成一堆要容易得多），但判定极端的类型总不比赞同一立方英里的沙是一大堆沙困难"（Mermin 1998a, 622）。

布鲁尔抓住这两个句子中的前一个来指责我"一方面通过宣称他对整个问题不关心来掩盖他的真实想法，另一方面通过迅速作出判断来行使他的权力以维护科学的边界"（Bloor 1998, 626）。但是，布鲁尔忽略了我关于大体上进行区分的第二个句子，它与我认为占星术是一个不适当的例子这一评价完全一致。他的确说过这个句子针对的只是试图建立规则没有意义，因为这些规则将使人们武断地进行精细的区分。

重要的是要超越在枝节问题上产生误解这一阶段，以便我们在那些遗留的真正存在分歧的问题上达成一致意见。在占星术这个例子中，真正的问题是，以任何形式的社会学分析为基础来否认区分科学与迷信的可能性，是否会将一些令人感兴趣的、重要的问题抛在一边。超出所有社会研究的正当范围来绝对地讲这样一个问题，在我看来似乎与绝对禁止利用任何现在的知识研究过去的知识一样，都是一种武断的限制。我倾向于同意索尔森的观点[22]。他认为，建立这种绝对的方法论规则是一个有着悠久传统但并非总是明智的科学实践形式，科学研究应该把那些看上去太难而无法解决的问题搁置起来。

从星相宿命论转向神学宿命论，我喜欢迪尔在神学上的类比[16]。但是，难道温伯格的终极理论不是比我的色彩斑斓的挂毯更接近神学吗？这一色彩斑斓的挂毯是关于过程方面的而不是关于结果方面的。 我没有说这种挂毯永远不能被拆开和改编——只是这项工作非常难以进行，它不只是把这儿的一根线咬断，与那儿露出的线头结在一起。 在1933年，为了使一项肯定性结果有意义，与其试图把那个时期的相对论框架进行大规模的拆解和重组，肯定远不如认定戴顿·米勒在某个方面弄错了方便。 无论如何怂恿学者们把科学实践作为一项社会活动来研究，都不能采用这样一种使其研究者误入歧途的方式，使他们觉得把一项科学研究之谜的各个片段令人信服地堆在一起，要比科学研究的实际过程更轻松。

把我与柯林斯和平奇的分歧几乎置于形而上学的高度时，林奇[19]冒了忽视我最初的批评的危险。 令我感到烦恼的是，他们给普通读者描绘了一幅扭曲了的科学知识形象——科学论的研究者们也往往有许多理由对科学家进行同样的抱怨。 在我看来，一部声称告诉普通读者"科学研究实际上如何进行"的著作应该强调，作为论述戴顿·米勒的实验结果可能是错误的这一假设的一个重要组成部分，当时许多物理学家认为一些重要的独立证据支持相对论。 从我们后来的对话中可以看出，在柯林斯和平奇的引文——"科学文化"（the culture of science）——中，他们的确把这一补充证据暗含在里面，并对这一证据在当时引人注目的程度表示出比我更大的怀疑。 我仍然坚持认为，如果这部著作的目的是要告知不是科学家的读者"关于科学应该知道什么"，即使对这样一本半通俗的著作来说，仍需要对这类细小的问题进行更周密的考虑。

再从形而上学的问题往下走，我注意到布里克蒙和索卡尔[14]以"还有许多我们无法评判的具体的经验工作"这句话结束了他们所列举的构成"相对主义时代精神"的种种表现。 但是，这类经验研究工作的质量是评价整个研究工作的核心。 如果不顾这项研究的质量，人们将无法对下面这个问题进行最严格的检验：究竟该把"知识"看作人们大脑中的产物还是对客观事物的反映？正像我在本书中已经描述的那样，我本人关心的是，体现在方法论信条中的某些对待知识的态度有可能把某种不必要的严格强加到了具体的经验研究工作中，以至于不可能获得正确的知识内容。这种危险在于，你是选择把知识看作印在大自然这本书上，还是选择把知识看作科学共同体的协商结果——一种二分法，我日益倾向于将其看作广义上的玻尔"互补"观念的另一个例子。

尽管我主张彻底放弃形而上学，但是，格雷戈里所宣称的论点[17]仍然令我困惑，因为她认为科学家自己希望事物具有确定性，并且教育他们的学生相信"科学是确定性的哲学"。当然，在科学领域和在其他研究领域一样，都有许多愚蠢的人，并且他们中的少数人可能抱有这种幻想。但是，如果我们其他的人从教育和专业经验中学到了什么东西，那就是你总在和可能性打交道。甚至相信终极理论的人也清楚地认识到，永恒的规律与具体的现象之间在计算方面的——实际是概念上的——鸿沟是如此难以逾越，以至于给富有启发性的猜测、不具有启发性的混淆或只是明显的错误都留有了余地。

最近，由于我在《自然》杂志上评论基尔林（Thomas Gieryn）的《科学的文化边界》（*Cultural Boundaries of Science*，1999）是一段不愉快的经历，我认识到跨学科交流的困难。我痛苦地意识到，对于一个共同体成员似乎是明白的、对于另一个共同体成员来说也不完全是愚蠢的胡说八道的东西，要写出来困难重重，因此，我相当慎重地描述了我作为一名物理学家对基尔林的论点的反应，并且希望不把社会学家批评为不可救药的、头脑简单的和异想天开的人。但是，我所作的努力完全被《自然》杂志的文字编辑给破坏了，因为他（或她）感觉是在梳理我的论点，可实际上把一种明显不同的观点强加到我的评论文章中，并且没有理会我对清样中的观点不可接受的原因所极力进行的解释。这里是两个性质明显不同的版本，一个是我投给《自然》杂志的文本，另一个是他们以我的名义发表的评论（Mermin 1999）。

由于我在阅读基尔林的那本书时，书中的两个使作者对边界划分感兴趣的例子给我留下了深刻的印象，因此，我的那篇评论是以两处引文开始的。然后，我说："正如这两个例子作为'文化绘图'或'划界工作'研究中的样本一样，从基尔林的著作中我学会了识别样本。"然而，经过《自然》杂志修改后，这句话成了"基尔林告诉我们，像这两个例子一样的样本是……"我可以猜想，这种修改使得这两个例子之后的那句话指的是这位作者而不是我这位评论者（但是，既然如此，为什么没有改成"基尔林教我们识别……"？）。但值得注意的是这种修改所造成的歪曲：（1）在我的文本中，这些样本明明是我发现的，而不是基尔林的著作给出的；（2）我从基尔林的著作中学到某种东西这一重要的声明被删除了；（3）我同意基尔林关于这些声明是在文化绘图中运用的观点，被削弱成根据基尔林的观点就是这种主张。因此，我的赞成性的开头不知不觉地被转变成了可以被理解为介于警惕和明显的敌意之间的某种东西。

我的评论以这样一种论点结束，"如果科学大战的一个结果是使物理学家对他们的专业修辞的运用更满意一些"，那将是一件好事。而《自然》杂志上的那篇评论却把前半句改成了使物理学家"在描述他们的工作时对采用的修辞手段更满意"。显然，有关修辞是研究工作中不可分离的一部分的观点是如此地陌生，以至于这位编辑觉得有必要对研究工作和描述进行明确的区分，这种做法恰恰弱化了我提出的这一论点。我把这种修辞性与数据的收集和数学分析置于同等的地位严重地冒犯了这位编辑的成见，以至于他（或她）认为需要对我的表述进行这种歪曲式的"修正"。因此，《自然》杂志对我的评论所进行的修改正好表明科学界对于我这样使用修辞感到不满，而这正是我迫切希望我的物理学家同行克服的。

我在这里提到这件事的部分原因是，我对《自然》杂志耍弄我的卑鄙行为仍然感到愤怒，并且要使它成为永恒的记录（他们拒绝发表一份勘误声明）。他们以我的名义向读者发表的那篇文章，不是我的文章。但是，这段不幸但有趣的插曲对于我们这些从事科学和平进程的人来说还有一条重要的教训：使用每一个词都要进行推敲，否则太容易被误解或误解别人。我那篇评论的内容在《自然》杂志的文字编辑那里产生了一系列误解，然后他（或她）通过一系列具有破坏性的修改把这些误解渗透在那篇发表的评论中。我并不是要把这位编辑的做法归结为某种恶意或愚蠢。我将其归结为某些极其根深蒂固的思维方式，是它们使得人们不能从我的字里行间认识到那些可能想到的远比纯粹的笨拙或错误更微妙的东西。

这不仅仅是一个与文字编辑有关的问题。在这一章中我要说的大部分内容是关于误解，既有别人对我的误解，也有我对别人的误解。我们都应该警惕这一点。

31 和平，属于哪方，
按照谁的标准？

特雷弗·平奇

本书中的几位作者对我们正在参与的这场波及范围较广的争论作了反思。科学大战的确是一场特殊的战役。本书把论战双方的代表集中在一起，这种做法的长远效果将会如何，我们还不知道。它会有助于争论的结束吗？究竟哪方会获胜？

自然科学中的争论大多在一个相对较短的时间内就会平息，胜负也能明显分出来。比如在冷聚变的例子中，自庞斯和弗莱希曼最初在新闻发布会上宣布他们的发现，到人们对他们公布的结果普遍失望，几乎不到几个月的时间。一年之内，一切都结束了。这并不是说科学家很久以后都不再为支持冷聚变而奋勇作战（一些科学家至今仍在作战），而是说科学共同体中绝大多数人的意见早已趋于一致。人文学科和社会科学中的许多争论则很少如此迅速和容易地得到解决。人们不可能看到"哲学会议宣布自由意志论战胜了决定论！"这种新闻标题。

当我看到科学家在结束科学争论方面做得是多么出色时，我感到很吃惊。 当然，出现这种情况的原因本身是有争议的。 对我们这些从事科学论研究的人来说，这些争论的解决是由于出现了一个有力的共同体——一批核心人物——在这个共同体内，修辞、认知、物质、社会等资源得到综合运用。 对科学家来说，"真相必将大白"是再清楚不过的事。 有时，运用几个判决性实验和一些不可辩驳的理论证据就能确定真相。 无论争论实际以何种方式结束，我们都不妨问一问：科学大战会按照自然科学的模式还是人文学科的模式结束？

我认为，多数科学家在他们的内心深处最初是希望且相信争论将以自然科学的方式结束的。 索尔森在第二轮的论文中就很好地表明了这一点[22]，当首次听说索卡尔事件时他就感觉到要为他那一方作战（可能还是作殊死斗争）。 在我看来，索卡尔好像至少在一开始（或许直到今天？）就以这样一种模式作战，根据这种模式，作出相当权威的驳斥是绝对必要的。 现在双方的支持者都在提醒我们，事情不会那么容易得到解决。 双方在哲学基础上无法消除的差异，是关于如何表述和解释复杂的社会和历史现象的差异。

科学大战总体来说是在各种各样的论坛上展开的，并遵循各自不同的规则。 在这种特殊的混合论坛上——有鸡尾酒会式的，有学术式的，还有外交式的——争论显然正在朝一种标准的人文学科解决争论的方式进行。 最后得到的启示是，问题深奥难懂，不可能作出简单的回答。 这或许并不奇怪，因为这儿是说教性的论坛，它更接近于人文学科的方式而不是其他方式。 但这不会让双方的斗士信服：一方追求对争论作出自然科学式的肯定回答，另一方则拒绝作出简单的科学回答。

我想把这些问题留在这儿不予讨论，而谈谈另一个受到科学大战重要影响的领域。 我不是指从事科学技术论研究领域的工作。 如夏平所注意到的[23]，假如科学家被宣布是胜方而数百个人文学者丢掉工作，人们也因此远离他们，那么在长时间内或许不会造成很大影响。但是，有一个领域，我们大多数人似乎都赞同科学在那儿出了问题——公众不能理解科学。正是在这里，我认为科学大战的影响更为重要，所冒的风险也更大。

如所预期的，对于这一领域，论战双方都已经介入了。柯林斯和我在《勾勒姆》和《勾勒姆无处不在》中宣称，公众需要从科学研究的角度来理解科学，以便更好地理解科学的发展。布里克蒙和索卡尔认为，我们的影响正是部分问题之所在——我们正在公众中鼓动非理性主义。但是默明指出，问题远非这么简单。公众理解科学的失败可以追溯至很早以前，甚至早在社会建构论流行之前就出现了。

当然，不是每一个从事公众理解科学研究的人都会完全认同科学论模型失效的方式。譬如，格雷戈里[17]与我在关于如何看待知识较为渊博的公众以及他们对科学的理解这些问题上持不同意见。她所说的公众受到那个无处不在的勾勒姆的"鼓动和纵容"，因而对科学专家期望不多。另一方面，柯林斯和我则认为公众仍然服从科学家和公众的标准关系模型。但是，即便格雷戈里是正确的，那也无疑只是为要向科学论模型多加学习这一论点提供了证据。假如公众真的如格雷戈里宣称的那样聪明，那么科学家和政府官员所持有的任何科学模型都与主流的思维方式不相一致，最终都可能给科学带来麻烦。

这就是科学大战至关重要的领域。这个领域提供了不同的科学模型以及科学与公众的关系模型。有一种模型认为科学真理是可靠的真理，它们非常不同于社会中的其他真理。在这个模型中（本书中支持这种模型的人似乎极少），科学家与社会中的其他人的界线极为分明。 另一种更受条件限制的模型认为科学真理是如同把线编成绳或挂毯那样制造出来的，它给出了一种使人们肃然起敬的科学观，但把科学知识看得更像其他专门知识。 哪种模型最终会受到公众的重视是一个非常重要的问题，这远不是这场难以预料的科学大战的结果所能解决的。

32 朝圣之路

彼得·R·索尔森

我首先对夏平第二轮的文章进行简短的评论，然后把剩下的篇幅用于讨论温伯格提出的某些观点。

32.1 可怕的对称

在本书第一轮的文章中，一大乐趣是阅读和思考夏平收集的那一系列令人惊奇的"反科学"引文[8]。不仅在如何认识"反科学"观点的本质这一问题上，而且在如何根据某种观点的来源是否正统而对其作出反应这一问题上，他都给我们上了重要一课。

如果依照同样的思路，我请读者思考这样一个假想的例子，即另外一个人从夏平自己的第二篇文章[23]抽出某个句子，我希望他不要见怪。我印象特别深刻的是一个甚至比他想要的更能产生共鸣的句子。他要求我们思考**科学捍卫者**为获得一场虚幻胜利而要付出极大代价这一特点，如果真的发生了这种情况将意味着："一个学科内的成员不仅被允许评价他们从未接受过任何学术训练的另一学科的工作，而且还被批准以这个被批判的学科体系内的成员所拒绝的方式来描述这个学科的观点和动机"。

这个句子使我的阅读突然中断。 它很像是我希望自己以前曾说过的某种东西。 但是，在我前些年容易暴躁的时候，在我花时间针对啤酒（正像夏平在第一篇文章中所建议的那样）讨论诸如此类的问题时，我曾想用完全类似的话对科学论研究者而不是获胜的科学捍卫者的莽撞发出抱怨。 难道像科学的社会学研究这样一个领域的存在，不是依赖于在科学方面没有受过训练而在社会学、历史学或无论其他什么学科受过训练的人们的工作吗？ 他们的学科号召他们评价（以这个词的某种含义）科学家的工作，并且，科学论的许多兴趣也在于经常以大多数科学家完全反对的方式来描述科学的观点和动机。

我不愿意在我们两个学术共同体之间严格地坚持所谓的完全对称。 正像夏平指出的那样，这两个共同体在规模和社会地位上的差别与它们在研究兴趣上的差别一样大。 相反，我只想以另一种方式来支持夏平在第一篇文章中所提倡的做法，即寻求一切可能的方式来找到我们的共同点。

32.2 绝大部分是正确的

温伯格在上两轮的文章中提出了一些具有挑衅性的论点。 或许给人们印象最深刻的论点是，在他看来，物理学定律"像石头一样是实在的"[9]。 虽然他的这一观点在别人看来似乎有点不太习惯，但作为物理学家，我理解他是指什么。 我们物理学家养成了这样的信念，即发现自然规律是我们的目标，而且我们的专业已经取得了巨大的成功。 的确，我们花了在学校接受教育的大部分时间学习那些已经发现了的物理学定律。 我们已经拥有了以文字或符号形式表达的许多物理学定律。从这一点来说，即使这些物理学定律没有碰着我们的脚趾头，我们接受这些定律的实在性也许不应令人感到吃惊。

林奇[19]根据这样的理由(除其他理由外)质疑把实在性赋予这些物理学定律的正确性，他的理由是"事实不是与语言相分离的、纯粹而简单的东西。虽然可以用定律描述自然的规律性，但严格地说，与其说定律像石头，倒不如说它们更像规则、主张和公理。"不像温伯格那样深信定律与自然有直接联系的实验物理学家和理论物理学家很可能会赞成林奇的说法。甚至温伯格本人也承认[24]，他主要把实在这一概念用来表达一种关注。

不管这种争论的结果如何，我要指出的是，即使我们把温伯格的这种论断转换成不那么令人无法容忍的说法——"物理学定律是真实的"，他的文章也是提出了一个重要的、非同寻常的主张。

首先，注意到温伯格在知识不断发展的背景下仔细地区分了物理学定律"硬的"和"软的"方面是很重要的。所谓硬的方面是那些在物理学发展过程中会保留下来的东西，而软的方面是在发展过程中将被抛弃的东西。不需要多说，这种论点是有问题的。对于一个没有后见之明的人来说，他怎么知道哪些思想在未来的科学发现中会保留下来呢？更糟的是，温伯格明确地宣称他相信我们是在寻找物理学的"终极理论"，从这一理论出发，物理学中的所有其他思想都可以推演出来。换句话说，我们当前的任何一种物理学理论**都不是**绝对正确的，而只是那个终极真理的近似。

收听过美国国家公共电台制作的《牧场之家好做伴》(A Prairie Home Companion)节目的美国听众肯定熟悉主持人凯洛(Garrison Keillor)对赞助商"奶粉曲奇"(Powdermilk Biscuits)的称赞，他称赞这家公司的赞助"在很大程度上是纯洁的"。我们在这里所进行的关于物理学定律的讨论似乎处于相似境地，它们"绝大部分是正确的"。如果所有的物理学定律（除了那个假定的终极理论）都具有这种特点，那么，这些定律的真理性又如何能够促使我们将其描述为与"石头一样实在"的东西呢？

当然，温伯格相信，在我们当前的知识状况下，的确存在着在很大程度上"硬的"物理学。以此为基础，我们甚至承认生命来自其他星球。在有限的适用范围内，我们拥有能够很好地描述自然行为的定律。在这种意义上，牛顿定律总会"绝大部分是正确的"。还有麦克斯韦的电磁场方程、爱因斯坦的引力场方程等等，也是如此。

对非物理学家需要提醒的是，令他们大多数人最感兴趣的可能是科学中那个注定要被抛弃的"软的"部分。"我们用来解释这些方程为什么起作用的实在观念"，几乎包括所有与我们的理论紧密联系在一起的形而上学概念：牛顿的绝对空间、爱因斯坦的弹性时空、真空中的传光以太或场、经典物理学中的确定性轨道、量子力学中的概率性波函数。因此，几乎所有的大众科学作品都注定要进入垃圾箱，因为它们的表述方式为了有利于说明它们所"指"的东西而忽视了这些定律本身。当（或者如果有一天）我们最后得到了一个终极理论，人们将会看到留下来的究竟是什么。但是，所有那些重要的哲学概念都不会（或几乎都不会）具有温伯格认为这些定律本身应该具有的那些实体性质和特征。

这真是奇怪的事情。温伯格仍在捍卫近似真理的这种绝对性质。尽管这可能有点不同寻常，但是，它是建立在正在物理学中获得坚实立足点的观念之上的。在不同的层次上，更完善的定律的确表现出允许非常独特、非常自然的近似。尽管它们具有较少的普遍性，但是具有更大的简单性。（这就是所谓的有效场论。）某些美好的东西仍然在继续出现——随着我们的知识不断扩展，通过理论之间所具有的这种历史继承关系，经过深入研究的自然规律性被浓缩成了简单定律，并能继续展现自己的（有限的）有效性。物理学定律之间可能具有这种关系，这正成为我们关于自然的最深层的观念之一。

发现的历史过程常常是先找到一个具有更多局限性、更简单的定律，只是到后来才找到更普遍的定律，而将原先的定律作为一个特例包括进来。历史将会重演的期待隐藏在理论物理学家普遍的乐观主义背后，并且显著地激励着像温伯格这样的人，他们希望正在接近发现"终极理论"，它能包容并衍生出我们迄今为止知道的所有定律。

32.3 矢与的

对于温伯格来说，"硬"知识和"软"知识之间的区别是，这些定律是否（或在什么程度上）"与文化无关"。他用一个冶金学上的比喻来描述这一提炼过程，科学通过这一过程把文化方面的"炉渣"与纯粹的真理成分区分开来。尽管随着新知识的获得，最初参与进来的、渗透着文化的概念被抛弃，但是关于世界的数学描述被保留了下来（或者被整合到更一般的数学公式中）。因此，硬知识和软知识之间的区别与科学进步的概念存在着必然的联系。

拿温伯格的观点与库恩的论点相比较，温伯格开辟了一条自己的道路。因为在库恩看来，谈论诸如将我们带向"更加接近真理"的科学进步是荒谬的。温伯格对他的立场所进行的辩护是一个内行人的辩护，主要对那些理解物理学的人（或对那些相信有人理解物理学的人）具有说服力：我们现在的观念的确是更好的观念，在这种观念中我们对世界有了更完善和更一致的理解。尽管我赞同这种信念，但它仍然是一个摆脱不了"文化因素影响"的主张，一种存在于人们共享观念的世界上的主张。

我认为温伯格可以增加一条论证路线，这样从两方面来强调他的论点就可以使他关于"与文化无关"的知识的含义更加明确。我设想了如下思想实验：问我们工业经济社会中任何一位负有某种职责的人，他是否愿意在工作中只利用那些在过去 75 年中从未受到过科学发现影响的技术。我的预测是你几乎找不到愿意这样做的人。

这证明了什么呢？不过是证明了这样一个显而易见的观点：衡量科学进步的标准与一致性、理解或思想领域中存在的任何别的东西没有任何关系；相反，它与完成普通人喜欢做的事情的能力有关。在这种意义上，科学中的进步不同于生物学上的进化。哺乳动物取代恐龙很可能完全是偶然的，但是毫无疑问，我们今天的知识要比过去的知识更加**有力量**。

按照这种思路来考虑科学，也会有助于我们思考如何把两个竞争的科学观念之间的选择理解为"与文化无关"。温伯格关于分离出文化"炉渣"的工业生产的比喻不只是一个比喻。工业领域所进行的选择是我们社会领域证实自然知识的方式之一。对理论的内容、表达或形而上学包袱（metaphysical baggage）绝对没有文化承诺的人偏爱一个强有力的理论（即能更好地描述世界）。如果这个理论有助于他们完成自己的工作，使得他们在某一领域所得到的结果更可靠，那么，这个理论就会有强有力的支持者。

在一个科学理论被应用于具体的生产领域之前，几乎没有任何科学家愿意放弃他们对这个科学理论的有效性所持有的怀疑态度。但是，这个社会过程的存在是对其有效性的再保证，它一次又一次地以未必可靠的方式发生着。例如，许多年来，尽管没有任何人能够想像出在地球上的什么情况下，爱因斯坦的广义相对论与牛顿的引力理论所作出的预测之间的差别大到不可忽略，但是，科学家已经把爱因斯坦的广义相对论作为对牛顿引力理论的改进形式接受下来。现在，正是这种差别在数十亿美元的产业中发挥着重要作用。全球定位系统(GPS)在军事领域无所不在，它的设计虽然出于军事目的，但它应用在诸如到荒山野岭远足这类有益的活动时一样有效。GPS所依赖的精确计时对微小的相对论效应敏感，GPS时钟振荡器记录时间信号的变化率依赖于时钟振荡器所在之处的引力场。除非考虑特殊的引力环境，否则，GPS卫星上沿轨道运行的时钟振荡器将不会给出这个系统可依赖的响应。现在，广义相对论在这一方面拥有了一个新的巨大的支持领域，不是出于这个理论的"软的"方面(大多数郊游爱好者不关心引力和惯性是否严格等价)，而是出于它精确地描述这个世界的能力。假定你配备了一台带有转换键的GPS接收机，这个转换键允许你应用牛顿理论而不是爱因斯坦理论，那么没有哪一个正常的人会将这个转换键转向"牛顿"这一档。

这种工业上的检验有时证明一个新理论并不代表着进步。冷聚变事件就是一个例子。在争论的高峰期，有人认为"主流"科学家对于冷聚变的反对只是由于他们害怕失去了资源。这种观点在一位冷聚变提倡者的家乡犹他州特别流行。如果这场争论只能在文化层面上解决，那么，当有些人坚持从原子物理学的角度来理解这一具体事件，而另一些人则坚持犹他州在人类进步的过程中扮演着重要角色时，谁来作出裁决呢？然而，不管主流科学家拥有的社会力量如何，总有一种办法使得赞成冷聚变的一方能够无可争辩地获得胜利：开始销售由冷聚变产生的廉价电力。所有的人将会购买这种电力，而且所有这样做的人也将同时购买一种新的科学信念。这种现象没有发生就倾向于证明冷聚变的主张是错误的。（当然，如果将来有人宣布了某种新的进展，这种情况将会改变。)

当然，这种工业上的检验也不是完美无缺的。除非人们同时提出这些问题，例如，既然主流的核聚变经过几十年的研究也没有成功，我们为什么要相信主流核聚变研究背后的原子物理学，或者在研究冷聚变过程中投入的资金是否足够；否则，我们不可能真正理解冷聚变这一具体事件。似乎唯一可以确定的是，这表明社会为一个理论的成功提供了一般"文化"渠道之外的另一条途径。

我们一直在谈论科学进步的概念，即用"更正确"的理论代替旧的理论。这并没有说出温伯格和库恩之间真正的、主要的分歧究竟是什么，也没有谈到对是否存在绝对正确的"终极理论"的质疑。我的全部主张是，我们能够找到一个进步之矢(arrow)，但是我们不知道此矢是否会中的(target)。或许未来的发现将会证明温伯格的信念是正确的。在此之前，这种信念只不过是科学家的一个千年梦想。

33 科学知识的编史学用途

史蒂文·温伯格

首先，我要对迪尔关于辉格史[16]的评论作一回应。我实在不明白我会给人留下这样的印象，竟有人说我相信今天科学家的思想可以以莫名的方式促成过去的科学家的工作！无疑，任何时代的科学家的工作都会受到他们所能得到的数据和计算结果的影响，受到形形色色的社会、文化、哲学和心理因素的影响。但是，数据呈现出它所呈现出的那种样子(至少在某些时期)是因为世界本来就是这种样子，而且我们现在比过去的科学家更多地知道世界本来的样子。那么，我们为什么不能利用这种知识？我承认，假如我们完全知道过去科学家所掌握的资料和计算结果，那么我们就不需要这样做，但是我们从不具备这样的条件。我讲述汤姆孙的故事[9]就是要表明，比过去的科学家更多地了解这个世界能够帮助我们填补历史记录中经常出现的空白。

谈到汤姆孙，我得对平奇[21]发表一点抗议：我并没有打算不公平地对待这位电子的发现者。我并不是说他在所有给出远远偏离现代值的电子质荷比的实验中都不够谨慎，而是说汤姆孙似乎不可能在那些实验中表现出异乎寻常的谨慎。柯林斯在这一点上是正确的[15]，即汤姆孙在他实际上极为疏忽的时候可能以为他当时很细心，反之亦然。这或许可对他优先选择某些质荷比数值提供一个有趣的备选解释。然而，无论是柯林斯，还是任何其他历史学家，若不知道质荷比的现代值，又如何能够作出这样的推测？

知悉真相，还可以给故事增添趣味性。假如我们不知道（就像格陵兰人不知道一样）北美洲就在格陵兰岛的西边，我们还会如此关心中世纪格陵兰人遗失在大西洋的历史记录吗？我同意柯林斯的以下见解，即我们并不总是拥有这种优势——在我们讲述当代科学研究的故事时无疑没有这种优势——这并不必然使这类历史枯燥无味。但是，假如柯林斯承认，一场战争的历史会因为知晓当时的将军是根据正确或错误的信息来制定他们的决策而变得有趣，那么，为什么他就不能看到一项科学工作的历史会因知悉该项工作是否建立在正确或错误的数据或计算结果的基础之上而变得有趣呢？

从军事史和科学史的类比中，我发现柯林斯的评论是富有启发性的。我并不打算就他区分这两种历史而与他争论。按照他这种区分，仗一打完，"权威中心"就从将军那里转到了历史学家那里，而科学发现完成之后，权威的中心仍留在科学家那里。我怀疑这样做只会使人更难弄清职业科学史家的职责应该是什么。或许，科学家讲述的历史如同将军讲述的历史一样，是为自己服务的。但是，即使利用现在的科学知识会危及历史学家的饭碗，我们在探讨过去时也决没有理由不去利用我们现在所掌握的全部信息。

34　超越社会建构

肯尼思·G·威尔逊　康斯坦丝·K·巴斯基

在第三轮中，我们的第一个主题是回应平奇对我们第一轮文章的评论。 我们的第二个主题是，我们认为其他作者正在进行的争论的核心是什么以及我们对这场争论的看法。

在本书我们的第一篇文章[11]中，我们认为观察和预测行星运动的精度不断增加给社会学家出了一个难题。 我们曾说，如果把得出的那些观察与预测结果归结为设备复杂性的持续增加，他们将发现几个世纪以来的精度不断增加是不可理解的。 按照许多社会学家的预期，设备失灵（如导致哈勃望远镜最初缺陷的那些设备失灵）应该普遍存在，不应该出现那些已报道的不断增加的精度。

在对我们的回应中，平奇[21]认为米洛夫斯基已经表达了我们的担心，但这是在基本物理学常数的与境中（Mirowski 1994）。 包括电子电荷在内的这些物理常数的精度据称在上个世纪不断提高。 夏平[8]引用（米洛夫斯基也引用了）的一本佩特里（Petley 1985）的书详细讨论了基本常数的精度。 遗憾的是，对于**随着时间的推移**，物理学家关于这些常数值的精度不断增加的论点，米洛夫斯基既没有提到也没有评论。

佩特里报告的一个有用的分析，是计算 1929 年、1948 年和 1963 年报告的基本物理常数值的误差。佩特里把这些结果与 1973 年得到的被认为可靠性大为提高的结果进行比较，以确定误差的大小。比较的结果显示，1963 年和更早测定的误差比它们各自当时宣称的误差大得多。1929 年有两个数值的误差是它们当时宣称的误差的 7 倍，而 1963 年这两个数值的误差是它们宣称的误差的 5 倍。这些差异使佩特里急切希望对被低估的误差进行更深入的研究。然而，他没有提及我们在文章中讨论的那种可能的社会学后果。米洛夫斯基也没有讨论那些后果。

林奇的文章[4]倒是提出了更接近我们所讨论的那类问题，但是林奇关注的是空中运输系统，而不是产生基本物理常数的持续改进的组织系统。就我们所知，对越来越精确的物理测量中被低估的误差可能具有的社会学意义这一问题的研究基本仍是空白。

所有科学结果中，仅有极小一部分达到了测定行星运动的精度，或现在所公布的物理学基本常数的精度。在这两种情况中，报告的精度有时小于百万分之一。这意味着，即使实际误差是所公布的误差的 100 倍或 1000 倍，其结果在绝对意义上仍具有惊人的精度。此外，在成千上万次应用中，基本常数的任何真实的较大误差应该很容易被看出来，因为这些应用现在在某种程度上要求基本常数表达到相当精确的水平。

相反，对于更新的、仅仅被重复过一次或根本未被重复过的测定，比公布的误差大 7 倍的真实误差可能具有严重得多的影响。我们认为在那样的情况下，对该项研究继续进行更加仔细的重复不仅是下一步应该做的工作，而且对于阐明事实也具有根本的重要性。

我们曾将注意力集中在经过连续改进以获得非常精确的测量结果的例子上。我们相信，对那些改进过程进行仔细分析，能够给出关于科学误差被低估的范围及其原因的更好理解。这种认识有助于其他行业的人对科学家的主张作出判断，不论精确与否。我们还认为，更好地理解科学中的持续改进过程，对区分科学与伪科学的努力是有益的。这一过程是科学的特征，不是任何伪科学的特征。但我们强调，关于科学中任何一方面的持续改进过程的本质和结果，其实际研究似乎仍是一片空白。因而，我们第一轮文章的主要目的是呼吁人们认识到这一过程需要更多的研究，并急切希望社会学家和科学家进行合作，以推进这项研究。总体来看，我们的文章几乎没有得到本书其他作者的回应。我们认为其原因是，我们关注的问题与其他作者所关注的问题相比过于细小了。

现在我们转向第二个主题：概要说明我们认为其他作者讨论的"科学大战"的核心问题，并说明我们在这个问题上的立场。我们认为问题的核心是，许多哲学家和社会学家要求"真理"和"实在"是精确的。对他们来说，"真理"不能有误差的瑕疵，"实在"不能沾有任何不确定性的残渣。但只要精确性的要求被强加到"真理"和"实在"这些词上，它们就不再神秘。我们认为，它们过去一直是神秘的并且将来仍然是不可知的。

温伯格已经给出了我们能够想像的最乐观的图景去接近（而不是达到）关于自然的精确真理。为了详细论述它，让我们想像温伯格认为可能发生的事情[9]的确发生了。假定未来的科学家提出了"万物至理"，在其他成就之中包括对基本物理学常数值的潜在精确预测。然后，想像几个世纪之后，这些常数的测定值越来越接近于理论预测，因为这些测定值和理论计算值的误差都越来越小。遗憾的是，仍不可能断言在更高精度的层次上不会出现不可避免的反常现象。这类事情的一个先例是，牛顿定律刚被发现时无法用来解释水星近日点的微小反常现象。

我们认为，我们的结论也适用于许多科学家认为已经很精确的结果。一个例子是认为所有的电子具有完全相同的质量。佩特里已经指出，提出这个主张是"一个信念之举"，如夏平的文章所引述的那样。如果该主张断言的是精确的同一性，我们赞成它是一个信念之举。我们的论据是，如果关于电子质量的更精确的测定结果开始出现多样化的值，并且这些测定的后续和更精确的重复建立起无可争辩的取值范围，毋庸置疑，科学家将默许这些值并尝试理解它们。

库恩(Kuhn 1996)的一个令人惊异的主张是：当面对像电子质量的微小变化那样看起来难以理解的反常时，科学家发现提出一个初始的、尝试性的解释相当容易。假如那样的值会在将来的实验中被发现，能够解释电子质量在小范围内的多样化值的第一个假说可能是什么？

我们认为，一个可能的假说是，有一种新的具有质量和带电荷的基本粒子，它小到在现在的实验中几乎不可能产生或显现出来。然而，当这些新型粒子存在时，它们能够和电子形成结合态，因而其质量和电荷与单个电子有微小差异。通过假定偏离常态的电子处在和一个或多个新型基本粒子形成的结合态，反常的实验将得到尝试性的说明。这种结合态非常稀少，以至于在反常现象被认识以前没有被看到（或许未被作为反常现象认识到）。

这个例子说明，科学家在面对反常现象时提出一个初始假说有时可能是容易的。然而，要获得一个解释并且能经受住不断改进的测定的检验则困难得多。量子力学和当前的夸克理论是两个花费了大量时间和精力去发展的假说的例子。但我们认为库恩可能是对的：他认为最初的假说往往比人们想像的更易于提出。

作为对我们讨论的第二个主题的总结，我们引述由科学家撰写的极少数有实用价值的几部书之一的一段话，来帮助科学家处理科学研究中的实在性问题（Wilson 1990）。作者小埃德加·B·威尔逊（Edgar B. Wilson Jr.）不是社会学家，但他很清楚有一些非同寻常的困难，它们能够导致即便设计得非常合理的实验也被迫中断。他清楚地阐明，在科学研究的实践中，障碍和犯错是不可避免的，而且获得可靠的科学知识不是件容易的事。我们把下面的引文作为夏平提供的清单的补充：

> 最后，人们很可能会说，没有任何普遍结论是完全正确的，几乎没有任何以大量数据为基础的普遍结论是完全错误的……太阳每天升起的现象千万次地重复着，对这些观察结果有着根据充分的理论解释，但这些事实也不能排除万一出现例外的可能性。有那么一天太阳不会升起似乎是确定无疑的。当面对长期确立起来的普遍法则失效时，哲学家认为科学家应该会感到懊恼，但科学家通常不会。他们（调整理论）继续作出新的预测，就像旧的理论没有垮掉一样。（160 页）

我们回到第一个主题以结束本文。我们曾关注了科学中不断改进的过程，把它看作科学测定的精度不断提高的驱动力，因为我们相信它产生的结果具有实践上的和根本的重要性。这个过程尽管不是没有误差，但许多不同的文化用它服务于许多不同的目的，只要其误差相对于其测量精度来说不算什么。 同时，更多的科学结果仍必须从多次的连续改进中获益，而对任何试图使用它们的文化来说，这些结果都是成问题的。 来自自然科学的许多结果属于后一类；许多来自社会科学的结果也属于后一类。 我们认为，对科学中不断改进的本质进行研究，将有益于自然科学和社会科学的未来利用者。

35　结语

　　本书的目的是在从前的对手之间展示一种新的争论风格——对所争论的问题进行深入和细致的评价，求大同而存小异，把无结果的对立转变成富有建设性的不同意见——从而使这场争论超越科学大战。我们相信我们已经达到了这一目标。在结语这一章中，我们想把这场经过多个回合的争论所达成的最清楚的一致意见和仍然存在的分歧作一下总结。对于后一类问题，我们已经将其作为"悬而未决的问题"留待将来重新讨论。我们认为，这些分歧除了使将来的争论更加尖锐之外，它们实际上为大学中的研讨班和类似的场合提供了相当好的主题。最后，对于我们在本次讨论中进行过激烈争论的那些问题的广泛意义，我们将进行一些思考。

　　让我们首先从达成的共识开始。本书的作者们似乎一致认为，科学论对科学的旨趣**没有**敌意，既不是它要处心积虑地反对科学，也不是它无意中的副产品要反对科学。在第一回合立论性文章中的几篇，特别是夏平[8]、平奇[2]和拉宾格尔[13]的文章，详细地说明了

　│一种文化？│

关于诋毁科学或反科学的指责以及对这些指责的反驳；迪尔聪明地使用了一个新词"知识绘图学"[10]，将这种态度用一个词进行了概括；一方面，索尔森[6]报道说至少有一位被作为案例研究对象并且从事具体研究工作的科学家没有感觉到是在遭受攻击，另一方面，格雷戈里和史蒂夫·米勒[5]认为从公众的观点来看这也不成为问题。没有任何回应与这种观点相冲突，并且至少有一篇回应文章——布里克蒙和索卡尔的文章[14]——明确地赞同了这种观点。

第二个一致性的观点是，在这场科学大战的整个过程中，误解和误读扮演了一个重要的角色。这是默明的两篇文章[7,30]的中心论点，各轮中的许多文章也重复了这一主题。的确，在本次讨论**中**，对于被误解的关注一直持续到最后一轮，这表明要解决这个问题是多么困难——或许仍未得到彻底解决。把仍然存在的以及继续发生着的误解作为达成的一个共识似乎有点奇怪——但是，它使我们认识到，我们离科学大战高峰期的宣战式宣言已经很远！在那些事件中，反对的一方甚至很少考虑这样的可能性，即他们的叙述（常常是简化了的）很可能歪曲了对方的论点。

第三个共识是，科学论是令人感兴趣的，并且可能是有益的研究领域。但是，在这方面所达成的共识还不是很清楚：关于这些研究究竟**有什么**用途的具体问题仍然是争论的焦点。总的说来，所有的学者似乎都同意，对科学与社会的交界面进行研究是很重要的，尽管有几位科学家还希望看到人们对改进科学的内部运作方式予以更多关注。无论是温伯格[9]还是威尔逊和巴斯基[11,34]，都注意到（不赞成）源自库恩的这种论点，即科学进步是虚幻的。他们盼望出现针对理解科学进步意味着什么，以及科学知识是如何获得的这些方面的研究成果。平奇认为库恩对当代科学论研究实践的影响很可能被过高估计了[21]；他的第一篇文章[2]对科学论中某些思想的来源进行了有益的讨论。

现在转向分歧方面。在意见分歧方面，最深层的问题是哲学上的和方法论上的问题。没有任何一位社会学家从这样的信念出发，即在进行研究的过程中，他们在对待科学"事实"这一问题上必须坚定地坚持不可知论的立场。参与讨论的所有科学家至少在**某种**程度上表达了他们对于社会学家认同方法论相对主义的关注，他们担心已有研究的某些方面——很可能是令他们感兴趣的那些——不能在这样一种框架内得到说明。对于布里克蒙和索卡尔来说，这是一个**关键**的问题：一种纯粹的方法论形式的相对主义是否可能存在，或者相反，在那里是否是暗示着对哲学相对主义的认同。从他们两人以及柯林斯的全部三个回合的文章中，人们不难发现这种争论思路。而且，至少他们每个人几乎都在回应文章中提到了这个问题。哲学问题也成了第一回合中其他立论性文章的重要组成部分，特别是温伯格[9]、林奇[4]和迪尔[10]的立论性的文章。

有趣的是，一种显而易见和看似有道理的解决这种冲突的办法——只是将哲学上的分歧放在一边，继续这项工作——似乎不会得到普遍接受，至少还没有被普遍接受。的确，在第二回合和第三回合中的许多文章对于过分的一致感到担心，认为求大同存小异可能是有益的，对这些分歧进行研究仍会取得进展。例如，在布里克蒙和索卡尔第三回合的文章中[25，特别参见注释9]，他们认为除非能够独立地评价科学证据，否则社会学家应该避免研究案例。当我们将本章的结语定稿时，我们为了试图说明这一点甚至与这些作者又通过电子邮件多次交换了意见。为了说明分歧所具有的有效作用，详细地讨论这一问题也许是值得的。

发生在我们之间的最大误解——我们在这里把它列出来以利于其他人避免犯同样的错误——是布里克蒙和索卡尔极力将当代的争论排除在社会学家的研究范围之外。这似乎是从社会学家的观点推论出来的，因为他们认为在当代的争论中根本不存在对科学证据的明确的和独立的评价；科学家自己对科学争论的定义也存在着不同意见。然而，这两位作者使我们相信他们要说的——他们反对方法论相对主义的一个必然结果——是科学家的信念是由不同比例的科学因素和社会因素构成的。有时，解释一个信念仅仅通过审查社会因素可能是一个非常好的解释。但在另外的时候，当科学方面的因素是主要方面时，社会学家必须确保他们以科学因素来表达这些"因子"，以免赋予社会因素过高的地位。并且，当对科学因素的正当评价不确定时，社会学的结论也将会相应地变得不确定。

社会学家可能会反驳说难题仍然存在。根据这种模型来研究当代的争论，必须作出两项判断：在信念形成的过程中，科学因素与社会因素中哪个方面相对更重要一些；如果科学因素得到了更高的重视，它如何才能得到正当的评价呢？假如科学家之间存在意见分歧，人们很难想像如何能够完成任何一项评价工作。

然而，在为澄清这些问题而通过电子邮件所进行的多次意见交换中，布里克蒙和索卡尔提出了另一个论点。他们不反对避开"辉格史"的研究——对于所研究的事件来说，科学结论的内涵延伸到后来的发展——但是，他们把这种研究与他们认为是方法论相对主义的东西区分开来，因为在方法论相对主义的框架下，原则上对纯粹科学推理的(甚至同时代的)所有评价都不允许进入到因果关系中。在这里，如果说我们没有发现在研究科学知识的方法论方面意见趋同的话，我们可能实际上发现了在科学分析的政策影响方面**意见趋同**。

一些社会学家，当然还有大多数科学家，即使在政治与技术的争论上也要坚持科学对决策的影响。例如在全球变暖和转基因食品问题上，(几乎)所有的人都认为这方面的科学太不成熟，不能提供确定性的答案。伴随我们成长起来的这种过于严格的科学模型暗示着，如果科学不能提供确定性，它就不能提供任何东西。对于那些对科学知识进行反思的人来说，他们的问题是要说明为什么会这样，也就是说，即使当科学可能是不确定的时候，它仍然能提供许多有用的东西。

尽管对这方面进行更详细的分析非常重要，但是我们不得不点到为止。我们在这里试图做的是，把人们对这场争论状态的关注带回到对这类研究的重要性给予适当的关注上来，并且说明通过对具体的意见分歧进行更深入的探讨如何可能达成某种意想不到的共识——在这方面，我们概括出了有关政策影响的两种观点。我们期望，如果这场争论以我们希望得到鼓励的方式继续发展下去，这些转向将会是普遍的。

这就促使我们最终列出一份我们在前面提到的"悬而未决的问题"清单，以备进一步讨论或争论。

1. 当科学史家分析科学的历史片断时，他们应该总是、有时或从不考虑当代的科学知识吗？

2. 社会学家能否以及是否应该研究悬而未决的科学争论？如果回答是肯定的，那么，与研究那些在科学问题上已经达成共识的科学争论相比，研究悬而未决的科学争论是否有缺陷？对于悬而未决的科学争论进行研究重要吗？

3. 什么是"哲学相对主义"？什么是"方法论相对主义"？方法论相对主义能否独立存在，或者说它是否不可避免地与哲学相对主义相联系？将方法论相对主义当作一种方法能否被证明是合理的？

4. 哲学和观察哪个在先？换句话说，如果一个纯经验性的学科建立在一个有缺陷的哲学的基础上，那么，这个学科及其所有的发现能否被宣布为无效？在进行经验研究之前是否一定要解决哲学问题？

5. 科学论以什么方式（如果有任何方式的话）超越作为一个纯学术领域的角色而具有潜在的实用价值？它是为整个社会服务吗？它是为从事具体研究的科学家服务吗？科学知识社会学对政策的影响是什么？

6. 科学家与科学论研究者之间继续存在的分歧，是由于经过更大的努力可以消除的误解产生的，还是由语言和世界观上的明显不同造成的？

最后，为什么所有这些都是重要的？尽管本书的编者希望其他作者能够找到他们赞同的许多东西，但是，我们将在这里谈一下我们自己的观点。我们认为科学是一种获得了巨大成功的理解世界的方式，而不是一个完善的“世界观”。我们坚信科学是迄今为止解决许许多多问题的最好方式——但是，这些问题并非所有的问题，并且也不一定是最重要的问题。当科学被当作一种对我们世界的完善描述呈现在人们面前的时候，我们感到忧虑，因为这用尽了所有其他看待事物的方式——艺术的、宗教的、想像的、社会科学的或任何其他方式——所占据的空间。我们不认为世界可以按照这种方式被“简化”。

我们如何处理这些重大问题——没有科学不能解决，但是在给定的有限时间和资源的情况下，科学很可能也没有能力彻底解决的问题——诸如全球变暖，转基因食品的安全性，吃了英国牛肉是否会得疯牛病，等等。无论人们在关于什么构成了科学"事实"这一问题上持何种观点，非常清楚的是，在科学事实得以确立之前的很长时间，人们往往必须作出政治上的决定。出于这一原因，我们认为，对于普通民众来说，重要的是理解有关获得科学知识的过程方面的某些东西，以便他们也能理解我们在制订完善的技术性政策中需要知道但往往不知道的大多数知识。一般公众需要认识到，当科学处于形成阶段或当科学提出难度过大而无法回答的问题时，科学总是会犯错误的。这些错误不一定是由科学家的无能或不负责任带来的，而是由科学本身所固有的不确定性（inherent uncertainty of science）造成的结果。在关于自然界方面，科学家一直是最重要的专家，但是专家往往只能给出最好的、最有用的建议，而不是真理。然而，那些最有利于发展的建议仍然是决策过程中非常重要的因素。

对科学家来说也有一个沉痛的教训。对于按照科学的"教科书模型"接受训练的科学家来说（几乎包括他们中的所有人），把那些困难的问题分解成核心的、精确的、科学的部分和杂乱的、不精确的、社会政治的部分是极具诱惑力的。我们认为这样划分是不可能的，更是不可取的。在这方面，或许科学论能为科学家提供的最重要的信息是"陌生化"——从文学理论家那里借来的词——使其思想偏离墨守陈规的标准思维，哪怕只是一会儿。（详见柯林斯［12］和迪尔［27］的文章。）

这就是我们认为本书很重要的原因：这个世界需要对科学进行负责任的批评。我们需要超越科学的教科书模型；科学的不完善及其适用范围需要人们进行解释和探索。我们需要这类批评，它能引导我们理解科学的专家意见如何能够和必须继续为我们生活的世界作贡献。但是，我们必须接受，在大多数技术决策领域，科学不能担当起在我们所获得的回报和忍受的风险之间选择某种特定平衡的全部责任，而只能为人们作出这类决策提供帮助。 为了进行这种批评和分析，科学家和其他人必须相互对话。 不管是从实际角度还是从比喻的角度讲，如今我们每个人都在消费科学产品，因而需要对科学树立更加务实的看法。 科学大战使科学与各种外部批评发生对立，不利于这种看法的确立。 论战使双方都产生了极端行为，并且危及我们所需要的那种科学和我们所需要的那种科学论。

注　　释

序

1　出版社的一位审稿人对本书的编者成功地使所有作者的写作风格达到要求
表示赞赏。尽管我们乐意接受称赞，但实际上我们在这方面没有做多少
工作；除了极个别例外，这些文章与作者送给我们时一模一样。

2　最有争议的问题——谁的名字应该放在前面——在一种非常复杂的决策技
术(一个电子邮件版本的石头、剪刀和布)陷入僵局之后，最终通过掷硬币
得到解决。

第 1 章

1　可能是费恩曼首先这样说的。

2　例如，他们出现在《科学》杂志的编委会中。

3　在该书的序言中，库恩提到了一本对他产生影响的书：1930 年代初版于
德国的弗莱克(Ludwik Fleck)的《科学事实的产生与发展》(*Genesis and
Development of a Scientific Fact*，1979)。弗莱克的书直到 1970 年代才在

英语世界广为人知，但就其内容而非直接影响而言，此书才是科学知识社会学的真正始祖。

第 2 章

1　当然，图灵和维特根斯坦还都是同性恋者，但它与这场争论有什么关系还说不清楚。

2　芒克(在私下通信中)指出，维特根斯坦不仅试图纠正数学的哲学要求，而且事实上要改变纯数学的一些部分。就这一点而言，维特根斯坦是比大多数从事科学知识社会学研究的人更为激进的哲学怀疑论者。至于维特根斯坦的目的究竟是什么，这是一个有争议的问题。我所认定的对维特根斯坦论科学和数学的解读来自布鲁尔，他认为数学和科学两者都是生活的形式，而且诸如学会遵守规则和解决问题的关键行为应被当作社会问题来对待。例如，可参见 Bloor 1973 和 1983。把维特根斯坦的思想拓展到科学社会学研究的另一种做法，见 Collins and Pinch 1982。

3　造成这种小看的部分原因是把复杂的智识立场贴上"科学论取向"或"后现代科学"的标签。值得指出的是，对科学有许多哲学怀疑的方式，而且如上所述，怀疑的程度也各不相同。而且还有走向这些立场的不同途径，在持有这些立场的人中间也有不同观点、细节差异。

4　一些自然科学家已经发表文章，攻击科学论或其某些方面。名头最大的是 Gross and Levitt 1994。对格罗斯和莱维特的书中极端的错误的反击，见 Hart 1996。在科学大战中更同情科学论的文章，见 Labinger 1997。

5　对称原则的方法论性质，在 Pinch 1984 中有所讨论。

6　但是问题在这里再次变得更为复杂。设想的读者群与实际的读者群不一定一致。就像《勾勒姆》一书，它基本上是被本科生购去用于科学论导论课程，而不是被一般大众购买。

7 或如妙语所言："牛还是不牛——这是问题所在。"*

8 这种过程的一个引人注目的例子发生在坎伯兰人的牧羊社群。在牧人们发现科学家所说的切尔诺贝利核泄漏只存在短期影响的说法是错误的之后，牧人们转向了一种认为科学是政治把戏的愤世看法。关于这点，见Wynne 1996。

9 柯林斯还把默会知识的说法放入了新维特根斯坦论的"生活方式"框架之中。"生活方式"的思想在 Collins and Pinch 1982 中有进一步的论述。

10 例如参见，Collins 1975，Collins and Pinch 1982，Collins 1981c，Rudwick 1985，Shapin and Schaffer 1985，Pickering 1984，Pinch 1986，以及 Collins 1992。

11 关于幽默在结束冷聚变论战中发挥的作用，见 Pinch 1995。

12 这一点在 Shapin 1994 中有详细的讨论和叙述。

13 另一个试图调和科学与科学论双边关系的重要尝试是普洛特尼茨基的大胆举措，他试图证明像索卡尔这样的物理学家对德里达的一些说法的理解实际上是错误的（Plotnitsky 1997）。

14 例如，南安普敦科学和平研讨会把科学家和科学论学者召集到一起，进行了3天斯文的辩论。还有，在《科学的社会研究》1999年4月号上针对《沙滩上的房子》（Koertge 1988）中的一些文章的辩论，其语调相当平和，令人鼓舞。

第3章

1 有两点需要说明：第一，这一论断是柯林斯基于相对主义方法的一系列研究著作（由他主编）的导论的一部分，因而构成了他对这种研究方法的概

---

* 原文是 "To Beef or Not to Beef — That Is the Question" 这是巧改莎士比亚 "To Be or Not to Be— That Is the Question" 而来。 ——译者

述；他不**明**说支持这一观点，但这从上下文来看是明摆着的。第二，尽管柯林斯好像是要把这一论断视作关于科学史的经验性的论断，但事实可能是他既不视之为经验性的论断，也不视之为规范性的认识论原理，而是视之为对科学社会学家们所作的方法论训谕：也就是说，要他们如此行事，**好像**"自然世界在科学知识的建构中很少起作用或不起作用"，换句话说，要他们对自然世界实际在科学知识的建构中起的不管什么作用**视而不见**（"排除"）。 我们将在下面的第3.2节指出，要**作为**科学社会学家们采用的**方法论**，这种研究方法是很成问题的。

2　详细的讨论见 Sokal and Bricmont 1998，第4章。

3　尽管故意讽刺看起来像是叫阵的伎俩，我们要强调的是，使用这一手段的目的是强行推出被压制的公允争论。

4　见 Sokal 1998 和 Bricmont 2001。相关论述见 Nagel 1997，Haack 1998，和 Kitcher 1998。

5　对科学论中近来出现的若干倾向的分析批判，见 Gingras 1995。

6　一个涉及美洲原住民来源的例子，见于 Sokal and Bricmont 1998 后记，以及 Boghossian 1998。

7　我们重申，我们不知道这些极端论点有多少市场，但仅存在本身就已经够怪的了。

8　极怪的文字论述，还见于拉图尔关于法老拉美西斯二世（Ramses II）死因的讨论（Latour 1998）；有关批评见 Sokal and Bricmont 1998，注123。

9　这里我们只讨论那些对科学理论或方法论的具体内容的质疑。 还有其他类型的重要批评，质疑科学知识的应用（如技术）或科学共同体的社会结构。

10　当然，我们不是说科学史的**唯一**（或者主要）目的是为躬行科学家服务。很明显，科学史有其本身的价值，对人类社会与思想史是一种贡献。 但是在我们看来，如果科学史做得好，也能为躬行科学家服务。

11 相对主义者喜好的另一策略是，不通过论证，而是仅仅通过故意使用含混的术语，把事实与我们关于事实的知识混为一谈。在 Sokal and Bricmont 1998，第 4 章可以找到库恩、巴恩斯—布鲁尔、拉图尔和富雷(Fourez)等人的著作中的例子。

12 我们甚至不会称之为"理论"，而是把它视为一种**前提条件**，它使得关于世界的论断是**可理解的**。

13 常被称作迪昂—奎因命题。下文我们将提到奎因的说法(Quine 1980)，比迪昂的说法更极端。

14 尤其是"相容"这一词的意义。更详细的讨论又见于 Laudan 1990b。

15 当然，最后这一种情况同前面两种有所不同，在现实中**确实**常有发生。但发生与否取决于特殊的案例，而不完全决定论是一种**一般性**原理，适用于所有情况。

16 在奎因提出不完全决定论的现代说法的那篇著名论文中，为了说明任何陈述不管怎样都可被认为是真的，他不惜篡改语词的意义和逻辑规则(Quine 1980)。

17 或者像物理学家默明那样称它们为"迪昂—奎因怪论"(Mermin 1998a)。

18 也可参见内格尔(Thomas Nagel 1997, 28—30)和阿尔伯特(Michael Albert 1998)的批判。而有关皮尔斯(C. S. Peirce)和罗蒂提出的两种大不相同的"实用主义"哲学的饶有趣味的比较，见 Haack 1997。

19 对此的批判，见 Sokal and Bricmont 1998，第 4 章。

20 问"真理"指什么的人与想知道章鱼是什么或者色诺芬(Xenophon)是谁的人相比，其见解毕竟不可同日而语。

21 一个类似的提法，见罗素对詹姆斯(William James)和杜威实用主义的批判(Russell 1961, 第 24 和 25 章，特别是第 779 页)。

22 例如，休谟(Hume [1748] 1988, 第 10 节)举了一个例子，说一个印度人颇合情理地拒绝相信水在冬天会变成固体。(水在冰点时突然固化，所以生活在温暖气候中的人确实很难相信水会结冰。）这表明，从现有证据按理性推出的不一定产生正确的结论。

23 McGinn 1993，第 7 章提出了一个有趣的见解，说要理解我们自己产生知识的机制根本就不是我们的有限心智在生物学意义上所能做到的。

24 对物理学中引入的不可观测实体以及相关的实在论者与工具论者之间的争论，要作一些说明以防产生误解。更详细的讨论见于 Bricmont 2001。然而要注意，尽管相对主义者在遇到挑战时会倒向工具论，两者之间还是有很大的差别。工具论者可能会宣称，要么我们没有办法知道"不可观测"理论实体是否真的存在，要么我们只能用可测量来定义它们的意义；但这并不意味着他们认为这些实体是"主观的"，即它们的意义会大大地受到科学之外的因素的影响（如科学家个人的性格或者其所属群体的社会特征）。实际上，工具论者会理所当然地认为科学理论是在生物学上有固有局限的人类心智认识世界所能达到的最佳方式。

25 我们只考虑对事实的陈述中的相对主义（即关于存在的或据称是存在的事物），而不考虑伦理或美学中的相对主义。

26 有关对库恩、费耶阿本德、巴恩斯—布鲁尔和富雷的引用及附带的更详细讨论，见 Sokal and Bricmont 1998，第 4 章。

27 有关对强纲领的批判，见 Laudan 1981，1990a，Slezak 1994a，1994b，以及 Kitcher 1998。特别注意一下基切尔关于"科学论四个教条"的批评（38—45），这同我们的批评非常相似。

28 类似的讨论见 Gross and Levitt 1994，第 57—58 页。当然，即使是通常的感知，它在某种程度上也是"社会的"。例如，有些人为了看清事物而需要戴眼镜，这是社会产生的。在更为根本的意义上，人们用语词表达感知，其意义在一定程度上是受其使用的环境因素影响的。有时相对主义者坚持说他们也是在这同样较弱的意义上说科学是"社会的"，但这在我们看来是大大冲淡了"对称"命题。实际上，当对感知进行科学探讨时，在幻觉与正确的感知之间就没有任何意义上的"对称性"。而这二者的差别事关世界究竟是什么，所以只有后者才能部分地导致正确的感知。

29 柯林斯关于这一命题的明确论断，见注1。

30 例如，见 Brunet [1931] 1970 和 Dobbs and Jacob 1995。

31 或者更确切地说：有大量的非常令人信服的天文证据支持行星和彗星确实如牛顿力学所预测的那样在运动（以极高的近似度，尽管不是非常精确）；而**如果**这个信念是正确的，那正是这种运动的事实（而不仅仅是我们对此持有的信念）构成了解释的一部分，即解释为什么18世纪科学共同体转而相信牛顿力学是真的。

32 当然，我们可以说科学的兴起是与资产阶级的兴起相连的（尽管两者的关联就算有也不清楚）；我们甚至可以说"机械论世界观"是与资产阶级伦理相关的。但是，这样的议论不能被延伸到对像平方反比定律这种具体的经验性的论断。

33 当然，人们还有另外的疑虑：有没有人提出过经过证实的社会学或心理学理论，从中可以导出对**某个**信念体系（甚至迷信体系）的因果说明和解释？

34 让我们简单提一下，引文中的最后一句没错："判决性实验"的提法，如一些科学哲学家所用，过分简化了支持某一已经得到很好证实的科学理论的相互联系着的复杂证据体系。物理学家默明在他对柯林斯和平奇提出的相对主义解释的出色批判中，就正确地承认，科学家们所讲的过分简化了的历史，如在教科书中那样，有时确实犯了这种错误（Mermin 1996a，1996b，1996c，1997）。可是，实验和观测，**作为整体**，确实是判决性的，因为没有其他方式可以获得外部世界的可靠知识。

35 为了避免误解，让我们强调一下，这意思不是指自然科学家比社会科学家或历史学家更聪明，而只不过是他们研究的问题更容易。

36 同样，Barnes，Bloor，and Henry 1996 中关于"证明与不证自明"的章节也是怪不可言。这些作者试图驳斥这样的主张，即认为有些信念如2＋2＝4或逻辑推理法，是显而易见的，不需要社会学上的解释。但是他们的论证最多表明这些信念不如表面上看起来那样不证自明（例如，或因为算术陈述在数学哲学中可以有许多不同的理解，或因为逻辑推理法只适用于理想的、准确的命题，而不适用于含有定义不清的词如"堆"的命题）。但这种回答错失了明显的一点，即所有人，不管是物理学家、社会学家还是管道工，在实践中除了运用算术和逻辑之外，别无可靠的方法。而对这样基本的命题寻求社会学的解释必然是本末倒置。巴恩斯、布鲁尔和亨利真的认为他们的理论比2＋2＝4或逻辑推理法更可靠吗？关于这些论点的更细致的介绍见 Nagel 1997，而另一个批判见于 Mermin 1998a。

37 为简明起见，我们这里撇开布鲁尔的第4条原则（"自反性"）不议。实际上，在我们看来，如果社会学家在论述中不考虑那些表明其信念比其批判者的信念更好或更客观的证据，而试图解释他们为什么坚持其信念，那我们只能从错误走向荒唐。注意，柯林斯（Collins 1992，188）与此不同地提出，"科学知识社会学家要发现（或者说帮助建构）世界中的新事物，就必须分门别类；他们不能把他们的方法用于自身。"这可以使他避免自相矛盾，但人们为什么要接受他定的规矩？更详细的讨论见于 Friedman 1998。

38 据称是法国科学家宾文尼斯特发现的效应，如果是真的话，就会在理论上支持顺势疗法（Davenas et al. 1998）。关于这件事的批评分析，见 Maddox，Randi，and Stewart 1988，而有关更详细的讨论，见 Broch 1992。

39 正如休谟所指出的，一个印度居民不相信水在冬天会变成固体甚至也是合乎理性的，见注22。

40 与此不同，例如，表明高温下有超导性的实验在数周内就在全世界被重复出来了。

41 关于"火星效应"一个批判性的详细事实分析，也见于 Benski et al. 1996。

42 一个有意思的构想，见 Nanda 1997，79—80。一个不同的（但不是不相容的）构想，见 Gross and Levitt 1994，74，82—88，217—233。这两个构想都值得思想史学家进行认真的经验研究。

第 4 章

1 有关"科学大战"这个词的有趣来源，参见 Labinger 1997，203。从卢卡斯（George Lucas）的《星球大战》（Star Wars）系列可以看出为什么"科学大战"用复数形式而不用单数形式。更直接地，可以参照"文化大战"：有关大学"名著"课程和博物馆展览的一系列争论。

2 道金斯（Dawkins 1998，141）过分自信地把索卡尔和布里克蒙（Sokal and Bricmont 1998）的标题中"欺骗"（impostures）这个模糊的词与"冒牌货"（impostors）这一更熟悉的词等同起来。

3 可以说我代表这些被指责的江湖骗子，因为邦奇（Mario Bunge 1996，100）对我的一篇文章（Lynch 1988）进行了一个简单、粗暴和不准确的评述。

4 我感谢埃奇（David Edge）寄给我这篇社论的复印件以及其他许多通俗读物和科学报刊上的有关文章。

第 7 章

1 平奇是我在康奈尔大学的一位同事，他的办公室与我的办公室碰巧在同一幢大楼；我也与柯林斯在伊萨卡、圣克鲁兹、南安普敦和巴思进行了深入的交谈。

2 大多数物理学家在这种情况下会使用诸如"证实"（confirmed）这样的词，

而把更强的词"证明"（proved）留给物理学论证中的纯数学推理结果。 但是，即使用"证实"来代替"证明"，这种模糊性仍存在。

3 哈里、特雷弗：那种改变并没有出现在第二版中。 或许会出现在第三版中？

4 在这一时期认真对待广义相对论的基础上，柯林斯和平奇得出结论，认为他们的故事的说服力是相当弱的。 的确，存在着竞争的引力理论。

5 在第二版中，删除了"间接地"一词，这在正确的方向上迈出了一步。

6 如下所述，关于我对他的教科书的批评，巴恩斯（Barnes 1998）有类似的回应。

7 在通过 e-mail 几次交换意见的过程中，柯林斯和我逐渐认识到，在使用"我们的知识"时，我总是想着集体知识，而他则总是考虑任何给定个体的知识。 认识到这一点可以消除许多不必要的误解。

8 下面我将回到我为什么进行这种评论的问题上来。

第 8 章

1 我在这个领域的一些著作包括 Shapin and Schaffer 1985， Shapin 1994，1995a， 1995b， 1999 ， 以及即将出版的著作。

2 由科学家表达这类情绪的著名书籍，最近出版的有：Wolpert 1992， Gross and Levitt 1994， Gross， Levitt， and Lewis 1996， Sokal and Bricmont 1998， 以及 Weinberg 1995， 1998。

3 我写完这篇文章之后，偶然看到了由以色列物理学史家贝勒进行的一项大范围的、有说服力的类似观察（Beller 1998；也可参见 Beller 1997），尽管她的主要注意力集中在 20 世纪量子物理学家身上。

4 科学社会学家，特别是遭到温伯格和其他人批评的爱丁堡派的那些学者，一再强调人们**并未**把科学知识的社会因素与用言语表达的自然实在的因果关系对立起来：人们可以把社会因素理解成，为了获得某种被认可的经验以及为了以语言形式表达这种经验的一种条件。参见 Bloor 1991："没有任何一种自洽的社会学曾把知识表述为一种与我们关于周围物质世界的经验没有联系的幻想。"（33 页）以及 Barnes 1977："的确存在着一个世界，一个'外在'的实在，它是我们全部感知的源泉"（25—26 页）；还可以参见 Barnes 1992。为什么这些科学捍卫者对这些眼前的事实视而不见，我没有非常令人满意的答案。

5 写到这里，我才明白罗蒂的类似观点，但是，他对温伯格论点所带来的困惑给出了更严格的表述（Rorty 1997）。

6 在有关科学是否行将终结这一问题上，科学家之间的争论现在甚至出现在《纽约时报》上：参见霍根（John Horgan）和马多克斯（Maddox 1998）。争论的有关论点，参见 Weinberg 1992；Horgan 1996；Horgan and Maddox 1998；以及 Stent 1969。有关"科学终结论"周期性出现的历史评论，参见 Schaffer 1991。有关我自己卷入的关于科学家对真理的理解意味着什么的争论，参见 Shapin 1999 及即将出版的论著。

7 有关赫胥黎的观点，参见 Huxley 1900："我相信，科学不过是**专门的和系统化的常识**"（45 页）；关于普朗克的观点，参见 Planck 1949, 88。

8 有关科学家对波普尔主义的理解所进行的一项有趣的研究，参见 Mulkay and Gilbert 1981；有关科学家对形式逻辑的理解所进行的心理学分析，参见 Mahoney 1979 以及 Mahoney and DeMonbreun 1977。

9 有关对还原主义统一的最新和最大胆的肯定，参见 Wilson 1998b。尽管 E·O·威尔逊现在似乎忘记了那些反对分子还原论蔓延的抱怨，他在自传《自然主义者》（1995，第 12 章）中雄辩地表达了这种论点。当然，生物学家所提出的激烈的反还原论的论述也不难发现：参见 Shulman 1998, Mayr 1997, Chargaff 1963 和 1978，以及 Lewontin 1993 等许多例子。至于 E·O·威尔逊还原主义统一观的价值，哲学家福多尔（Jerry Fodor）进行了鞭辟入里的剖析："[E·O·威尔逊] 怀疑，如果我们抗拒协调一致，那是因为我们受到了多元主义、虚无主义、唯我论、相对主义、唯心主义、解构主义和其他法国病症的影响。"（Fodor 1998, 3, 6）

10 更完整的引述是，爱因斯坦说："如果你要从理论物理学家那里找到他们使用的方法，我劝你牢牢把握一个原则：别听他们说的话，把你的注意力集中于他们的行动。"（Einstein 1954, 296）

11 我相信，我应该把发现这段简洁的论述归功于与柯林斯在许多年前的一次谈话。

12 有关哲学家中针对科学日益增加的多元主义的忧虑，参见 Dupré 1993 等。

13 关于这一点，参见 Isaiah Berlin 1998 那篇经典论文。

14 例如，温伯格的判断是科学哲学大部分"与科学无关"："对于我们在寻求科学解释中的所作所为，我们科学家［请说出来，哪些科学家？］不知道如何按照哲学家［请说出来，哪些哲学家？］赞成的方式予以陈述，虽然这是事实，但这并不意味着我们做的事情毫无价值。我们可以利用来自专业哲学家的帮助来理解什么是我们正在做的，但是，无论是否有他们的帮助，我们将继续那样做"（Weinberg 1992, 167；亦见 29）（我很高兴听到这些。如果我认为自然科学家接受了哲学家发出的逐客令，我将真正感到非常不安！）

第 10 章

1 第二幕，第四场。

2 柯林斯似乎已经从早期在 1985 年《改变秩序》中所表现出来的更具有攻击性的立场回到了现在这一立场（Collins 1992）。

3 有关最近的另一个著名的例子，参见 Koertge 1998。

4 沙利文（Philip Sullivan）使用了"文化研究"这一标签（Sullivan 1998；具体参见第 92 页）。

5 参见林奇（Linch 1997）在《社会文本》中对索卡尔事件的评论。

6 后缀"-ography"不应该被用来指比最宽泛意义上的"描述"更具体的东西；例如，尽管在具体的情况下它可以这样使用，但它不一定暗示着与空间有关的描述（与"绘图法"类似）。

7 这样说的理由是基于这样的事实，即信念通常是通过对它们整体状况的理解而达成的：个人信念以及与之相联系的可信标准本身是借助个人所奉行（及所了解、理解……）的那些语言上的约定和其他社会约定而得到理解的。

8 相关的充分讨论，参见 Hesse 1980（特别是"科学社会学的强命题"）；还可以参考最近出版的 Jardine and Frasca-Spada 1997。

9 还请读者注意，这种论点无论如何也不是任何"错误社会学"的观点：强纲领的"对称原则"禁止人们对被认为是正确的和被认为是错误的知识主张进行非对称的解释（正如在 Bloor 1991 中所提倡的那样），此原则仍然完全有效，只不过用括号括了起来。

10 在格罗斯和莱维特的《高级迷信》（Gross and Levitt 1998, xii）第二版中，对这篇评论给予了称赞，正像两位作者所写的那样，或许恰恰是因为这篇评论是"严厉的"。

11 对有关这一实验结果的论证所进行的详细记述，参见 Geison 1995, 81—85。

12 参见 Perutz 1997。 佩鲁茨认为盖森是在说，巴斯德通过精心选择晶体将会消除那些残留差别的期望是"不真实的"，因为盖森只是以"他现在声称"这样的句子概括了巴斯德的话。 这样解读盖森与佩鲁茨最初就同一问题评论盖森的观点恰恰相反，佩鲁茨说："其他人后来做的实验证明巴斯德关于微小差别的解释是非常准确的；由于对和错暗示着客观真理的存在与否，它们似乎已经被从盖森的科学社会学学派的词汇中清除了。"（Perutz 1995）因此，佩鲁茨曾一度声称盖森反对归因于对和错，但是在另一次讨论这同一问题时，他却说盖森将巴斯德的这一正确观点归结为不真实。在这里，冷静的思考不存在了。

13 参见注释 12。

14 Perutz 1997。还可以参见 Summers 1997 回应佩鲁茨的最初评论的那封著名信件。在这封信中，作者特别强调了佩鲁茨没有理解盖森的历史研究的本质，一个证据就是佩鲁茨常常引用现代科学的信念来证明巴斯德是正确的。佩鲁茨对这封信的回应也没有攻击到点子上。

15 关于这一思想的一个著名叙述，是汉森（Norwood Hanson 1965，4—8）关于第谷（Tycho）和开普勒在"观察"日出上的区别。

16 或许，对于波普尔的工作所进行的最周密的批评和发展是 Lakatos 1970。有趣的是，人们很容易看出拉卡托斯（Imre Lakatos）的阐述与波普尔的理论本身一样充满着许多道德规则；然而，拉卡托斯理论的结构和貌似真实的辩护紧紧围绕着技术层面上的哲学问题。与方法论对立的波普尔**认识论**在本质上当然是经验的。

17 Popper 1972,38—39。关于同一问题的另一个自传性论述，参见 Popper 1976,41—44。有关波普尔对马克思主义历史观的批评，可特别参见 Popper 1957。有关波普尔在 1920、1930、1940 年代以及他对马克思主义的态度，参见 Hacohen 1998。

18 Duhem 1962,183—190。为了纪念哲学家奎因在 1950 年代重新提出这一类似的思想，这种基本观点现在被称为"迪昂—奎因命题"。

19 在《新工具》(1620)第一篇中，培根提出了著名论点，他反对已有的哲学观点而主张他的归纳法这一新的研究方法。这些论点几乎完全公开宣称是道德上的，把某些哲学（例如亚里士多德哲学）的傲慢和无用，与他的方法所要求的勤奋和谦虚进行对照。在这方面，值得注意的是培根提出了著名的有可能误导和阻碍人们获得真正的科学发现的四种假相，目的是使读者意识到它们的危险并努力避开它们——但是，培根没有告诉人们具体怎样做，而只是告诫人们要小心提防它们，要**努力**克服它们。它基本上是一项道德指令。参见 Barnes and Bloor 1981，46—47 中有关"无私利的研究"的讽刺性评述。在当前与境下，注意 Urbach 1987 给出的关于波普尔对培根哲学的一个详尽、明确的解释是很有趣的。

20 在试图改善波普尔面临的与传统主义有关的困难方面，一个大胆的尝试是拉卡托斯提出了科学研究纲领方法论（Lakatos 1978）。

21 因此，这是对柯林斯在"争论的俘虏"（Scott, Richards, and Martin 1990）中的立场的可能解读，它对应于 Collins 1996（重点参见第 232 页）的主要观点。

22 关于这一问题的讨论，除了有关"争论的俘虏"的争论之外，参见《科学的社会研究》[26（1996）219—468]中"SSK 的政治：中立性、承诺及其超越"专辑，拉德尔（Hans Radder 1998）以及辛格尔顿（Vicky Singleton）、温（Brian Wynne）和拉德尔后来进行的回应（332—348）。如果没有可能接受某种形式的知识图，这些争论就不会发生。

23 参见第二版（1998）的新后记中对原版的一些批评的考虑。

24 这种普遍的（道德的？）观点产生了这样一个有趣的问题，即库恩的《科学革命的结构》（Kuhn 1996）应该被看作描述称作"科学"的社会组织是如何发挥作用的（知识图意义上），还是试图解释**为什么**科学"起作用"（认识论意义上）。当然，在对库恩的著作进行上述两种可能的解释上，选择前者的学者比选择后者的学者已经进步了不少。

第 11 章

1 小埃德加·B·威尔逊在《科学研究导论》（*Introduction to Scientific Research*，Edgar B. Wilson 1990；特别是关于分类的第 7 章）中讨论了与科学真理相关的未明确说明的假设。该书 1952 年首次出版，但在这里是一个有用的例子。我们两人都认为地球是一个自然物体。但当提出关于地球大气层的细节性问题时，我们承认，如果没有关于怎样确定地球大气层与太阳介质之间的界限的社会共识，就无法明确地（比如说精确到毫米）划定那一界限。

2 参见 Lakatos 1978 关于"渐进的研究纲领"的讨论。

3 见 Standish 1993。该文驳斥了先前有争议的关于探测冥王星之外的第十大行星的主张。参考文献包含了外行星，对它们的测定不如对内行星的测定精确，不过仍比前几个世纪的测定精确得多。

4 见 Petley 1985。本书中我们的第二篇文章"超越社会建构"[34]讨论了佩特里的著作。

5 社会学家引用的一个引起意外后果的例子是，纽约市的一条法律要求低收入区的业主修缮状况糟糕的住宅楼，以使它们的状况达到最低要求。结果不是像要求的那样改善了穷人的居住环境，相反，状况糟糕的住宅楼不是被遗弃就是转向非住宅用途（Giddens, 1996, 5—6）。

6 斯坦迪什（E. Myles Standish）与作者（肯尼思·威尔逊）的私人通信。

7 科学史也已积累了一些案例研究（Norton and Gerardi 1995）。

8 为阐明库恩的著作，包括他对术语"不可通约"的使用，参见 Hoyningen-Huene 1993。

9 萨洛韦（Frank Sulloway 1996）最早为许多科学革命事件的编目付出了努力。

10 戈特弗里德是本文的前身的共同作者（Gottfried and Wilson 1997）。

11 史密斯一直研究牛顿引入的逐次逼近法，这是我们讨论的持续改进的一个特殊版本（Smith）。

第 12 章

1 阿伦特（Hannah Arendt）和鲍曼（Zygmund Bauman）。

2 这也就是为什么科学知识社会学并非总被认为支持弱者的原因。人们不约而同地认为社会学的立场是为弱者说话，但是，如果弱者认为他们是正确的，那么，对信念的社会学解释对于他们来说又似乎同样是对其观念的攻击。

3 此后提到社会学家，我将指"诠释主义"社会学家——大多数社会学家和科学知识史学家喜欢解释性社会学。比较 Latour and Woolgar 1986。

4 关于这项研究的一个通俗易懂的介绍，参见我的网站：http://www.cf.ac.uk/socsi/gravwave。

5 结果表明，有关物理学家现在阅读了这些论文。他们中的大多数人认为这些论文的评价是准确的和公正的。

6 最初支持引力波存在的韦伯坚信（直到他于 2000 年 9 月去世），他在马里兰大学的室温棒比这些低温棒更灵敏，因为它们连接着更好的传感器。

7 本文也可以在注释 4 提到的网站上找到。

8 正如我从物理学家的工作方式中解读他们的偏好一样，任何人也能从我进行社会学研究工作的方式中解读我的偏好。

9 《钱伯斯英语词典》这样定义 witch-hunt，它是指"以对国家等不忠诚为名搜捕政治对手；也用于对一个群体或个体进行类似的非政治搜查或迫害"。

10 戈特弗里德和肯尼思·威尔逊对 SSK 的批评（Gottfried and Wilson 1997）没有认识到这一点，它抱怨 SSK 没有根据当前物理学知识的状况不断地更新自己。SSK 不是道琼斯指数，不断地更新它关于当代物理学知识状态的报道。如果这是某些人的工作，那也是物理学家的工作。SSK 所关心的是知识在各种社会背景下和在各种社会阶层中的来源和传播。戈特弗里德和肯尼思·威尔逊似乎是在说这样的事情：当库恩发表他关于氧化说取代燃素说的逐步革命这一著名的研究时，他的分析是有缺陷的。因为库恩没有为我们提供一个清单，列出直到当代发展起来的我们相信氧化说而不相信燃素说的所有新理由。也就是说，要理解这种变化，我们也必须理解几乎所有后来发展起来的科学。 他们没有理解这里所关注的是那个时候发生那种变化的机制，而不是关注氧气的物理学和化学特性[20]。

第 13 章

1 阿兰·索卡尔，发在一个电子邮件讨论会的帖子中，1996 年 12 月 12 日。

2 诺曼·莱维特，发在一个电子邮件讨论会的帖子中，1998 年 9 月 8 日。

3 《今日物理》，1999 年 1 月，自第 15 页起。

4 例如，参见 Kuhn 1997。

5 Wilson 1998a, 59—62。 我应该承认，引文中省略部分的恭维词少得多！

第 14 章

1 虽然是一个有点次要的问题，但是我们也要指出，支持方法论相对主义的许多观点陈述得如此之差（例如，拉图尔方法的第三规则和强纲领的最初表述），以至于它们看上去像支持哲学相对主义（或激进的怀疑论）而非纯粹的方法论相对主义。

2 这个观点在温伯格为本书所撰写的文章中也有很好的解释[9]。

3 确切地说，他们持这样的观点**可能**是理性的。当然，他们持这种观点也可能主要是或完全是基于教条或者传统。他们持有此观点的真正动机需要根据经验来探讨。

4 本例所制造的某些困惑是,此界线以北的人不相信这种物质转变的教条的原因与此界线以南的人相信它的原因,也许同样不合理:他们很可能有另外的宗教。当然,在这种情况下,一种对称的解释也许是合理的。（但是,这也值得讨论:不管怎样,就是在宗教信仰中,也有一些教义比另一些教义更合理。 因此,此界线以北的人也许会放弃这种物质转变的教条,就像我们和柯林斯一样,仅仅是因为他们是理性的人,而且没有证据表明葡萄酒能变成血液。）

5　在本书中，迪尔提出了一个更为复杂的方法论相对主义观点，这个观点始于评述"人们不会**因为**一些主张实际上正确，就相信这些主张是正确的"（黑体强调是他加的）[10]。 当然，人们相信一些说法**不单单**是因为它们是正确的；毋宁说，人们相信它们（至少在某些情况下）是因为有**证据**表明它们是正确的（或者说至少接近正确）。 但是——这是被迪尔掩盖的重要观点——存在这样的证据常常与这种说法（接近）正确有因果联系。 因此，我们相信地球（近似）是圆的，部分是由于它（近似）**是**圆的这样一个事实：如果它是（例如）平面的或四面体的，现在的观测技术应该能让我们知道。

　　迪尔还正确地看到，"无论这些证据和观点是什么，也不管它们在别人看来是多么似是而非，但对于我来说，它们都至少具有部分解释价值。"不过，我们对这种观点的合理性的评价，与理解导致这种观点的因果性过程有关：从物质转变的教条的例子，以及我们自己的文章中所提供的更加简单的例子（"今天下雨"）看，这是显而易见的[3]。

6　顺便也让我们看到，把一种先验性的规则强加于某种被允许用在科学研究的信息上的方法，与自然科学的方法截然不同。 我们无法想像化学家或生物学家说："瞧，我决不打算用来自物理的任何信息。"他可能认为这种信息要么与他的工作无关，要么难以理解，但是，这些都是实际的考虑，而与原则性无关。 如果没有方法论上的强行限制，人们将很难发现真理。

7　社会学家的实践类似于在没有耐心询问受试者是不是烟民的情况下，调查宗教信仰对肺癌发病率的影响。

8　更准确地说，在这里我们是指认识的合理性（如果一个人想弄清关于世界什么是真的，那么他该做什么）。 这区别于实践的合理性（如果一个人要获得一些特定的实践目标，那么他该做什么）。

9　在阅读本书收入的论文时，特别是那些社会科学家的论文时，我们被一些反复出现的富于感情色彩的词语所震动："贬损"（平奇），"反科学"（夏平），"威胁"与"敌意"（拉宾格尔）。我们只要说从未攻击过主张 SSK 的人所声称的动机，也没有进行过度模糊的"反科学"之类的谴责，就足够了。相反，我们在哲学上和方法论上作了准确的批评。

我们顺便再提一点，我们无法理解由夏平精心杜撰的一系列"有争议的、具有挑衅性的元科学主张"到底是什么[8]。这要么表明，引用一个脱离上下文的句子会误传别人的观点，要么表明，科学家（甚至是一些著名的科学家）有时以一种相当混乱的方式来表达他们的观点——我们从不怀疑这些。当我们说他们为方法论相对主义辩护（这正是我们批评他们的原因）时，我们认为没有误传大批主张 SSK 的人的观点，而且我们也无法理解，物理学家或生物学家的模糊陈述何以能证明社会学家的模糊陈述是合理的。

10 当然，也许被质疑的人们未必**真的**是激进相对主义者，但是他们没能清楚地表达自己的观点。如果是这样，他们的含糊其词是非常严重的。

11 根据最近的民意测验，美国人中有 47% 相信创世说的真实性，36% 相信心灵感应（telepathy），25% 相信占星术，11% 相信通灵作用，还有 7% 相信金字塔的康复功效。细节和来源详见 Sokal and Bricmont 1998，附录 C，注释 17。

第 15 章

1 （我们应该假定）自然界并没有影响外界所相信的关于它的一切，我的这番话经常被引用。它们在不同的地方以不同的方式被陈述。为了减少读者对我的工作的误解，让我把这句话放在原来叙事的背景当中。从 1970 年代早期到大约 1980 年，我认为自己的案例研究支持了哲学相对主义。在那个时期以后，我得出结论：哲学相对主义不是可以给出经验支持的那一类事情——至少不是像科学理论那样可以给出经验支持。因此，哲学相对主义必须同方法论相对主义区分开来。我在 1981 年发表的一篇论文里非常清楚地表述了这个观点:"对称性原则意味着,自然界决不限制人们相信什么,我们也必须同样对待自然界。"(Collins 1981b, 218)在这篇文章中,我通篇都强调方法论的立场至关重要。从那以后,我对哲学相对主义所持的立场就成了那些发现关于哲学相对主义的争论越来越无趣的不可知论者的立场。它越发无趣的原因之一就是我发现,我不愿意改变早期论文中的哪怕一两个字,因为哲学立场的改变不会对案例研究有任何影响。这点是关键。

2 沿此思路的清楚的表述参见 Holton 1993。也可参考夏平引用的文献[8,注 3]。

3 也可参考拉宾格尔的评论[13]。

4 实际上,在《勾勒姆》系列(Collins and Pinch 1993, 1998b)中,至少在关于方法论相对主义上,平奇和我持相反的观点。我们认为,为了避免导致反科学的反应,最好在案例研究中把科学描述为由方法论相对主义所驱动的一类人类实践,而不是对各种难题都给出相应答案的一项事业。在充满竞争的科技环境中,一旦与科学中不可避免的失败相比较,科学的英雄模式就会激起反科学的反应。

5 补充一点:"尤其是当作者违反他自己所宣称的方法论规则时。"

6 温伯格在他的论文[9]中接受了这类观点。

7 必须明确指出,这并非拉图尔和他的追随者们的建议。

8 科学,还有社会,离开了信任就不能运行,这已由 Shapin 1994 透彻地阐述过。对普通民众关于感官的直接证据的讨论,见 Collins 1988。科学家对非核心成员错误解释结果的担忧,见 Collins 1999。

9 例如,Collins 1992,该文主要讨论重复的问题,并且有一整篇文章讨论重复者的独立性问题。

10 我并非指那些作出特殊贡献的专家。

11 布里克蒙和索卡尔曾偶然谈到，柯林斯和平奇在《勾勒姆》（原文第 1 版第 144 页，第 2 版第 142 页）中说："如果顺势疗法不能用实验证明效果，那就应该让那些知道前沿研究风险的科学家来解释这是为什么。"这是对与境的一种很典型的（错误）理解。这个句子——我认为任何仔细的读者都能明白——并不是要为顺势疗法辩护，而是要维护科学家的角色，使之免受舞台上的魔术师之流的影响。

12 这些思想交换能充分进行的基础是认为它们应该得到保密，除非作者允许引用他们的话。所以在引用温伯格的话时，我是慎之又慎的，我相信他不会反对我这样表述他的观点。

13 这并不是说它总是自私的。

14 其他的例子可参见 Collins and Pinch 1998b。

第 16 章

1 就柯林斯的"方法论相对主义"的立场有意回避**否认**自然界的作用而言，它实质上是指向同一个方向的弓；它只包括社会学家的意图。应该注意到，存在这样一些观点，（例如）布鲁尔关于自然界的因果性作用的观点因其口惠而实不至可能受到批评——正如拉图尔在他的文章 "For David Bloor...and Beyond：A Reply to David Bloor's 'Anti-Latour' "（Latour 1999a）中提出的那样。但是这样的观察把我们带到科学论的内部，而不是顺从局外批评家们为科学论画的漫画[25]。

2 见皮克林对柯林斯的《改变秩序》一书的评论（Pickering 1987），该书评断然忽视柯林斯关于核心背景的讨论以及更加广泛的社会作用；至于皮克林的观点的发展，又见 Pickering 1995。

3 对 16 世纪末哲学神学之争的一个全面的看法，见 Craig 1988。

第 17 章

1 举例来说，参见 Maddox et al. 1998；《卫报》（*Guardian*），1988 年 7 月 6 日；以及《独立报》（*Independent*），1988 年 7 月 27 日。

2 Davenas et al. 1988。作者们来自多伦多、雷霍沃特、米兰以及宾文尼斯特实验室（巴黎 INSERM U 200）。

3 "我们很遗憾地获悉，发表论文的宾文尼斯特博士的两位合作者的薪水是根据与 INSERM 200 和法国 Boiron et Cie 签订的合同支付的，后者是医药和顺势疗法药物的供应商。这个合同就像是旅馆的帐单。"（Maddox, Randi, and Stewart 1988）

4 举例而言，参见 Durant 1993。

5 宾文尼斯特失去了他的资助、他的职员，并最终失去了他自己的工作。对那些他认为诽谤他欺诈的人提起诉讼，但都没有成功。他现在在巴黎一家私人资助的实验室工作。最近，我的学生戴维森（Lucy Davisson）和伯克曼（Charlotte Burkeman）在参加对宾文尼斯特的调查中碰到了一些有趣的沉默，但是他在 http://www.digibio.com 网上却是大吵大闹。

6 例如，可参见 Giddens 1990。

7 例如，可参见 Neidhardt 1993。

8 关于公众对待科学的大众化态度和个性化态度之间的关系，参见 Bauer, Petkova, and Boyadjeva 2000。

第 18 章

1 例如，见《勾勒姆》中对"失踪"的太阳中微子的描述（Collins and Pinch 1993，第 7 章）。

2 Andrew Pickering，为 Galison 1987, 10 所引用（和批评）。

第 19 章

1　我应当说明，我年轻时喜欢临时凑人打棒球，现在也根本不反对参与沙滩哲学。 我也应当在此说明，我对拉宾格尔[13]所说的实际参与科学大战的自然科学家如何之少感到吃惊。 我相信拉宾格尔，但是想一想如此之少的人撰写了那么多文章和电子邮件，真令人吃惊。

2　这一治疗的类比，以及哲学家在"组合提示"——它们消解了形而上学的问题——中的角色，来自维特根斯坦（Wittgenstein 1953，第 127 节）。

第 23 章

1　与此相反的观点仅在逻辑上是可能的。 实际上我认识的每一位社会学家都拒绝争论这个问题。

2　当然，本书中没有一个人过激到会发表这种言论。 但是很不幸，我已经听到许多这种言论，还有那些对有出现趋向的结果的认可，在过去几年中被一些人口头表达出来。 如果认为我是在制造事端，那么请看一下海菲尔德（Roger Highfield）《为控制实在而战的科学和社会学》［Science and Sociology Fight for Grip on Reality，伦敦《每日电讯报》（*Daily Telegraph*），1997 年 4 月 11 日］中英国生物学家沃尔珀特流露出的情绪："只要一有机会我就会攻击他们（爱丁堡学派），我讨厌他们。 他们是科学的真正敌人，他们的行为乍看有益但是会导致毁灭。 他们有控制科学的政治企图，并且每一步都尽可能地使科学受到伤害。"作为爱丁堡大学的一个科学论机构的前会员，我必须在最低限度上对此言论表示我的怀疑和深深的失望：在我的意识中，爱丁堡从来就没有这样的意图或者"政治企图"。 在我之前或者之后，我也从来没有在我的爱丁堡同事中感觉到存在这种意图或者"政治企图"。 这样一种"政治企图"能允许三个低收入的英国学院去控制科学，即使它们有意如此，也是难以想像的。

3　比如说，格罗斯和莱维特合著的《高级迷信》与布鲁尔的《知识和社会意象》（*Knowledge and Social Imagery*）应是相关的。 我不知道这些数字，但是无论谁告诉我前者并不比后者的数量大，他将会得到一瓶 1995 年产的优质佳得美庄园(Château Cantemerle)葡萄酒。

4 可参考当前的普通社会调查：http://www. icpsr. umich. edu/GSS99/sub-ject/science. htm。

5 一些自然科学家对科学家会袭击科学哲学表示怀疑。 另外也有一些人怀疑，比如一个化学家对无脊椎动物学和一个地震学家对生物化学的了解就比那些受过教育的外行知识分子要多吗？ 爱因斯坦的观点——"从事科学工作的人都是蹩脚的哲学家"——在本书我的第一回合文章中得到引用，也可参阅令人敬畏的、博学的奥本海默(Oppenheimer 1955, 125)的话："只要有好的运气，再加上一点辛勤的工作，我就可以认识到这所被称为科学的房子里的其他部分究竟在做些什么，甚至超过我所从事的领域。"

6 专业人士与非专业人士之间的区别当然并不特别地针对科学社会学家。它也同样适用于物理学家，并且爱丁顿的桌子就表明：在专业人士眼中，它大部分都是空的；在非专业人士眼中，它是坚固耐用的。 但是这张桌子始终在起作用。

7 可以肯定，一些社会学家也对为什么有的**科学家**相信达尔文的渐变论,而有的**科学家**又对灾变论感兴趣。但是这个可信度的根据是我们大部分人都关心的,而不论信仰中的变化发生在社会中哪个领域。许多科学家在自己学科**内**都被卷入关于可信度的争斗,因此,我可以设想一些实际的原因以回答为什么一些科学家也可能对社会学的"内部"研究感兴趣。

第 24 章

1 至少物理学家是这样。 或者至少某些物理学家是这样。 或者也许只有我是这样。

｜一种文化？｜

第 25 章

1 我们无意评论那些为我们取的轻蔑绰号："聚会上最喧闹的客人"（平奇）、"沙滩哲学"（默明）。

2 我们希望，这应该不需要多说，即使对科学事实有一个透彻的理解，仅靠它本身也不足以确定**去做什么**：政治决策不可避免地还要包含科学以外的政治、经济和伦理方面的考虑。（用贝叶斯术语来说，有必要设定效用函数，而不单单是后概率分布。）

3 顺便提一下平奇的蔑视性评论以表达我们的愤怒，他评论说："方法论相对主义就是**这些天**布里克蒙和索卡尔**正学着使用**的那个术语"[21，黑体强调是引者加的]。不管怎样，我们已经在最早的一些论文中对该对象使用这一术语——例如，Sokal 1998（写于 1997 年初），Bricmont 1997，以及 Sokal and Bricmont 1998（首次用法文写于 1997 年 6 月）——我们倒要看看平奇在我们的所有论著中能否找到我们对此概念曾使用过的任何**其他**术语。

4 然而，这一定义由于关键的一处含混不清而招惹了麻烦：是探究者被告知去假定信念不是由、**甚至部分**不是由实在本身引起的，还是仅仅去假定信念不是**单**由实在引起的？这两个说法之间的区别是至关重要的，因为正如我已在文中论证的，第一个说法是站不住脚的（除非采用哲学相对主义或激进怀疑论），而第二个就非常切合实际。 柯林斯[15]的注释 1 提出他可能倾向于第一种解释："我在 1981 年发表的一篇论文里非常清楚地表述了这个观点[方法论相对主义]：'对称性原则意味着，自然界决不限制人们相信什么，我们也必须同样地对待自然界。'"然而，即使后面这个陈述也是模糊不清的，因为它有赖于一个人如何解释"限制"这个动词。

5 顺便提一下，我们给出了三个论据以反驳方法论相对主义——"今天正在下雨"，牛顿力学，以及关于平方反比定律的反证法——柯林斯完全忽略了前两个。

6 这里我们实在不希望介入有关反事实推理在历史研究中是否合法这一层面

上进行的细致争论。 但是我们高兴地注意到迪尔[16]恰恰提倡柯林斯驳斥的那类反事实的历史。

7 当然，人们可以论证，任何历史"解释"必然依赖（暗含地或明显地）一些因果理论，任何因果理论都必然需要许多反事实推断。 只要上面这些结论是有效的，我们的思想实验当然暗含反事实推理；柯林斯后来对这种推理的反驳自然不具有说服力。

8 顺便提一下，请柯林斯原谅，我们确实**没有**声称对占星术的信仰能够用单纯的社会学术语来解释，解释它可以"不提及行星的运动"。我们只是说："在这种情况下，**至少可以设想**，你可以对占星术的产生给出一个单纯的社会学或心理学的解释，你甚至根本不需要用到什么**支持占星术的有力证据**——原因就是根本不存在这样的证据。"（黑体强调是引者加的）很明显，任何正当的关于占星术信仰的解释都必须与行星的运动有关，只要那些运动在占星术信仰中起着重要的作用；我们只想表明，该解释将与根据占星术学说所宣称的行星影响人类生活这一所谓**因果过程**无关，原因是那些因果过程在我们最佳理性的判断中是不存在的。还要注意我们的观点，"如果你碰巧（错误地）相信占星术**是**有根有据的，那这个因素想来**应该**进入你认为是关于占星术的恰当的因果解释中。"

9 柯林斯可能把这个问题与另一个**不同的**问题混淆了。这另一个问题是，已成定论的科学和尚未解决的争论，其区别**是**相关的。就是说，当科学社会学家或科学史学家研究争论时，他或她可能并不具有科学能力，无法对实验/观察数据是否能在事实上确保科学共同体从中得出的结论正确作出独立的评价，那么他们该如何做呢？（当社会学家研究当代科学的一个案例时，这一情况特别容易出现，因为除了正在从事研究的那个科学共同体以外，没有其他共同体可赖以提供这样的独立评价。 相反，对久远的过去进行研究时，可以利用后来科学家们所知道的东西。）在这种条件下，可以理解社会学家不愿意说："从事研究的科学共同体得出结论 X，因为 X 是世界实

一种文化？

际的存在方式"——**即使事实上是这样**,即 X 是世界实际的存在方式,并且科学家们因此相信它——因为社会学家没有独立的**证据**认为 X 是世界实际的存在方式,他们只有从事该研究的科学共同体所相信的那个事实。当然,从这一困境中得出的明智结论对我们来说似乎是,如果没有其他(例如历史上后来的)相关科学共同体可以正当地赖以得到独立评价,科学知识社会学家应当停止科学争论方面的研究,因为他们(与他们的科学家合作者一起,如果有的话)缺乏对科学证据作出独立评价的能力。

(为预防任何可能的误解,我们要强调,我们**不是**说社会学家不可以研究当前的科学争论。我们只是说:**如果**他们希望研究科学争论的实质性内容[不仅仅是科学共同体的社会结构问题],**如果**他们想要这些研究在逻辑上合理,**那么**,对于实验/观察数据是否真的能够确保不同的科学家从中得出正确结论,他们不可能避开独立评价;而且,社会学家的研究结论是否可靠完全取决于对科学证据的独立评价。科学家之间的同盟关系或权力关系,或者他们运用修辞的习惯,尽管都是很重要的方面,但仅仅研究这些是不够的:社会学家眼中的纯粹权力博弈[pure power game]实际上有可能是由非常理性的考虑因素所驱动的,而要理解这一层也只能通过详细理解科学理论和实验来达到。因此,社会学家或历史学家要想分析科学争论的实质性内容,就需要具备——或者学会——对证据作出独立评价的能力,或者与科学家合作,依靠他们作出这种评价。当然,许多科学史学家和一些科学社会学家在他们研究的科学分支**确实**具备这种能力;而其他许多科学史学家和科学社会学家则能够充分学会这样一种科学能力,即与交叉学科领域的科学家合作,并结出硕果。我们感谢柯林斯和拉宾格尔产生了这么多误解,促使我们写下这段澄清误解的文字[35]。)

10 因此,我们关于地球是近似球形的这一信念部分地归因于它**是**近似球形的这一事实:因为如果(例如)它是扁平的或四面体形的,目前的观测技术将使我们知道它具有这种特征。

11 我们使用中性词"信念"而不是柯林斯使用的"科学"一词，因为按照我们的观点，一些讨论中的信念（如占星术）不能被恰当地定义为"科学"（说得委婉些）。让我们赶紧加上一句，我们**并不**认为存在一条明确的"科学"与"非科学"的分界线，更不用说像波普尔或其他逻辑实证主义者所主张的建立在严格标准上的划界标准；而是在所讨论的信念所依赖的对经验证据的理性评价的范围内，对该范围进行就事论事的评价，由此我们注意到，占星术在这方面与主流科学有显著的差异。

12 柯林斯对我们的观点的总结太粗糙，因为(1)他在类型 1 和类型 3 之间作出了太明确的区分，(2)他把类型 3 中自然因素与社会因素间复杂的**相互作用**过分简化了，不能把它仅仅还原为"原因的混合"，而且，(3)在类型 1 和类型 2 中还必须把心理学和生物学的因素考虑进去。

13 另一方面，科学杂志也的确发表一些后一种类型的论文（例如，一些回顾历史的文章），这类文章就**应当**在某种程度上引入有因果联系的社会因素。

14 如果讨论者具有相信平方反比定律而不是立方反比定律的**先天性**倾向（比如说自然选择造成的倾向），那就与人脑的结构有关了。当然，在这一例子中不大可能是这样。但是，这与其他一些科学理论能很好地联系起来，如人们天生倾向于相信欧几里得几何学而不是罗巴切夫斯基几何学。

15 当然，人们也应对亲眼看到的"奇迹"及时地予以怀疑，并考虑到错觉和曲解等因素。

16 该理论可参见 Kinoshita 1995，实验可参见 Van Dyck, Schwinberg, Dehmelt 1987。 Crane 1968 提供了对该问题的非技术性介绍。

17 从某种意义上来说，"接近真实"这一短语是指，为了获得正确的**基本的**本体论不一定需要近似真实的理论。

18 当然，要讲清楚证明这一判断的推理过程需要相当长的篇幅。例如，就某些可能涉及的因素的概括，可看 Haack 1998，第 5 和 6 章。

19　柯林斯[15]还发现我们的选择令人失望,尤其是我们认为在一些SSK学者展开的具体研究中"可能已经完成了一些有趣的工作"。柯林斯接着拿我们与那些宣称"尽管量子理论已经得出了许多有价值的结论,但是潜在的不确定性仍然不可接受,……量子理论家应回去研究有意义的经典物理学"的人相比较。但这一比较是可笑的。首先,当我们说在一些与强纲领相关的经验研究中"可能已经完成了一些有趣的工作"时,我们绝不是认为(当然也不相信)那些研究得到了像量子力学那样的水平的经验支持。(近来SSK若取得堪与量子力学理论和实验的一致性程度达到小数点后11位相比的成就,我们可能忽略吗?)其次,由于我们文中所解释的原因,那些经验研究没有证明方法论相对主义是正当的(更不用说柯林斯过去所想的哲学相对主义了:经验研究怎么能够证明这样一种哲学,如果这种哲学从根本上认为经验研究从不能让我们发现客观真理?)最后——尽管这一点次要得多,我们这里不能详述——即使在量子力学案例中,经验上的成功也不能确保通常与哥本哈根解释相联系的哲学主张的正确性。

20　也许品味的不同部分地产生于这样一个事实,即我们是理论物理学家,而索尔森是一位实验物理学家。参见Gingras 1995中的具体案例研究,该书对近期几个SSK趋势进行了批评性分析;也可参见Koertge 1998中的一些文章。

21　Sokal and Bricmont 1998,脚注115,黑体部分为原文所强调。对布鲁尔模棱两可的认识所进行的更详细的分析,参见Laudan 1981和Slezak 1994a。

22　让我们强调一下,我们决不同意爱丁堡学派拉图尔的大部分批评。我们还要顺便指出迪尔[16]所持的双重标准,他为拉图尔的批评辩护,原因是"这样的观察把我们带到科学论的内部,而不是顺从局外批评家们为科学论画的漫画"。另外指出,即使我们自己给布鲁尔的观点所画的

"漫画"也要比拉图尔的"内部"批评温和得多。

23 当然，借助当事人所忽视的演绎推理，也可以证明 B **在逻辑上等价于** A。但这种可能性与当前案例无关，在这里 A（主体间一致认为地球是平的）是对的而 B（地球是平的）是错的。

也要注意默明用"客观"一词混淆了两个不同的问题：讨论中的信念是否（客观上）是**真的**，与它是否（客观上）是根据可用的证据**理性地确证的**。我们主张真理或理性的确证**都不**等价于主体间的共识，确立这两个论点需要不同的证据。（特别地，地球是平的这个例子**并不**足以证明理性论证不同于主体间的共识，因为在那些普遍接受地球是平的地方和时代已经通过推理证明了这种信念是正确的。）

24 实际上，默明在评论巴—布—亨的著作时（Mermin 1998a，621—622），自己引用了相关的一段："占星术……和顺势疗法……仍牢牢地背着伪科学的标签，尽管近期有些工作似乎要求重新评价（Gauquelin，1984；Benveniste，1988）。如果科学家没有完全视而不见，高奎林给出的支持占星术的统计证据将会令他们陷入困境。但是，可以想像，也许有一天人们会将科学接纳了占星术当作科学方法的胜利。高奎林的工作似乎暗示尚未被当前科学理论认可的力和相互作用的存在，它们建立在迄今仍遭到怀疑挑战的方法论原理和经验证据基础之上"（Barnes，Bloor，and Henry 1996，141）。尽管这并不意味着对占星术明确的支持，但的确表明了对占星术的一种容忍（甚至谨慎赞许）的态度，以及没有理解自然科学与占星术之间在方法论和经验确证程度方面存在的鸿沟。也可参看下面的注释28。

25 不管其价值如何，这种认识也可以通过初级贝叶斯计算来证明。

26 甚至连有利于格雷戈里声称的"顺势疗法的疗效"的证据都没有，因为就我们所知，所谓的"疗效"从未通过能够说服哪怕一个理性的怀疑者而建立起来，例如，通过双盲实验（double-blind experiments）。

27 因此，我们不能认同索尔森所宣称的信仰"科学圣殿"[22]。关于科学与宗教在方法论上的尖锐对立的进一步讨论，参看 Bricmont 1999。

28 然而，如默明所说，"巴—布—亨对占星术的注解——'存在没有被当前科学理论认识到的力和相互作用'——还没有达到真正引人入胜的程度，即支持占星术的有说服力的证据将要求大规模地根本性重建我们当前对世界的理解"（Mermin 1998b，642）。也可以对顺势疗法作一个类似的评论（尽管在这种情况下重建也许不那么激进）。

29 然而，我们的确要向柯林斯和平奇致歉，我们误解了他们的主张："如果顺势疗法不能用实验证明，那就应该让知道前沿研究风险的科学家来解释这是为什么"（Collins and Pinch 1993，144）。我们接受他们的誓言[15]，即他们不是为顺势疗法辩护或试图为顺势疗法的提倡者推卸举证责任。

30 然而，我们不同意索尔森的下一段内容，在那里他断言[22]"许多科学家准备反驳"这个观点，而不援引任何例子。不论其价值如何，我们已一再强调我们相信关于科学的、理性上严格的社会学有其价值。实际上，即使有名的"极端主义者"格罗斯和莱维特也毫不含糊地论述道：

　　自然科学家……决不要觉得他们在某些科学领域具有独特的专业知识就自动地获得对科学实践的人类现象学的洞察力，或者对他们专业当前的成果和最活跃的问题的精通会使他们有资格对与人类发展进程有关的科学发展过程说三道四。除了最严重的自大以外，他们承认躬行科学家在心理上的怪癖和个人相互作用的特性模式并没有赋予他们免于社会科学的详细审查的权利。如果砖瓦匠或保险推销员都要被作为学术上专业研究的对象，那数学家或分子生物学家就没有什么理由面对同样的待遇而不心平气和。（Gross and Levitt 1994，42）

第 26 章

1　请记住，这类科学的预算尽管与其他类型科学的相比较高，但是与军费开支相比还是微不足道的。

2　实际上，我在这个问题上没有自己的观点。

3　当然，在冷聚变问题上，弗莱希曼和他的同事做过一些实验，不只是阅读书籍。因此，我们还必须在科学家群体中达成共识，而不是通过划分科学家的层次来形成我们的判断。

第 29 章

1　见拉图尔(Latour 1999a)为科学论的"巴黎"版本所作的有趣辩护和罗斯(Ross 1996a)在一些文章中为"圣克鲁兹"版本所作的辩护。

2　并非每个人都那么不情愿。如本书中我的第一篇文章提到的，格罗斯、莱维特和刘易斯的《搭上科学和理性的航班》(Gross，Levitt，and Lewis 1996)中对社会和文化研究的最有敌意的、粗鲁的一些谴责都出自社会科学家和哲学家之手。

3　收集这些文章的《社会文本》专号——现在名声不好——出了新版(Ross 1996a)，没有收入索卡尔的文章，而增加了一些其他文章。

4　布鲁尔和我对有关强纲领强调因果性的一些问题的争论，见 Pickering 1992。也可参见 Lynch 1993，第 3 和第 4 章。

5　关于 SSK 中知识—信念之区分的批判性讨论，见 Coulter 1989。

6　对这类概念问题很突出的历史案例研究，见 Shapin 1994 和 Dear 1995。对人文学科(human sciences)的概念问题的批判性讨论，见 Button 1991。

参 考 文 献

Adams, Henry. 1918. *The education of Henry Adams*. Boston: Houghton Mifflin.

Albert, Michael. 1998. Rorty the public philosopher. *Z Magazine* 11, no. 11 (November):40—44.

Aronowitz, Stanley. 1988. *Science as power: Discourse and ideology in modern society.* Minneapolis: University of Minnesota Press.

——. 1996. The politics of the science wars. *Social Text* 46/47:178—197.

Bard, Allen J. 1996. The antiscience cancer. *Chemical and Engineering News*, 22 April, 5.

Barnes, Barry. 1977. *Interests and the growth of knowledge*. London: Routledge and Kegan Paul.

——. 1992. Realism, relativism, and finitism. In *Cognitive relativism and social science*, ed. Diederick Raven, Lieteke van Vucht Tijssen, and Jan de Wolf. New Brunswick, NJ: Transaction, 131—147.

——. 1998. Oversimplification and the desire for truth: Response to Mermin. *Social Studies of Science* 28:636—640.

Barnes, Barry, and David Bloor. 1981. Relativism, rationalism, and the sociology of knowledge. In *Rationality and relativism*, ed. Martin Hollis and Steven Lukes. Oxford: Blackwell, 21—47.

Barnes, Barry, David Bloor, and John Henry. 1996. *Scientific knowledge: A sociological analysis*. Chicago: University of Chicago Press.

Bauer, Martin, and John Durant. 1997. Astrology in present day Britain: An approach from the sociology of knowledge. *Cosmos and Culture—Journal of the History of Astrology and Cultural Astronomy* 1:1—17.

Bauer, Martin, and Ingrid Schoon. 1993. Mapping variety in public understanding of science. *Public Understanding of Science* 3:141—156.

Bauer, M. W., K. Petkova, and P. Boyadjieva. 2000. Public knowledge of and attitudes to science: Alternative measures that may end the "science war." *Science, Technology, and Human Values* 25, no. 1:30—51.

Beller, Mara. 1997. Criticism and revolutions. *Science in Context* 10:13—37.

——. 1998. The Sokal hoax: At whom are we laughing? *Physics Today* 51, no. 9 (September):29—34.

Benski, Claude, et al. 1996. *The Mars effect: A French test of over 1, 000 sports champions*. Amherst, NY: Prometheus.

Benveniste, J. 1988. Letter to the editor. *Nature* 334:291.

Berger, P. L. 1963. *Invitation to sociology*. Garden City, NY: Anchor Books.

Berlin, Isaiah. 1998. The divorce between the sciences and the humanities. In *The Proper Study of Mankind*, ed. Henry Hardy and Roger Hausheer.

| 一种文化? |

New York: Farrar, Straus, and Giroux, 326—358.

Bloor, David. 1973. Wittgenstein and Mannheim on the sociology of knowledge. *Studies in History and Philosophy of Science* 4:173—191.

——. 1983. *Wittgenstein: A social theory of knowledge.* London: Macmillan.

——. 1988. Rationalism, supernaturalism, and the sociology of knowledge. In *Scientific knowledge socialized*, ed. Imre Hronszky, Márta Fehér, and Balázs Dajka. Dordrecht: Kluwer, 59—74.

——. 1991. *Knowledge and social imagery.* 2d ed. Chicago: University of Chicago Press. Original edition, 1976.

——. 1998. Changing axes: Response to Mermin. *Social Studies of Science* 28:624—635.

Boghossian, Paul. 1998. What the Sokal hoax ought to teach us. In *A house built on sand: Exposing postmodernist myths about science*, ed. Noretta Koertge. New York: Oxford University Press, 23—31. First published in *Times Literary Supplement*, 13 December 1996, 14—15.

Bohr, Niels. 1934. *Atomic theory and the description of nature*. Cambridge: Cambridge University Press. Reprinted 1985 in Niels Bohr, *Collected works*, vol. 6. Amsterdam: North Holland.

Brannigan, Augustine. 1981. *The social basis of scientific discoveries*. Cambridge: Cambridge University Press.

Bricmont, Jean. 1997. Science studies—what's wrong? *Physics World* 10, no. 12 (December):15—16.

——. 1999. Science et religion: l'irréductible antagonisme. In *Où va Dieu?* ed. Jacques Sojcher and Antoine Pickels. Brussels: Revue de l'Université de Bruxelles 1999/1, Editions Complexe, 247—264.

——. Forthcoming. Sociology and epistemology. *Facta Philosophica* 3, no.

2. Also in *After postmodernism: An introduction to critical realism*, ed. José Lopez and Garry Potter. London: Athlone, forthcoming.

Bridgeman, P. W. 1955. *Reflections of a physicist*. 2d ed. New York: Philosophical Library.

Broch, Henri. 1992. *Au coeur de l'extraordinaire*. Bordeaux: L'Horizon Chimérique.

Brunet, Pierre. 1970. *L'introduction des théories de Newton en France au XVIIIᵉ siècle*. Geneva: Slatkine. Original edition, Paris: A. Blanchard, 1931.

Bunge, Mario. 1996. In praise of intolerance to charlatanism in academia. In *The flight from science and reason*, ed. Paul R. Gross, Norman Levitt, and Martin W. Lewis. New York: New York Academy of Sciences, 96—115.

Butterfield, Herbert. 1951. *The Whig interpretation of history*. New York: Scribners.

Button, Graham, ed. 1991. *Ethnomethodology and the human sciences*. Cambridge: Cambridge University Press.

Chargaff, Erwin. 1963. *Essays on nucleic acids*. Amsterdam: Elsevier.

——. 1978. *Heraclitean fire: Sketches from a life before nature*. New York: Rockefeller University Press.

Cohen, I. Bernard. 1952. The education of the public in science. *Impact of Science on Society* 3:78—81.

Cole, Stephen. 1996. Voodoo sociology: Recent developments in the sociology of science. In *The flight from science and reason*, ed. Paul R. Gross, Norman Levitt, and Martin W. Lewis. New York: New York Academy of Sciences, 274—287.

Collins, Harry. 1974. The TEA-set: Tacit knowledge and scientific networks. *Science Studies* 4:165—186.

——. 1975. The seven sexes: A study in the sociology of a phenomenon, or the replication of experiments in physics. *Sociology* 9:205—224.

——. 1981a. Stages in the empirical programme of relativism. *Social Studies of Science* 11:3—10.

——. 1981b. What is TRASP: The radical programme as a methodological imperative. *Philosophy of the Social Sciences* 11:215—224.

——, ed. 1981c. Knowledge and controversy: Studies of modern natural science. *Social Studies of Science* 11, no. 1 (special issue).

——. 1981d. Son of the seven sexes: The social destruction of a physical phenomenon, In Knowledge and controversy: Studies of modern natural science. *Social Studies of Science* 11, no. 1 (special issue):33—62.

——. 1983. An empirical relativist programme in the sociology of scientific knowledge. In *Science observed: Perspectives on the social study of science*, ed. Karin Knorr-Cetina and Michael Mulkay. London: Sage, 83—113.

——. 1988. Public experiments and displays of virtuosity: The core-set revisited. *Social Studies of Science* 18: 725—748.

——. 1991. Captives and victims: Comment on Scott, Richards, and Martin. *Science , Technology , and Human Values* 16:249—251.

——. 1992. *Changing order: Replication and induction in scientific practice.* 2d ed. (with a new afterword). Chicago: University of Chicago Press. Original edition, 1985.

——. 1994. A strong confirmation of the experimenters' regress. *Studies in History and Philosophy of Science* 25, no. 3:493—503.

——. 1996. In praise of futile gestures: How scientific is the sociology of scientific knowledge? *Social Studies of Science* 26:229—244.

——. 1998. The meaning of data: Open and closed evidential cultures in the search for gravitational waves. *American Journal of Sociology* 104, no. 2: 293—337.

——. 1999. Tantalus and the aliens: Publications, audiences and the search for gravitational waves. *Social Studies of Science* 29, no. 2:163—197.

Collins, Harry, and Trevor Pinch. 1982. *Frames of meaning: The social construction of extraordinary science.* New York: Routledge.

——. 1993. *The golem: What everyone should know about science.* Cambridge: Cambridge University Press.

——. 1996. Letter to the editor. *Physics Today* 49, no. 7 (July):11—13.

——. 1997. Letter to the editor. *Physics Today* 50, no, 1 (January):92—93.

——. 1998a. *The golem: What you should know about science.* 2d ed. Cambridge: Cambridge University Press.

——. 1998b. *The golem at large: What you should know about technology.* Cambridge: Cambridge University Press.

Coulter, Jeff. 1989. *Mind in action.* Oxford: Polity Press.

Craig, William Lane. 1988. *The problem of divine foreknowledge and future contingents from Aristotle to Suarez.* Leiden: E. J. Brill.

Crane, H. R. 1968. The g factor of the electron. *Scientific American* 218, no. 1 (January):72—85.

Cromer, Alan. 1993. *Uncommon sense: The heretical nature of science.* Oxford: Oxford University Press.

——. 1997. *Connected knowledge: Science, philosophy, and education.* New York: Oxford University Press.

Davenas, E. , F. Beauvais, J. Amara, M. Oberbaum, B. Robinzon, A. Mi-
adonna, A. Tedeschi, B. Pomeranz, P. Fortner, P. Belon, J. Sainte-
Laudy, B. Poitevin, and J. Benveniste. 1988. Human basophil degranula-
tion triggered by very dilute antiserum against IgE. *Nature* 333:816—818.

Dawkins, Richard. 1994. The moon is not a calabash. *Times Higher Educa-
tion Supplement*, 30 September, 17.

——. 1996. *The Richard Dimbleby lecture*. Television broadcast. BBC-1, 12
November.

——. 1998. Postmodernism disrobed. Review of *Intellectual impostures:
Postmodern philosophers' abuse of science*, by Alan Sokal and Jean Bric-
mont. *Nature* 394 (9 July):141—143.

Dear, Peter. 1995. *Discipline and experience: The mathematical way in the
Scientific Revolution*. Chicago: University of Chicago Press.

Dewey, John. 1934. The supreme intellectual obligation. *Science Education*
18:1—4.

Dobbs, Betty Jo Teeter, and Margaret C. Jacob. 1995. *Newton and the cul-
ture of Newtonianism*. Atlantic Highlands, New Jersey: Humanities Press.

Donovan, Arthur, Larry Laudan, and Rachel Laudan, eds. 1988. *Scrutiniz-
ing science: Empirical studies of scientific change*. Dordrecht: Kluwer.

Duhem, Pierre. 1962. *The aim and structure of physical theory*. Trans. Phil-
ip P. Wiener from *La théorie physique: son objet et structure* (2d ed. ,
1914). New York: Atheneum.

Dupré, John. 1993. *The disorder of things: Metaphysical foundations of the
disunity of science*. Cambridge: Harvard University Press.

Durant, J. 1993. What is scientific literacy? In *Science and culture in Eu-
rope*, ed. J. Durant and J. Gregory. London: Science Museum, 136.

Dutton, D., and P. Henry. 1986. Truth matters. *Philosophy and Literature* 20: 299—304.

Einstein, Albert. 1905. Zur Elektrodynamik bewegter Körper. *Annalen der Physik und Chemie IV* 17:891—921.

——. 1929. *Festschrifi für Aunel Stadola*. Zürich: Orell Füssli Verlag.

——. 1950. *Out of my later years*. New York: Philosophical Library.

——. 1954. *Ideas and opinions*. New York: Crown Publishers.

Evans, Lawrence. 1996. Should we care about science "studies"? *Duke Faculty Forum*, 1—3 October.

Feyerabend, Paul K. 1978. *Against method: Outlines of an anarchistic theory of knowledge*. 2d ed. London: Verso. Original edition, 1975.

Feynman, Richard. 1986. *Surely you're joking, Mr. Feynman*. London: Counterpoint.

Fine, Arthur. 1986. The natural ontological attitude. In *The shaky game: Einstein, realism and the quantum theory*. Chicago: University of Chicago Press, 112—135.

Fish, Stanley. 1996. Professor Sokal's bad joke. *New York Times*, 21 May, sec. A.

Fleck, Ludwik. 1979. *Genesis and development of a scientific fact*. Chicago: University of Chicago Press. Original edition, 1935.

Fodor, Jerry. 1998. Look! Review of *Consilience: The unity of knowledge*, by Edward O. Wilson. *London Review of Books* 20, no. 21 (29 October): 3, 6.

Frank, Tom. 1996. Textual reckoning: A scholarly host puts a transgression-minded journal on the defensive. *In These Times*, 27 May, 22—24.

Franklin, A. 1994. How to avoid the experimenters' regress. *Studies in His-*

tory and Philosophy of Science 25, no. 3:463—491.

Friedman, Alan. 1995. Exhibits and expectations. *Public Understanding of Science* 4:306.

Friedman, Michael. 1998. On the sociology of scientific knowledge and its philosophical agenda. *Studies in History and Philosophy of Science* 29: 239—271.

Galison, Peter. 1987. *How experiments end*. Chicago: University of Chicago Press.

Gauntlett, David. 1995. *Moving experiences: Understanding television's influences and effects*. London: John Libbey.

Geison, Gerald L. 1995. *The private science of Louis Pasteur*. Princeton: Princeton University Press.

——. 1997. Letter to the editor. *New York Review of Books*, 4 April.

Gergen, Kenneth J. 1988. Feminist critique of science and the challenge of social epistemology. In *Feminist thought and the structure of knowledge*, ed. Mary McCanney Gergen. New York: New York University Press, 27—48.

Giddens, Anthony. 1990. *The consequences of modernity*. Cambridge, MA: Polity.

——. 1996. *Introduction to sociology*, 2d ed. New York: W. W. Norton.

Gieryn, Thomas F, 1999. *Cultural boundaries of science: Credibility on the line*. Chicago: University of Chicago Press.

Gilbert, G. Nigel, and Michael Mulkay. 1984. *Opening Pandora's box: An analysis of scientists' discourse*. Cambridge: Cambridge University Press.

Gingras, Yves. 1995. Un air de radicalisme: sur quelques tendances récentes en sociologie de la science et de la technologie. *Actes de la Recherche en*

Sciences Sociales 108:3—17.

Goldstein, Sheldon. 1996. Quantum philosophy: The flight from reason in science. In *The flight from science and reason*, ed. Paul R. Gross, Norman Levitt, and Martin W. Lewis. New York: New York Academy of Sciences, 119—125.

Goodstein, David. 1996. Conduct and misconduct in science. In *The flight from science and reason*, ed. Paul R. Gross, Norman Levitt, and Martin W. Lewis. New York: New York Academy of Sciences, 31—38.

Gottfried, Kurt. 1997. Was Sokal's hoax justified? *Physics Today* 50, no. 1 (January):61—62.

Gottfried, Kurt, and Kenneth Wilson. 1997. Science as a cultural construct. *Nature* 386: 545—547.

Gregory, Jane, and Steve Miller. 1998. *Science in public: Communication, culture and credibility*. New York: Plenum.

Gross, Paul R. 1996. Introduction to *The flight from science and reason*, ed. Paul R. Gross, Norman Levitt, and Martin W. Lewis. New York: New York Academy of Sciences, 1—7.

———. 1998a. Evidence-free forensics and enemies of objectivity. In *A house built on sand: Exposing postmodernist myths about science*, ed. Noretta Koertge. New York: Oxford University Press, 99—118.

———. 1998b. Letter to the editor. *Physics Today* 51, no. 4 (April):15.

Gross, Paul R., and Norman Levitt. 1994. *Higher superstition: The academic Left and its quarrels with science*. Baltimore: Johns Hopkins University Press.

Gross, Paul R., Norman Levitt, and Martin W. Lewis, eds. 1996. *The flight from science and reason*. New York: New York Academy of Sciences.

Haack, Susan. 1996. Towards a sober sociology of science. In *The flight from science and reason*, ed. Paul R. Gross, Norman Levitt, and Martin W. Lewis. New York: New York Academy of Sciences, 259—266.

——. 1997. We pragmatists...: Peirce and Rorty in conversation. *Partisan Review* 64, no. 1: 91—107. Reprinted in Haack 1998, chapter 2.

——. 1998. *Manifesto of a passionate moderate: Unfashionable essays.* Chicago: University of Chicago Press.

Hacking, Ian. 1997. Taking bad arguments seriously: Ian Hacking on psychopathology and social construction. *London Review of Books*, 21 August, 14—16.

——. 1999. *The social construction of what ?* Cambridge: Harvard University Press.

Hacohen, Malachi H. 1998. Karl Popper, the Vienna Circle, and Red Vienna. *Journal of the History of Ideas* 59:711—734.

Hanson, Norwood Russell. 1965. *Patterns of discovery: An inquiry into the conceptual foundations of science.* Cambridge: Cambridge University Press.

Harrison, Edward. 1987. Whigs, Prigs, and Historians of Science. *Nature* 329 (17 September):213—214.

Hart, Roger. 1996. The flight from reason: Higher superstition and the refutation of science studies. In *Science wars*, ed. Andrew Ross. Durham, NC: Duke University Press, 259—292.

Hellman, Hal. 1998. *Great feuds in science: Ten of the liveliest disputes ever.* New York: John Wiley and Sons, 1998.

Hesse, Mary B. 1980. *Revolutions and reconstructions in the philosophy of science*. Brighton: Harvester.

Hodges, Andrew. 1983. *Alan Turing: The enigma of intelligence.* London: Counterpoint.

Holton, Gerald. 1992. How to think about the "anti-science" phenomenon. *Public Understanding of Science* 1:103—128.

——. 1993. *Science and anti-science.* Cambridge: Harvard University Press.

——. 1996. *Einstein , history , and other passions.* Reading, MA. : Addison-Wesley.

Horgan, John. 1996. *The end of science: Facing the limits of knowledge in the twilight of the scientific age.* Reading, MA: Helix Books.

Horgan, John, and John Maddox. 1998. Resolved: Science is at an end. Or is it? *New York Times*, 10 November, sec. D.

Hornig, Susanna. 1993. Reading risk: Public response to accounts of techno-logical risk. *Public Understanding of Science* 2:98.

Hoyningen-Huene, Paul. 1993. *Reconstructing scientific revolutions: Thomas S. Kuhn's philosophy of science.* Chicago: University of Chicago Press.

Hubbard, Ruth. 1996. Gender and genitals: Constructs of sex and gender. In *Science wars*, ed. Andrew Ross. Durham, NC: Duke University Press, 168—179.

Hume, David. 1988. *An enquiry concerning human understanding.* 1748. Reprint, Amherst, NY: Prometheus.

Huxley, Thomas Henry. 1900. On the educational value of the natural history sciences. 1854. Reprint, in *Science and Education: Essays.* Vol. 3 of *Collected Essays*, New York: D. Appleton, 38—65.

Jardine, Nick, and Marina Frasca-Spada. 1997. Splendours and miseries of the science wars. *Studies in History and Philosophy of Science* 28:219—235.

Kapitza, Sergei. 1991. Anti-science trends in the USSR. *Scientific American*, August, 18—24.

Kinoshita, Toichiro. 1995. New value of the α^3 electron anomalous magnetic moment. *Physical Review Letters* 75:4728—4731.

Kitcher, Phillip. 1998. A plea for science studies. In *A house built on sand: Exposing postmodernist myths about science*, ed. Noretta Koertge. New York: Oxford University Press, 32—56.

Koertge, Noretta, ed. 1998. *A house built on sand: Exposing postmodernist myths about science*. New York: Oxford University Press.

——. 1998a. Postmodernisms and the problem of scientific literacy. In *A house built on sand: Exposing postmodernist myths about science*, ed. Noretta Koertge. New York: Oxford University Press, 257—271.

Kuhn, Thomas S. 1977. The essential tension: Tradition and innovation in scientific research. In *The essential tension: Selected studies in scientific tradition and change*. Chicago: University of Chicago Press, 225—239.

——. 1992. The trouble with the historical philosophy of science. Rothschild Distinguished Lecture, 19 November 1991, Harvard University, Department of the History of Science, Cambridge.

——. 1996. *The structure of scientific revolutions*. 3d ed. Chicago: University of Chicago Press. Original edition, 1962.

Kurtz, Paul. 1996. Two sources of unreason in democratic society: The paranormal and religion. In *The flight from science and reason*, ed. Paul R. Gross, Norman Levitt, and Martin Lewis. New York: New York Academy of Sciences, 493—504.

Labinger, Jay A. 1995. Science as culture: A view from the petri dish. *Social Studies of Science* 25:285—306.

——. 1997. The science wars and the future of the American academic profession. *Daedalus* 126, no. 4 (fall):201—220.

Lakatos, Imre. 1970. Falsification and the methodology of scientific research programmes. In *Criticism and the growth of knowledge*, ed. Imre Lakatos and Alan Musgrave. Cambridge: Cambridge University Press, 91—196.

——. 1978. *The methodology of scientific research programmes*. Cambridge: Cambridge University Press.

Latour, Bruno. 1987. *Science in action: How to follow scientists and engineers through society*. Cambridge: Harvard University Press.

——. 1990. Postmodern? No, simply *a* modern. Steps towards an anthropology of science: An essay review. *Studies in History and Philosophy of Science* 21:145—171.

——. 1998. Ramsès II est-il mort de la tuberculose? *La Recherche* 307 (March):84—85; errata, 308 (April):85 and 309 (May):7.

——. 1999a. For David Bloor... and beyond: A reply to David Bloor's "anti-Latour." *Studies in History and Philosophy of Science* 30:113—129.

——. 1999b. *Pandora's hope: Essays on the reality of science studies*. Cambridge: Harvard University Press.

Latour, Bruno, and Steve Woolgar. 1986. *Laboratory life: The construction of scientific facts*. 2d ed. Princeton: Princeton University Press.

Laubscher, Roy Edward. 1981. *Astronomical papers prepared for the use of the American Ephemeris and Nautical Almanac* 22, parts 2 and 4. Washington, DC: US Government Printing Office.

Laudan, Larry. 1981. The pseudo-science of science? *Philosophy of the Social Sciences* 11:173—198.

——. 1990a. *Science and relativism*. Chicago: University of Chicago Press.

——. 1990b. Demystifying underdetermination. *Minnesota Studies in the Philosophy of Science* 14:267—297.

Levitt, Norman. 1996. Mathematics as the stepchild of contemporary culture. In *The flight from science and reason*, ed. Paul R. Gross, Norman Levitt, and Martin Lewis. New York: New York Academy of Sciences, 39—53.

Lewenstein, Bruce V. 1996. Shooting the messenger: Understanding attacks on science in American life. Paper presented at the Fourth International Conference on Public Communication of Science and Technology, 24 November, Melbourne, Australia.

Lewontin, Richard C. 1993. *Biology as ideology: The doctrine of DNA.* New York: HarperPerennial.

——. 1996. A la recherche du temps perdu: A review essay. In *Science wars*, ed. Andrew Ross. Durham, NC: Duke University Press, 293—301.

——. 1998. Survival of the nicest? *New York Review of Books*, 22 October, 59—63.

Lynch, Michael. 1988. Sacrifice and the transformation of the animal body into a scientific object: Laboratory culture and ritual practice in the neurosciences. *Social Studies of Science* 18:265—289.

——. 1993. *Scientific practice and ordinary action.* New York: Cambridge University Press.

——. 1997. A so-called "fraud": Moral modulations in a literary scandal. *History of the Human Sciences* 10, no. 3:9—21.

Maddox, John, James Randi, and Walter W. Stewart. 1988. "High-dilution" experiments a delusion. *Nature* 334:287—290.

——. 1998. *What remains to be discovered?* New York: Free Press.

Mahoney, Michael J. 1979. Psychology of the scientist: An evaluative review. *Social Studies of Science* 9:349—375.

Mahoney, Michael J., and B. G. DeMonbreun. 1977. Psychology of the scientist: An analysis of problem-solving bias. *Cognitive Therapy and Research* 1:229—238.

Martin, Brian, Evelleen Richards, and Pam Scott. 1991. Who's a captive? Who's a victim? Response to Collins's method talk. *Science, Technology, and Human Values* 16:252—255.

Mayr, Ernst. 1997. *This is biology*. Cambridge: Harvard University Press.

McGinn, Colin. 1993. *Problems in philosophy: The limits of inquiry*. Oxford: Blackwell.

McKinney, William J. 1998. When experiments fail: Is "cold fusion" science as normal? In *A house built on sand: Exposing postmodenist myths about science*, ed. Noretta Koertge. New York: Oxford University Press, 133—150.

Mermin, N. David. 1996a. What's wrong with this sustaining myth? *Physics Today* 49, no. 3 (March):11—13.

——. 1996b. The golemization of relativity. *Physics Today* 49, no. 4 (April): 11—13.

——. 1996c. Sociologists, scientist continue debate about scientific process. *Physics Today* 49, no. 7 (July):11—15, 88.

——. 1997. Sociologists, scientist pick at threads of argument about science. *Physics Today* 50, no. 1 (January):92—95.

——. 1998a. The science of science: A physicist reads Barnes, Bloor, and Henry. *Social Studies of Science* 28:603—623.

——. 1998b. Abandoning preconceptions: Reply to Bloor and Barnes. *Social*

Studies of Science 28:641—647.

——. 1999. Border control at the frontiers of science. *Nature* 401:328.

Miller, Jon D. 1987. Scientific literacy in the United States. In *Communicating science to the public*, ed. D. Evered and M. O'Connor. New York: Wiley, 14—19.

Mirowski, Philip. 1994. A visible hand in the marketplace of ideas: Precision measurement as arbitrage. *Science in Context 7*, no. 3:563—589.

Monk, Ray. 1990. *Ludwig Wittgenstein, the duty of genius*. New York: Free Press.

Mulkay, Michael J., and G. Nigel Gilbert. 1981. Putting philosophy to work: Karl Popper's influence on scientific practice. *Philosophy of the Social Sciences* 11:389—407.

Mullis, Kary. 1998. *Dancing naked in the mind field*. New York: Pantheon Books.

Nagel, Thomas. 1997. *The last word*. New York: Oxford University Press.

Nanda, Meera. 1997. The science wars in India. *Dissent* 44, no. 1 (winter): 78—83.

Neidhardt, F. 1993. The public as a communication system. *Public Understanding of Science* 2:339—350.

Nelkin, Dorothy. 1995. *Selling science: How the press covers science and technology.* New York: W. H. Freeman.

Norton, Mary Beth, and Pamela Gerardi, eds. 1995. *The American Historical Association's guide to historical literature*. 3d ed. Vols. 1 and 2. New York: Oxford University Press.

Nowotny, Helga. 1979. Science and its critics: Reflections on anti-science. In *Counter-movements in the sciences*, ed. H. Nowotny and H. Rose.

Dordrecht: Reidel.

Oppenheimer, J. Robert. 1954. *Science and the common understanding: The BBC Reith Lectures* 1953. New York: Oxford University Press.

——. 1955. The scientist in society. In *The open mind*. New York: Simon and Schuster, 119—129.

Park, Robert. 1994. Is science the god that failed? *Science Communication* 16, no. 2:207.

Parkin, Gerard. 1992. Do bond-stretch isomers really exist? *Accounts of Chemical Research* 25:455—460.

Perutz, M. F. 1995. The pioneer defended. *New York Review of Books*, 21 December.

——. 1997. Letter to the editor. *New York Review of Books*, 4 April.

Petley, Brian. 1985. *The fundamental physical constants and the frontiers of measurement*. Bristol: Adam Hilger.

Pickering, Andrew. 1984. *Constructing quarks*. Chicago: University of Chicago Press.

——. 1987. Forms of life: Science, contingency and Harry Collins. *British Journal for the History of Science* 20:213—221.

——. 1992. *Science as practice and culture*. Chicago: University of Chicago Press.

——. 1995. *The mangle of practice: Time, agency, and science*. Chicago: University of Chicago Press.

——. 1998. Review of *Image and Logic*, by P. Galison. *Times Literary Supplement*, 24 July.

Pinch, Trevor. 1984. Relativism—is it worth the candle? Paper presented to the History of Science Society, October 12—16, New Orleans.

——. 1986. *Confronting nature: The sociology of solar-neutrino detection*. Dordrecht: Kluwer.

——. 1995. Rhetoric and the cold fusion controversy: From the chemists' Woodstock to the physicists' Altamont. In *Science , reason , and rhetoric ,* ed. Henry Krips, J. E. McGuire, and Trevor Melia. Pittsburgh: University of Pittsburgh Press, 153—176.

——. 1999. Half a house: A response to McKinney. *Social Studies of Science* 29, no. 2:235—240.

Pinnick, Cassandra L. 1998. What is wrong with the Strong Programme's case study of the "Hobbes-Boyle Dispute"? In *A house built on sand: Exposing postmodernist myths about science,* ed. Noretta Koertge. New York: Oxford University Press, 227—239.

Planck, Max. 1949. *Scientific autobiography and other papers*. Trans. Frank Gaynor. New York: Philosophical Library.

Pleat, F. David. 1997. *Infinite potential: The life and times of David Bohm*. Reading, MA: Helix Books.

Plotnitsky, Arkady. 1997. But it is above all not true: Derrida, relativity, and the "science wars." *Postmodern Culture* 7, no. 2:1—27.

Polanyi, Michael. 1967. *The tacit dimension*. New York: Anchor.

Popper, Karl R. 1957. *The poverty of historicism*. London: Routledge and Kegan Paul.

——. 1959. *The logic of scientific discovery*. London: Hutchinson.

——. 1972. Science: Conjectures and refutations. In *Conjectures and refutations : The growth of scientific knowledge*. 4th, rev. ed. London: Routledge and Kegan Paul, 33—65.

——. 1976. *Unended quest: An intellectual autobiography.* London: Fontana/ Collins.

Quine, Willard Van Orman. 1980. Two dogmas of empiricism. In *From a logical point of view*. 2d, rev. ed. Cambridge: Harvard University Press. Original edition, 1953.

Rabinow, Paul. 1996. *Making PCR: A story of biotechnology*. Chicago: University of Chicago Press.

Radder, Hans. 1998. The Politics of STS. *Social Studies of Science* 28:325—331.

Roll-Hansen, Nils. 2000. The application of complementarity to biology: From Niels Bohr to Max Delbrück. *Historical Studies in the Physical and Biological Sciences* 30, no. 2:417—442.

Rorty, Richard. 1997. Thomas Kuhn, rocks, and the laws of physics. *Common Knowledge* 6, no. 1:6—16.

——. 1998. *Truth and progress: Philosophical papers*. Cambridge: Cambridge University Press.

Ross, Andrew, ed. 1996. *Science wars*. Durham, NC: Duke University Press.

——. 1996b. Introduction to *Science wars*, ed. Andrew Ross. Durham, NC: Duke University Press, 1—15.

Rudwick, Martin. 1985. *The great Devonian controversy*. Chicago: University of Chicago Press.

Russell, Bertrand. 1949. *The practice and theory of Bolshevism*. 2d ed. London: George Allen and Unwin. Original edition, 1920.

——. 1961. *History of Western Philosophy*. 2d ed. London: George Allen and Unwin. Original edition, 1946.

Sampson, Wallace. 1996. In *The flight from science and reason*, ed. Paul R.

| 一种文化？ |

Gross, Norman Levitt, and Martin Lewis. New York: New York Academy of Sciences, 188—197.

Schaffer, Simon. 1991. Utopia unlimited: On the end of science. *Strategies* 4/5:151—181.

Scott, Pam, Evelleen Richards, and Brian Martin. 1990. Captives of controversy: The myth of the neutral social researcher in contemporary scientific controversies. *Science , Technology , and Human Values* 15:474—494.

Shapin, Steven. 1989. The invisible technician. *American Scientist* 77:554—563.

——. 1994. *A social history of truth: Civility and science in seventeenth-century England.* Chicago: University of Chicago Press.

——. 1995a. Here and everywhere: Sociology of scientific knowledge. *Annual Review of Sociology* 21:289—321.

——. 1995b. Cordelia's love: Credibility and the social studies of science. *Perspectives on Science* 3:255—275.

——. 1999. Rarely pure and never simple: Talking about truth. *Configurations* 7:1—14.

——. Forthcoming. Truth and credibility: Science and the social study of science. In *International encyclopedia of social and behavioral sciences*, Neil J. Smelser and Paul B. Baltes, gen. eds. , Sheila Jasanoff, sec. ed. for science and technology studies. Oxford: Elsevier Science.

Shapin, Steven, and Simon Schaffer. 1985. *Leviathan and the air-pump: Hobbes, Boyle, and the experimental life.* Princeton: Princeton University Press.

Sharrock, Wes, and Bob Anderson. 1991. Epistemology: Professional scepticism. In *Ethnomethodology and the Human Sciences*, ed. Graham Button. Cambridge: Cambridge University Press, 51—76.

Shulman, Robert G. 1998. Hard days in the trenches. *FASEB Journal* 12: 255—258.

Slezak, Peter. 1994a. A second look at David Bloor's *Knowledge and social imagery. Philosophy of the Social Sciences* 24:336—361.

——. 1994b. The social construction of social constructionism. *Inquiry* 37: 139—157.

Smith, George E. Forthcoming. From the phenomenon of the ellipse to an inverse-square force: Why not? In *Festschrift in honor of Howard Stein's seventieth birthday*, ed. David Malament. La Salle, Illinois: Open Court.

Snow, C. P. 1959. *The two cultures and the scientific revolution*. New York: Cambridge University Press.

Sokal, Alan. 1996a. A physicist experiments with cultural studies. *Lingua Franca*, May/June, 62—64.

——. 1996b. Transgressing the boundaries: Toward a transformative hermeneutics of quantum gravity. *Social Text* 46/47:217—252.

——. 1996c. Truth or consequences: A brief response to Robbins. *Tikkun*, November/December, 58.

——. 1998. What the social text affair does and does not prove. In *A house built on sand: Exposing postmodenist myths about science*, ed. Noretta Koertge. New York: Oxford University Press, 9—22.

Sokal, Alan, and Jean Bricmont. 1998. *Intellectual impostures: Postmodern philosophers' abuse of science*. London: Profile Books. Published in the US and Canada under the title *Fashionable nonsense: Postmodern intellectuals' abuse of science*. New York: Picador USA. Originally published in French under the title *Impostures intellectuelles*. Paris: Odile Jacob, 1997. 2d ed.

Paris: Livre de Poche, 1999.

Standish, Myles E. , Jr. 1993. Planet X: No dynamical evidence in the optical observations. *Astronomical Journal* 105:2000.

Stent, Gunther. 1969. *The coming of the golden age: A view of the end of progress.* Garden City, NY: Natural History Press.

Suchman, Lucy. 1987. *Plans and situated actions.* Cambridge: Cambridge University Press.

Sullivan, Philip A. 1998. An engineer dissects two case studies: Hayles on fluid mechanics and Mackenzie on statistics. In *A house built on sand: Exposing postmodernist myths about science,* ed. Noretta Koertge. New York: Oxford University Press, 71—98.

Sulloway, Frank. 1996. *Born to rebel: Birth order, family dynamics, and creative lives.* New York: Vintage Books.

Summers, William C. 1997. Letter to the editor. *New York Review of Books,* 6 February.

Trachtman, Leon E. 1981. The public understanding of science effort: A critique. *Science , Technology , and Human Values* 6, no. 3:10—12.

Urbach, Peter. 1987. *Francis Bacon's philosophy of science.* La Salle, IL: Open Court.

Van Dyck, Robert S. , Jr. , Paul B. Schwinberg, and Hans G. Dehmelt. 1987. New high-precision comparison of electron and positron g factors. *Physical Review Letters* 59:26—29.

Weinberg, Steven. 1992. *Dreams of a final theory.* New York: Pantheon.

——. 1995. Night thoughts of a quantum physicist. *Bulletin of the American Academy of Arts and Sciences* 49:51—64.

——. 1996. Sokal's Hoax. *New York Review of Books* 43, no. 13 (August

8): 11—15.

——. 1998. The revolution that didn't happen. *New York Review of Books* 45, no. 15 (8 October):48—52.

Wilson, Curtis A. 1980. Perturbations and solar tables from Lacaille to Delambre: The rapproachment of observation and theory, part 1. *Archive for History of Exact Sciences* 22:54.

Wilson, E. Bright. 1990. *An introduction to scientific research*. New York: Dover.

Wilson, Edward O. 1995. *Naturalist*. New York: Warner Books.

——. 1998a. Back from chaos. *Atlantic Monthly*, March, 41—62.

——. 1998b. *Consilience: The unity of knowledge*. New York: Knopf.

Winch, Peter. 1958. *The idea of a social science and its relation to philosophy*. London: Routledge and Kegan Paul.

Wittgenstein, Ludwig. 1953. *Philosophical investigations*. Oxford: Blackwell.

Wolpert, Lewis. 1992. *The unnatural nature of science: Why science does not make (common) sense*. London: Faber and Faber.

Wynne, Brian. 1996. Misunderstood misunderstandings: Social identities and public uptake of science. In *Misunderstanding science? The public reconstruction of science and technology*, ed. A. Irwin and B. Wynne. Cambridge: Cambridge University Press, 19—46.

作 者 简 介

康斯坦丝·巴斯基

地球化学家，1992 年以来从事教育改革领域的研究工作。 早年研究库恩和科学革命史以及工业研究与发展的经历影响了她对教育改革问题的分析思路。 她是《代达罗斯》(*Daedalus*)1998 年秋季号 "教育的昨天，教育的明天" 专辑的作者和编者之一。 她目前主要研究科学技术持续进步的历史过程、当代战略思维的方法及其应用于教育的可能性。

Constance K. Barsky

Learning by Redesign，Department of Physics，Smith Laboratory，The Ohio State University，174 West 18th Avenue，Columbus， OH 43210，USA

barsky. 1@osu. edu

让·布里克蒙

比利时鲁汶大学理论物理学教授。 他与索卡尔合著《时髦的胡说——后现代知识分子对科学的滥用》(*Fashionable Nonsense：Post-modern*

Intellectuals' Abuse of Science，1998)。 主要研究领域：统计物理学与偏微分方程，统计物理学与量子力学的基础。 他是《混沌科学还是科学中的混沌？》（*Science of Chaos，or Chaos in Science？*）一文的作者，文中对各种各样的科普著作进行了批评，特别是普利高津(Prigogine)的科普著作。

Jean Bricmont

FYMA，2，ch. du Cyclotron，UCL，B‑1348 Louvain-la-neuve，Belgium

bricmont@fyma.ucl.ac.be

哈里·柯林斯

加的夫大学知识、技能和科学(KES)研究中心主任，著名社会学研究教授。 他发表了上百篇论文和多部学术专著，研究科学知识的社会本质以及用智能机模仿社会知识的困难。 他最著名的著作有《改变秩序——科学实践中的复制与归纳》(*Changing Order: Replication and Induction in Scientific Practice*)*、《人工智能专家——社会知识与智能机》(*Artificial Experts: Social Knowledge and Intelligent Machines*)、《引力之影——对引力波的搜寻》(*Gravity's Shadow: The Search for Gravitational Waves*)和《勾勒姆》系列(*The Golem*，与平奇合著)。

Harry Collins

KES

Cardiff School of Social Sciences，Cardiff University

The Glamorgan Building，King Edward VIIth Avenue，Cardiff CF10 3WT，UK

CollinsHM@cardiff.ac.uk

www.cardiff.ac.uk/socsi/whoswho.htm

---

* 中译本《改变秩序——科学实践中的复制与归纳》，哈里·柯林斯著，成素梅等译，上海科技教育出版社，2007 年。 ——译者

彼得·迪尔

主要研究领域：近代初期的科学史。 著有《学科与经验——科学革命中的数学方法》（*Discipline and Experience: The Mathematical Way in the Scientific Revolution*，1995）和《科学革命化——欧洲知识及其雄心，1500—1700 年》（*Revolutionizing the Sciences：European Knowledge and Its Ambitions，1500—1700*）。 目前在撰写《发掘科学之义》（*Making Sense in Science*，暂名）。

Peter Dear

Department of Science and Technology Studies，632 Clark Hall，Cornell University，Ithaca，NY 14853，USA

prd3@cornell.edu

简·格雷戈里

伦敦大学伯克贝克学院科学技术论讲师，科学与社会课程主任。 她与史蒂夫·米勒合著《公众中的科学——传播、文化与可信性》（*Science in Public: Communication，Culture, and Credibility*，1998）。 主要研究兴趣：科学传播、科学普及和非正统科学。

Jane Gregory

Birkbeck College，University of London，26 Russell Square，London WC1B 5DQ，UK

j.gregory@bbk.ac.uk

杰伊·拉宾格尔

化学家，活跃于催化和有机金属化学研究领域。 自 1993 年开始从事关于科学一般问题的研究，发表了不少关于科学与人文、科学社会学和科学史方面的文章和讲演。 目前是加州理工学院贝克曼研究所的负责人。

Jay Labinger

California Institute of Technology, 139-74, Pasadena, CA 91125, USA

jal@cco.caltech.edu

迈克尔·林奇

具有民俗学方法论(社会学的分支学科,研究日常和专业背景下的实际行为和实际推理)专业背景。 他采用上述方法研究科学家之间的非正式"行内交谈"(shop talk),并且对日常实验室工作中的测量结果和视觉表达进行分析。 他还对法庭证词的结构进行深入研究,目前正从事科学与法律交叉领域(尤其是与 DNA 有关的犯罪调查)的研究。 他出版了《科学实践与日常行为》(*Scientific Practice and Ordinary Action*, 1993),对科学的社会研究工作进行了评论和批判性的审视。

Michael Lynch

Department of Science and Technology Studies, 632 Clark Hall, Cornell University, Ithaca, NY 14853, USA

mel27@cornell.edu

戴维·默明

理论物理学家,多年来一直从事固体物理学、统计物理学、低温物理学、结晶学和量子力学基础方面的研究工作,他近年来的研究兴趣是量子计算的新领域。 他是《固体物理学》(*Solid State Physics*, 1976)这部标准入门教材的作者之一。 自 1988 年以来,为《今日物理》(*Physics Today*)的非专业性专栏撰写了 20 多篇有关物理学和物理学实践方面的文章,其中许多收录到其文集《自始至终》(*Boojums All the Way Through*, 1990)中。

N. David Mermin

Department of Physics, 109 Clark Hall, Cornell University, Ithaca, NY

14853，USA

ndm4@cornell.edu

史蒂夫·米勒

伦敦大学学院科学传播和星际科学高级讲师，早年曾是一位政治类报刊的新闻记者。 他的研究兴趣是科学技术论，包括物理科学的普及与欧洲的公众理解科学和政策。 他与格雷戈里合著《公众中的科学——传播、文化与可信性》(1998)。 在行星天文学领域，他的主要研究兴趣是巨行星，特别是大气物理学以及对探测到的太阳系之外的新行星的研究；他还是通过了同行评议的 80 多篇分子物理学和星际科学论文的合著者。

Steve Miller

Science and Technology Studies/ Physics and Astronomy, University College London，Gower Street，London WC1E 6BT，UK

s. miller@ucl. ac. uk

特雷弗·平奇

从事科学技术社会学方面的研究工作。 他与柯林斯合著《勾勒姆——关于科学你应该知道什么》(1998，第 2 版)和《勾勒姆无处不在——关于技术你应该知道什么》(1998)。 他与特洛克(Frank Trocco)合著的新书是《相似的日子——穆格电子琴的发明和影响》(*Analog Days: The Invention and Impact of the Moog Synthesizer*, 2002)。

Trevor Pinch

Department of Science and Technology Studies, 632 Clark Hall, Cornell University，Ithaca，NY 14853，USA

tjp2@cornell. edu

彼得·索尔森

物理学家，1981 年以来从事引力波探测方面的研究工作，著有《引力波干涉测量仪原理》（*Fundamentals of Interferometric Gravitational Wave Detectors*，1994）。1991 年以后在雪城大学工作，2000 年在路易斯安那州列文斯顿协助制作 LIGO 干涉仪。

Peter R. Saulson

Department of Physics，Syracuse University，Syracuse，NY 13244，USA

saulson@phy.syr.edu

史蒂文·夏平

近期著作包括：《真理的社会史》（*A Social History of Truth*，1994）、《科学革命》（*The Scientific Revolution*，1996）* 和《科学的化身——自然知识的历史体现》〔*Science Incarnate: Historical Embodiments of Natural Knowledge*，1998，与劳伦斯（Christopher Lawrence）合编〕。他当前主要研究科学家角色的文化史。

Steven Shapin

Department of Sociology，0533，University of California，San Diego，La Jolla，CA 92093，USA

sshapin@ucsd.edu

阿兰·索卡尔

学物理学教授。主要研究兴趣是数学物理学，特别是相变理论。

（Jürg Fröhlich）和费尔南德斯（Roberto Ferández）合著《量子

——批判性的综合》，史蒂文·夏平著，徐国强等译，上海科技
译者

场论中的无规行走、临界现象和琐事》（*Random Walks，Critical Phenomena，and Triviality in Quantum Field Theory*，1992），与布里克蒙合著《时髦的胡说——后现代知识分子对科学的滥用》（1998）。

Alan Sokal

Department of Physics，New York University，4 Washington Place，New York，NY 10003，USA

sokal@nyu.edu

史蒂文·温伯格

得克萨斯大学物理学和天文学教授。主要研究领域是宇宙学和粒子物理学，1979 年获诺贝尔物理学奖。他最近为普通读者出版的书是《终极理论之梦》（*Dream of a Final Theory*，1992）。

Steven Weinberg

Department of Physics，University of Texas，Austin，TX 78712，USA

weinberg@physics.utexas.edu

肯尼思·威尔逊

1982 年诺贝尔物理学奖得主，在基本粒子物理学和统计力学领域发表了许多论文。10 年前对教育改革和有关的社会科学研究感兴趣。他与人合著《改革教育》（*Redesigning Education*），是《代达罗斯》1998 年秋季号"教育的昨天，教育的明天"专辑的作者和编者之一，目前主要关注未来教育的发展方向，及其与科学、技术和教育持续发展的历史过程之间的关系。

Kenneth G. Wilson

Learning by Redesign，Department of Physics，Smith Laboratory，The Ohio State University，174 West 18th Avenue，Columbus，OH 43210，USA

kgw@pacific.mps.ohio-state.edu

图书在版编目(CIP)数据

一种文化？：关于科学的对话/(美)杰伊·A.拉宾格尔
(Jay A. Labinger)，(英)哈里·柯林斯(Harry Collins)主
编；张增一等译. —上海：上海科技教育出版社，2017.5
（世纪人文系列丛书.开放人文）
ISBN 978 - 7 - 5428 - 5844 - 3

Ⅰ.①—…　Ⅱ.①杰…②哈…③张…　Ⅲ.①自然科学—
普及读物　Ⅳ.①N49

中国版本图书馆 CIP 数据核字(2017)第 040126 号

责任编辑　乐洪咏　王怡昀
装帧设计　陆智昌　朱嬴椿　汤世梁

一种文化？——关于科学的对话

[美]杰伊·A·拉宾格尔　[英]哈里·柯林斯　主编
张增一　王国强　孙小淳　等　译

出　　版　世纪出版集团　上海科技教育出版社
　　　　　　（200235　上海冠生园路 393 号　www.ewen.co）
发　　行　上海世纪出版集团发行中心
印　　刷　上海商务联西印刷有限公司
开　　本　635×965 mm　1/16
印　　张　28
插　　页　4
字　　数　374 000
版　　次　2017 年 5 月第 1 版
印　　次　2017 年 5 月第 1 次印刷
ISBN 978 - 7 - 5428 - 5844 - 3/N·998
图　　字　09 - 2017 - 173
定　　价　67.00 元